高等院校计算机专业"十三五"规划教材

"新工科"配套教材

Linux 应用实例教程

申丰山 编著

西安电子科技大学出版社

内 容 简 介

本书共 10 章，内容包括：Linux 实验环境搭建，文件管理类命令，进程和作业管理类命令，设备 I/O 管理类命令，用户和工作组管理类命令，批处理操作接口(Shell)，sed 非交互式文本处理器，awk 非交互式文本处理器，并发进程/线程同步、互斥与通信程序设计，开发环境安装与应用测试。

本书集教材、实验指导、手册于一体，书中实例完整、丰富，便于入门和提高。

本书可作为高等院校计算机及软件类本、专科专业的基础教材，也可作为专业人员的培训教材以及相关工程技术人员的参考书。

图书在版编目(CIP)数据

Linux 应用实例教程 / 申丰山编著. —西安：西安电子科技大学出版社，2019.7
ISBN 978-7-5606-5347-1

Ⅰ.① L… Ⅱ.① 申… Ⅲ.① Linux 操作系统—教材 Ⅳ.① TP316.85

中国版本图书馆 CIP 数据核字(2019)第 099137 号

策划编辑　高　樱
责任编辑　董柏娴　阎　彬
出版发行　西安电子科技大学出版社(西安市太白南路 2 号)
电　　话　(029)88242885　88201467　　　邮　编　710071
网　　址　www.xduph.com　　　　　　电子邮箱　xdupfxb001@163.com
经　　销　新华书店
印刷单位　陕西天意印务有限责任公司
版　　次　2019 年 7 月第 1 版　　2019 年 7 月第 1 次印刷
开　　本　787 毫米×1092 毫米　1/16　印　张　22
字　　数　523 千字
印　　数　1～3000 册
定　　价　50.00 元

ISBN 978-7-5606-5347-1/TP

XDUP 5649001-1

如有印装问题可调换

前　言

　　Linux 已经成为越来越流行的操作系统。Linux 命令及 Linux 内核程序设计是 Linux 用户使用 Linux 系统的重要途径，也是深刻理解操作系统原理的实践基础。Linux 命令极其丰富，每个命令又可通过多种功能选项细化其功能，充分满足各种具体需求。Linux 命令的执行也非常灵活，既可以逐条输入，交互执行，也可以 Shell 脚本形式成批执行。这些内容形成了复杂的 Linux 命令系统。Linux 内核程序设计是对操作系统内核功能的编程应用，需要深入理解操作系统的原理，并掌握内核功能函数和 Linux 编程工具的使用方法，才能设计出好的内核程序。开发环境的安装及应用是 Linux 开发的基础。以上这些内容无疑需要通过充分的上机实践方能掌握。本书为上述内容的实验和实践提供了详细的实例化教程。

　　本书共 10 章。第 1 章介绍 Linux 实验环境的两种搭建方法、命令窗口的打开以及部分基础命令的用法。第 2 章介绍文件管理类命令的用法，包括目录及文件列表的查看，目录及文件的创建、复制、移动、删除，当前目录切换，文件查找，文件内容查看、编辑、共享、属性操作，文件压缩与解压缩、打包与解包等。第 3 章介绍进程和作业管理类命令的用法，包括进程查看、进程控制等。第 4 章介绍设备 I/O 管理类命令的用法，包括输入输出重定向和管道操作。第 5 章介绍用户和工作组管理类命令的用法，包括查看用户，用户组的创建、更改，新增用户，删除用户，删除用户组等操作。第 6 章介绍批处理操作接口(Shell)命令的用法及编程方法，包括 Shell 内部命令的用法，与 Shell 编程相关的变量操作、判断、循环、函数等用法。第 7 章介绍 sed 非交互式文本处理器命令的用法，包括文本的增加、删除、修改、查询、读、写、脚本编写等方法。第 8 章介绍 awk 非交互式文本处理器命令的用法，包括 awk 工作原理，文本域的输出、查找，文本写保存，awk 程序设计，字符串替换，参数传递，循环及数组等用法。第 9 章针对操作系统原理经典内容"并发进程/线程同步、互斥与通信"介绍其程序设计实现方法，包括 gcc 编译器基本用法、并发线程的编制、管道通信、共享内存通信、消息传递通信和套接字通信程序设计方法。第 10 章介绍常见开发环境安装与应用测试，包括 Java 开发基础包 jdk 的安装与应用、图形用户界面程序开发基础包 GTK 的安装与应用、Java 集成开发环境 Eclipse 的安装与应用以及数据库管理系统 MySQL 的安装与应用。

　　本书内容是在作者将操作系统理论与实践相结合的多年教学活动中不断丰富完善形成的，既可与操作系统理论教学配合使用，也可用于单独的 Linux 操作系统实验教学。

　　本书主要由申丰山编写。作者所在团队的多名成员参与了本书大纲的讨论与部分编写工作。王黎明教授一直支持作者从事操作系统教学工作，使作者有充分的时间和机会熟悉、积累和完善操作系统理论和应用知识，探索讲授技巧，为本书的成稿积累了重要的素材；

他本人编写了本书第 1 章和第 2 章的部分内容。张卓博士编写了第 3 章的部分内容。职为梅和张岳编写了第 4 章的部分内容。申丰山完成第 5～10 章内容的编写，并对全书进行统稿。书中某些章节参考了文献中列出的国内外著作的部分内容以及互联网上的某些内容，在此向这些作者一并表示衷心的感谢！还要感谢高樱编辑的热情支持和关心，本书的及时出版离不开她的热心和努力。

由于作者水平有限，书中难免有不妥之处，敬请读者批评、指正，以便共同改进教材。为方便课程讲授，本书配有教学课件、随堂上机操作资源，需要者可在西安电子科技大学出版社资源网下载，或与作者联系索取。作者通信电子邮箱：iefsshen@mail.zzu.edu.cn。

作　者
2019 年 4 月

目 录

第1章 Linux 实验环境搭建 1
  1.1 物理安装 1
  1.2 虚拟安装 4
  1.3 部分基础操作 7
  上机操作 1 9
第2章 文件管理类命令 10
  2.1 目录及文件基本操作命令 10
    2.1.1 显示目录列表命令(ls) 10
    2.1.2 显示当前工作目录命令(pwd) 15
    2.1.3 切换用户当前工作目录命令(cd) 15
    2.1.4 创建目录命令(mkdir) 16
    2.1.5 复制目录或文件命令(cp) ... 17
    2.1.6 移动或重命名目录或文件命令(mv) 19
    2.1.7 删除目录或文件命令(rm) 22
    2.1.8 创建空白文件命令(touch) 22
  2.2 文件查找命令 22
    2.2.1 普通文件查找命令(find) 22
    2.2.2 程序文件查找命令(whereis) 27
    2.2.3 查找命令所在位置命令(which) 28
  2.3 文件内容查看命令 28
    2.3.1 查看文件内容命令(cat) 28
    2.3.2 逐屏查看文件内容命令(more) 29
    2.3.3 查看文本文件内容命令(less) 30
  2.4 文件编辑处理命令 31
    2.4.1 文件内容查找命令(grep) 31
    2.4.2 域排序命令(sort) 32
    2.4.3 记录连接命令(join) 38
    2.4.4 文本剪切命令(cut) 42
    2.4.5 文本粘贴命令(paste) 45
    2.4.6 文件分割命令(split) 47
    2.4.7 字符替换、压缩或删除命令(tr) 51
  2.5 文件共享操作——建立链接文件 55
    2.5.1 建立符号链接文件 55
    2.5.2 建立硬链接文件 56
  2.6 文件/目录属性操作 58
    2.6.1 变更文件/目录权限命令(chmod) .. 58
    2.6.2 变更文件或目录所有者命令(chown) 61
    2.6.3 变更文件或目录属组命令(chgrp) 64
  2.7 文件压缩与解压缩(gzip、gunzip) 66
    2.7.1 使用 gzip、gunzip 压缩与解压缩文件 66
    2.7.2 使用 bzip2、bunzip2 压缩与解压缩文件 68
  2.8 文件打包、解包(tar) 70
    2.8.1 文件及目录打包 70
    2.8.2 文件及目录解包 71
    2.8.3 文件打包并调用 gzip 压缩 73
    2.8.4 tar 调用 gunzip 解压缩文件并解包 74
    2.8.5 文件打包并调用 bzip2 压缩 .. 75
    2.8.6 tar 调用 bunzip2 解压缩文件并解包 76
  上机操作 2 77
第3章 进程和作业管理类命令 81
  3.1 查看进程命令 81
    3.1.1 监视进程命令(ps) 81
    3.1.2 查看进程树命令(pstree) 83
    3.1.3 即时跟踪进程信息命令(top) 84
    3.1.4 查看占用文件的进程命令(lsof) 85
    3.1.5 查看进程标识号命令(pidof) 86
    3.1.6 查看后台任务命令(jobs) 86
  3.2 进程控制命令 87
    3.2.1 向进程发送信号命令(kill) 87

I

3.2.2 将后台任务调至前台
　　　　 运行命令(fg) 89
　　3.2.3 使后台暂停执行的命令继续
　　　　 执行命令(bg) 89
　上机操作 3 90
第 4 章 设备 I/O 管理类命令 91
　4.1 输入输出重定向操作符 91
　　4.1.1 输出重定向操作符(>、>>) 91
　　4.1.2 输入重定向操作符(<、<<) 92
　4.2 管道操作符(|) 92
　4.3 打印管理操作命令 94
　上机操作 4 94
第 5 章 用户和工作组管理类命令 96
　5.1 查看用户 99
　　5.1.1 查看用户信息命令(id) 99
　　5.1.2 显示用户名称命令(logname) .. 100
　　5.1.3 查看用户操作命令(history) .. 100
　5.2 用户组管理 101
　　5.2.1 创建一个用户组命令
　　　　 (groupadd) 101
　　5.2.2 更改用户组名命令(groupmod) . 101
　　5.2.3 新增用户账号命令(useradd) .. 102
　　5.2.4 为用户设置口令命令(passwd) . 102
　　5.2.5 查看用户所属组命令(groups) . 103
　　5.2.6 变更用户账号信息命令
　　　　 (usermod) 103
　　5.2.7 切换用户身份命令(su) 104
　　5.2.8 查看当前登录用户名命令(w、
　　　　 who、users、whoami) 105
　　5.2.9 删除用户命令(userdel) 106
　　5.2.10 创建工作目录并将所有权
　　　　　交给工作组命令(chgrp) 107
　　5.2.11 删除用户组命令(groupdel) . 108
　上机操作 5 108
第 6 章 批处理操作接口(Shell) 110
　6.1 Shell 内部命令 110
　　6.1.1 判断命令(type) 110
　　6.1.2 设置别名命令(alias) 111

　　6.1.3 取消别名命令(unalias) 112
　　6.1.4 多命令执行 112
　6.2 Shell 编程 114
　　6.2.1 变量赋值(=) 115
　　6.2.2 变量引用($变量名) 115
　　6.2.3 清除变量值(unset) 115
　　6.2.4 查看某些环境变量值(echo) .. 116
　　6.2.5 设置或显示环境变量(export) . 116
　　6.2.6 Shell 脚本程序命令行
　　　　 参数访问 117
　　6.2.7 查看命令返回值($?) 119
　　6.2.8 数组赋值、引用、操作 119
　　6.2.9 变量作用域：全局变量与
　　　　 局部变量 123
　　6.2.10 转义 126
　　6.2.11 引用 126
　　6.2.12 命令替换 128
　　6.2.13 测试 129
　　6.2.14 if/else 判断 134
　　6.2.15 case 判断 136
　　6.2.16 for 循环 138
　　6.2.17 while 循环 143
　　6.2.18 until 循环 146
　　6.2.19 select 循环 148
　　6.2.20 函数 151
　　6.2.21 指定位置参数值 154
　　6.2.22 移动位置参数 155
　　6.2.23 自定义函数库 156
　　6.2.24 递归函数 157
　　6.2.25 非编辑器环境文本创建 159
　　6.2.26 脚本范例 159
　上机操作 6 161
第 7 章 sed 非交互式文本处理器 163
　7.1 sed 原理与基本语法 163
　　7.1.1 sed 工作原理 163
　　7.1.2 sed 命令的执行方式 163
　　7.1.3 sed 命令选项 163
　　7.1.4 sed 编辑命令 164

7.1.5 文本行的指定方式 165
7.1.6 sed 元字符 165
7.2 文本编辑命令 166
 7.2.1 文本显示命令(p、n) 166
 7.2.2 文本插入命令(i) 170
 7.2.3 文本追加命令(a) 172
 7.2.4 文本删除命令(d) 174
 7.2.5 文本替换命令(s) 179
 7.2.6 替换整行命令(c) 189
 7.2.7 处理匹配行的下一行命令(n) 191
 7.2.8 字元替换命令(y) 192
7.3 文件读/写命令 193
 7.3.1 读文件命令(r) 193
 7.3.2 写文件命令(w) 196
7.4 引用变量 197
7.5 多命令执行(e、;) 198
7.6 sed 命令脚本文件(f) 200
7.7 保持空间操作命令(h、H、g、
 G、x) 200
上机操作 7 203

第8章 awk 非交互式文本处理器 205
8.1 awk 工作原理 205
 8.1.1 awk 处理的输入文件结构 205
 8.1.2 awk 工作流程 205
 8.1.3 awk 的执行方式 205
 8.1.4 awk 的内置变量(预定义变量) 206
 8.1.5 awk 的运算符 207
 8.1.6 awk 的控制结构 208
 8.1.7 awk 的函数 208
8.2 文本域打印命令 209
 8.2.1 打印全部域命令($0) 209
 8.2.2 打印部分域命令($i) 210
 8.2.3 域分隔符指定命令 212
 8.2.4 打印各行行号、域数命令
   (NR、NF) 214
8.3 筛选符合条件的行、域 215
 8.3.1 打印字符串匹配行(~) 216
 8.3.2 打印字符串非匹配命令行(!~) 218

 8.3.3 使用关系运算符、逻辑运算符以及
   正则表达式筛选符合条件的
   行、域命令 218
 8.3.4 打印或者修改条件匹配行、
   域命令(if-else) 220
 8.3.5 使用 awk 脚本文件 220
8.4 写文件命令 221
8.5 awk 程序设计 223
 8.5.1 使用变量表达式统计文本行 223
 8.5.2 使用脚本文件执行程序段 223
 8.5.3 使用 printf 函数输出格式化
   信息项 224
8.6 字符串替换 225
8.7 向 awk 命令传递参数 227
 8.7.1 使用 -v 传递命令行参数 227
 8.7.2 向 awk 程序脚本文件传递
   命令行参数 228
8.8 循环 229
 8.8.1 for 循环 229
 8.8.2 while 循环 230
 8.8.3 do-while 循环 231
8.9 数组 231
上机操作 8 238

第9章 并发进程/线程同步、互斥与
通信程序设计 240
9.1 C 语言编译器 gcc 241
9.2 并发进程/线程同步与互斥 242
 9.2.1 并发进程/线程异步性 242
 9.2.2 并发线程同步与互斥 253
 9.2.3 生产者-消费者同步与
   互斥问题 256
9.3 进程通信 276
 9.3.1 管道通信 276
 9.3.2 共享内存通信 282
 9.3.3 消息传递通信 290
 9.3.4 套接字通信 296
上机操作 9 307

III

第 10 章 开发环境安装与应用测试 308
 10.1 jdk 安装与应用测试 308
  10.1.1 安装 308
  10.1.2 配置 310
  10.1.3 应用测试 311
 10.2 GTK 安装与应用测试 316
  10.2.1 安装 316
  10.2.2 查看 GTK 库版本 317
  10.2.3 应用测试 317
 10.3 Eclipse 安装与应用测试 320
  10.3.1 安装 321
  10.3.2 应用测试 322
  10.3.3 为 Eclipse 创建桌面快捷方式 328
 10.4 MySQL 安装与应用测试 329
  10.4.1 安装 329
  10.4.2 数据库命令应用测试 330
  10.4.3 编写 C、C++ 程序访问数据库 337
 上机操作 10 343
参考文献 344

第1章

Linux 实验环境搭建

源代码公开的 Linux 为人们提供了深入学习和探索操作系统内部奥秘的机会，为操作系统学习人员提供了十分重要的实验平台。Linux 优异的性能已获得众多公司和技术人员的大力支持，版本也不断升级、完善，多个变种先后被推出。Ubuntu 是目前最为流行的 Linux 系统，其界面接近于人们非常熟悉的 Windows，Windows 用户可以非常顺利地转换为 Linux 用户。本书选用 Ubuntu 作为实验平台。

Ubuntu 有两种安装方法：第一种是物理安装，即将 Ubuntu 安装为开机可启动的模式；第二种是虚拟安装，即将 Ubuntu 安装在虚拟机 VMware Workstation(VM) 上，可以先启动 VM 所在的操作系统(宿主操作系统)，如 Windows，然后启动 VM 和其中的 Ubuntu。虚拟安装可以很方便地在宿主操作系统和 Ubuntu 之间交换文件，用户可以同时在两种操作系统下工作，或从一种操作系统用户过渡为另一种操作系统用户。

1.1 物 理 安 装

物理安装有开机启动安装和在 Windows 下安装两种方式。用户可根据计算机现状选择合适的安装方式。一般计算机上已经安装了 Windows，所以此处介绍在 Windows 下物理安装 Ubuntu 的方法及相关事项。

1. 版本

不低于 Ubuntu 12.04。若低于此版本，则某些软件，如 GTK 等将安装失败。

2. 安装文件

安装文件为 ubuntu-12.04.5-desktop-i386.iso(756 MB)。在 Windows 下安装，机器启动时，可在 Windows 和 Ubuntu 之中选择一种启动。

3. 安装前的磁盘分区情况

磁盘可分为 C、D 两个分区，Windows 已经安装在 C 分区，一键 ghost 也已安装。

4. 安装步骤

在 Windows 下物理安装 Ubuntu 的步骤如下：

(1) 安装虚拟光驱软件 daemon4111-lite-x86 或者其他版本。如果操作系统自带虚拟光驱，则可略去此步。

(2) 使用 daemon4111-lite-x86 装载 ubuntu-12.04.5-desktop-i386.iso，或者使用资源管理器打开.iso 文件，系统自动解压文件到虚拟光驱下，如图 1-1 和图 1-2 所示。

图 1-1　虚拟光驱

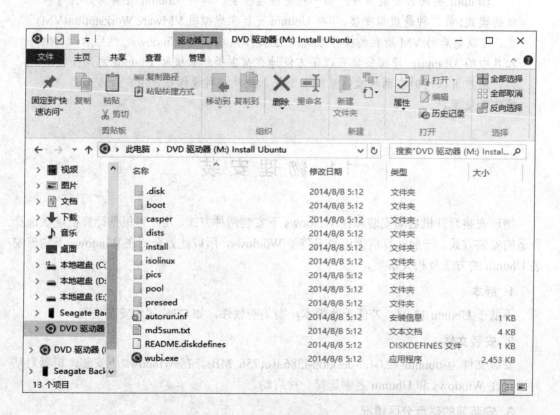

图 1-2　使用 Windows 10 资源管理器解压 Ubuntu 安装文件

(3) 运行 wubi.exe 程序，将依次出现如图 1-3 所示的界面。

(a) 初始安装界面　　(b) 光盘启动

(c) 安装光盘启动程序　　(d) 立即启动

图 1-3　主要安装过程

此后的过程基本无需人工干预，系统将自动安装完毕。

当出现登录菜单的时候，设置用户名和口令，并妥善保管，以免遗忘。以后每次启动 Ubuntu 都需要输入口令；当机器进入屏幕保护状态需要重新激活时也需要输入该口令。

5. Ubuntu 的启动

Ubuntu 安装成功后，在启动菜单上会出现 Windows 和 Ubuntu 启动选项，用户可在两种操作系统之间进行切换。

6. 启动后的 Ubuntu 12.04 桌面环境

Ubuntu 12.04 桌面环境如图 1-4 所示。各桌面元素如下：

(1) Ubuntu 桌面左侧为菜单面板，包含 Home 文件夹、浏览器、办公软件、系统设置等图标。

(2) Ubuntu 桌面右上角为信息公告区，包含输入方法、网络控制、音量控制、当前注册用户名、系统日期与时间、系统控制(关机、重启、睡眠)等。

(3) Ubuntu 桌面底部为窗口面板，包含一个回收站图标。

通过上述功能选项可以完成类似于 Windows 桌面环境下的资源管理器操作、控制面板操作、网络操作等。Ubuntu 自带办公软件，方便工作。

图 1-4　Ubuntu 12.04 桌面环境

7. Linux 功能的执行途径/方式

(1) 通过图形界面执行命令。

在 GNOME 图形界面上执行菜单命令。

(2) 通过命令行执行命令。

按下 Ctrl+Alt+T 组合键，打开类似 DOS 窗口一样的终端窗口，在该窗口里面可以执行输入命令及编写程序、安装软件和编译程序等操作。

1.2　虚　拟　安　装

虚拟安装即将 Ubuntu 安装在虚拟机中。虚拟机是对物理计算机的模拟，是操作系统的一个应用程序，运行在操作系统之上。安装在虚拟机中的操作系统可以与运行虚拟机的操作系统同时运行，并交换信息。VMware Workstation 是目前最为常用的虚拟机。在虚拟机 VMware Workstation 上安装 Ubuntu 的步骤如下：

(1) 安装虚拟机软件 VMware Workstation。

在 Windows 下运行 VMware Workstation 10(或者更高版本)。安装过程出现的主要界面如图 1-5 所示。

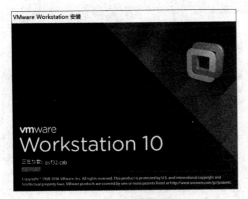
(a) 启动界面

(b) 输入许可证号

(c) 安装完成

图 1-5 VMware Workstation 安装过程中的主要界面

(2) 在 VMware 上安装 Ubuntu。

首先启动 VMware Workstation，主要过程包括新建虚拟机(如图 1-6 所示)、安装 Ubuntu(如图 1-7 所示)、设置用户名及口令(如图 1-8 所示)、登录系统(如图 1-9 所示)等。

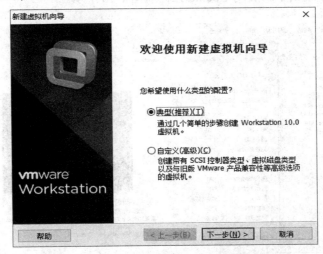

图 1-6 执行"新建虚拟机向导"创建新虚拟机

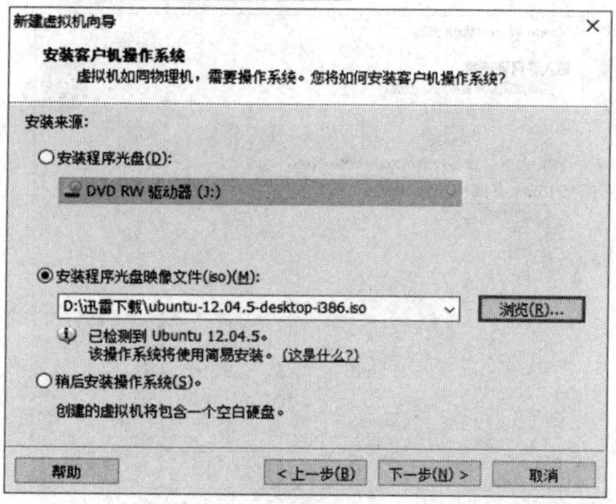

图 1-7 安装 Ubuntu 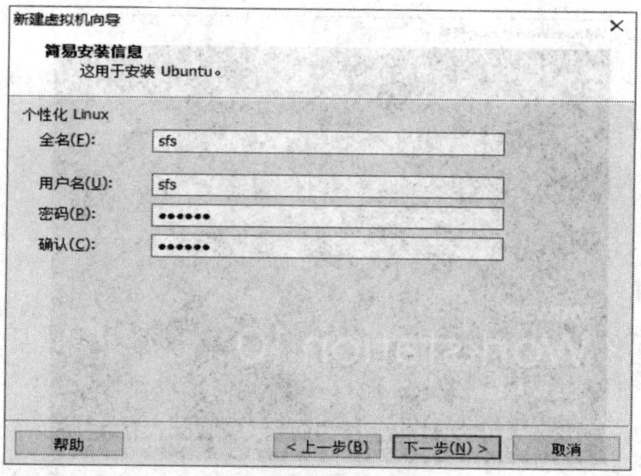   图 1-8 设置用户名及口令

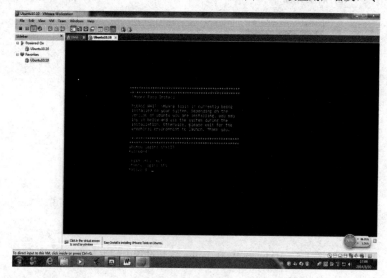

图 1-9 登录系统

安装完后，用户可以先熟悉一下系统界面和部分功能。

点击"开启此虚拟机"，启动 Ubuntu 12，如图 1-10 所示。

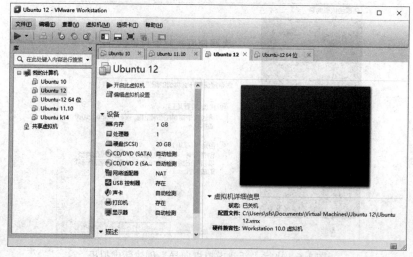

图 1-10 启动 Ubuntu 12

如图 1-11 所示，输入口令，登录系统，进入用户工作界面。

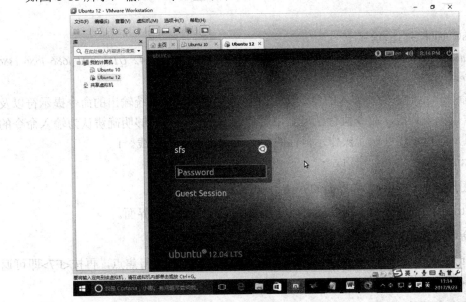

(a) 口令界面

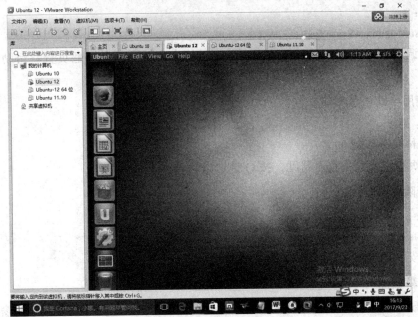

(b) 用户工作界面

图 1-11 进入图形界面工作状态

1.3 部分基础操作

1. 在图形用户界面下打开命令行终端窗口

同时按下 Ctrl + Alt + T 组合键，即出现命令行终端窗口。

2. 查看 Ubuntu 内核版本号

命令：

    sfs@ubuntu:~$ <u>uname -a</u>

    Linux ubuntu 3.0.0-12-generic #20-Ubuntu SMP Fri Oct 7 14:50:42 UTC 2011 i686 i686 i386 GNU/Linux

(给出命令示范时，需要输入的命令文字符号带有下划线，系统输出的命令提示符以及命令执行结果无下划线，命令执行结果则用斜体表示。此外，能够明确辨认为输入命令的文字符号以及其他叙述性而非操作示范性的命令文字也不带下划线。)

输入 exit 可关闭命令行窗口。

3. 由图形界面切换到文字界面的方法

按下 Ctrl+Alt + Shift + F1 组合键可以从图形界面切换到文字界面。

4. 由命令行界面切换到图形界面

按下 Ctrl + Alt 组合键，在 Ubuntu 窗口点击鼠标，使窗口获得焦点，再按<F7>即可返回 Ubuntu 操作系统图形界面。

5. 获取命令帮助

命令：

    sfs@ubuntu:~$ <u>man find</u>

man 调用 less 命令，显示帮助内容，可以按方向键上下左右翻页查看帮助，按 Q 键退出。

6. 使用帮助信息

命令：

    sfs@ubuntu:~$ <u>info</u>

按翻页键上下翻页查看帮助，按 Q 键退出。

7. 清除终端

命令：

    sfs@ubuntu:~$ <u>clear</u>

或者按下 Ctrl + L 组合键。

8. 屏幕截图

屏幕截图最简单的方法是按下 PrintScreen 键。但是截取打开了下拉菜单的窗口时，需要使用命令 gnome-screenshot。

(1) 截取窗口及其背景。

例如，使用 gnome-screenshot 实现延时 10 秒屏幕截图，首先输入命令：

    gnome-screenshot -d 10

然后打开某个窗口的下拉菜单。10 秒后，该打开下拉菜单的窗口即被截屏，可以保存起来。

(2) 截取活动窗口。

例如，延时 10 秒截取活动窗口，首先输入命令：

```
gnome-screenshot -d 10 -w
```
然后打开某个窗口的下拉菜单。10 秒后，该打开下拉菜单的活动窗口即被截屏，可以保存起来。

9. 关闭终端

按下 Ctrl + D 组合键，即可关闭终端。

10. 关机

点击菜单"关机"，或者打开命令窗口，输入命令：

```
sudo shutdown -h now
```

即可立即关机。

上 机 操 作 1

1. Linux 安装

(1) 安装 Linux(注意版本、硬件要求)。

(2) 掌握安装及启动过程中错误的排除方法。

2. 基本应用

(1) 打开命令行终端窗口。

(2) 清除终端窗口内容。

(3) 截取窗口及其背景。

(4) 截取活动窗口。

(5) 关闭终端。

(6) 关机。

第 2 章 文件管理类命令

文件是计算机系统中最为重要的资源，通常存储在磁盘上，因此，文件管理操作的大部分命令针对磁盘进行操作，早期操作系统也被称为磁盘操作系统。操作系统对文件管理提供了极其丰富的操作命令，其中对目录和文件的操作是最基础的操作。

文件及目录操作主要包括目录列表及文件内容的查看，文件及目录的创建、查找、移动或重命名及删除，文件内容的编辑操作，文件共享操作，文件及目录属性操作，文件压缩与解压缩、打包与解包等。

文件操作涉及众多的命令，每个命令都有为数不少的功能参数。每个命令的用法格式及参数选项都有明确的约定。本章及以下各章将从典型的用户需求和任务类型出发组织命令条目，并以实例形式阐述命令的作用及使用方法。

2.1 目录及文件基本操作命令

与目录及文件操作相关的命令主要有：ls(显示目录表)、pwd(显示当前目录)、cd(切换用户当前工作目录)、mkdir(创建目录)、cp(复制目录或文件)、mv(移动或重命名目录或文件)、rm(删除目录或文件)、touch(创建空白文件)等。

2.1.1 显示目录列表命令(ls)

显示目录列表的命令为 ls，它的一般格式为

    ls [选项] [目录/文件]

部分选项及意义如下：

-a：显示所有文件及目录。

-A：显示隐藏文件"."和".."以外的所有文件列表。

-C：多列显示输出结果(默认选项)。

-l：单列格式输出。

-F：在每个输出项后显示文件类型标识符。具体含义："﹡"表示具有可执行权限的普

通文件；"/"表示目录；"@"表示符号链接；"|"表示命名管道 FIFO；"="表示 socket 套接字。对普通文件不显示任何标识符。

-b：不可打印字符以反斜线"\"加字符编码方式输出。

-d：仅显示目录名，不显示目录下的内容列表，即显示符号链接文件本身，不显示其所指向的目录列表。

-i：显示文件索引节点号(inode)。

-k：以 KB(千字节)为单位显示文件大小。

-l：显示目录下内容详细属性项。输出信息包括文件名、文件类型、权限模式、硬链接数、所有者、属组、文件大小和文件的最后修改时间等。

-m：用","号分割每个文件和目录的名称。

-n：以用户识别码和群组识别码替代其名称。

-r：以文件名反序排列并输出目录内容列表。

-s：显示文件和目录的大小，以区块为单位。

-t：以文件和目录的更改时间排序。

-L：对符号链接文件或目录，直接列出该链接指向的原始文件或目录。

-R：递归处理，将指定目录下的所有文件及子目录一并处理。

--full-time：列出完整的日期与时间。

--color[=WHEN]：使用不同的颜色高亮显示不同类型的列表名。

给出目录或者文件名的一部分字符，使用 ls 命令的相应格式将列出该目录下的文件/目录或者包含该部分字符的文件/目录列表。

1) 列出指定目录下的文件及目录

(1) 查看当前目录。只需给出命令动词 ls，不必列出选项及目录/文件名。命令及结果为

> ls
>
> Desktop   Downloads   Music   Public   Videos
> Documents examples.desktop Pictures Templates

(2) 查看某个目录。命令格式为

ls 目录名

例如，查看/etc 目录的命令及结果为

> ls /etc/
>
> acpi   login.defs
> adduser.conf   logrotate.conf
> alternatives   logrotate.d
> …

(3) 查看文件名包含某些字符的文件列表。需给出文件名的一部分。

【例 2.1】 查看当前目录下以 p 或 c 结尾的文件的命令及结果为

> ls *[pc]
>
> examples.desktop f1.cpp Helloworld.c s.c shmmutexread.c shmmutexwrite.c
> baichuanc:

sbcwhile   sbcwhile.c   sbcwhile.c~   s.c   s.c~

…

【例 2.2】 查看目录 /lib 下以 5～7 结尾的文件的命令及结果为

ls /lib/*[5-7]

/lib/libbrlapi.so.0.5   /lib/libfuse.so.2.8.6
/lib/libbrlapi.so.0.5.6   /lib/libxtables.so.7

【例 2.3】 查看目录 /etc 下以 v～w 结尾的文件的命令及结果为

ls /etc/*[v-w]

/etc/gshadow   /etc/hosts.allow   /etc/shadow
/etc/insserv:
overrides
/etc/udev:
rules.d   udev.conf
/etc/ufw:
after6.rules   applications.d   before.rules   ufw.conf
after.rules   before6.rules   sysctl.conf

2) 查看文件的各种属性

查看文件属性的方法是在 ls 命令后加选项 -l，将依次显示文件权限标志、文件链接个数、文件所有者的用户名、该用户所在的用户组组名、文件大小、最后被修改的日期、时间、文件名。

【例 2.4】 列出当前目录下文件及目录属性信息的命令及结果为

ls -l

total 752
-rw-rw-r--   1 sfs sfs   18   Sep   29 02:41   abc.txt
drwxrwxr-x   2 sfs sfs   4096   Oct   1 06:22   baichuanc
drwxrwxr-x   2 sfs sfs   4096   Dec   5 05:47   c
-rw-rw-r--   1 sfs sfs   373   Nov   4 06:47   case_score.sh
-rw-rw-r--   1 sfs sfs   373   Nov   4 06:47   case_score.sh~
-rw-rw-r--   1 sfs sfs   141   Nov   4 01:28   check_file.sh
drwxr-xr-x   2 sfs sfs   4096   Oct   8 04:27   Desktop
-rw-r--r--   1 sfs sfs   8445   Sep   22 20:05   examples.desktop
-rwxrwxr-x   1 sfs sfs   7751   Sep   25 08:01   f1
-rw-rw-r--   1 sfs sfs   103   Sep   25 08:00   f1.cpp

…

【例 2.5】 查看文件 /bin/login 的属性的命令及结果为

ls -l /bin/login

-rwxr-xr-x 1 root root 39160 2010-09-03 03:28 /bin/login

结果中各项含义如下：

-：表示普通文件。其他属性值：d 表示目录文件；l 表示符号链接文件；b 表示设备文件中可供存储的接口设备；c 表示设备文件中的串行端口设备，比如鼠标、键盘等；s 表示本地域套接口；p 表示有名管道。

rwx：文件属主对文件可读、可写、可执行。

r-x：文件属组对文件可读、可执行。

r-x：其他人对文件可读、可执行。

1：文件的链接数目是 1，该文件只有一个硬链接。

root：文件属主是 root 用户。

root：文件属组是 root 组。

39160：文件大小是 39160 字节。

2010-09-03 03:28：文件最后修改日期和时间是 2010 年 09 月 03 日 03:28。

/bin/login：该文件的完整路径是/bin/login。

3) 查看目录属性

ls 命令后加 -ld 选项时，用于查看目录属性。例如，查看/etc 目录属性的命令及结果为

  ls -ld /etc/

  drwxr-xr-x 131 root root 12288 2017-09-05 19:37 /etc/

结果中的"131"表示/etc 目录中包含的子目录数。

4) 查看目录及其各级子目录下的文件列表

ls 命令后加 -R 选项时，用于查看目录及其各级子目录下的文件列表，即查看目录树下的文件列表。例如，查看当前目录及其各级子目录下的文件列表的命令及结果为

  ls -R

  .:

  abc.txt

  baichuanc

  c

  case_score.sh

  case_score.sh~

  check_file.sh

  Desktop

  ./os:

  Linux

  ./os/Linux:

  ./Pictures:

  Screenshot from 2017-09-25 10:06:44.png

  ./prg:

  java

  ./prg/java:

  ……

5) 列出目录下的文件/子目录列表及其索引节点号

ls 命令后加 -i 选项时,用于列出目录下的文件/子目录列表及其索引节点号。例如,列出当前目录下的文件/子目录列表及其索引节点号的命令及结果为

ls -i

147776 abc.txt	147562 log.sh	147749 sh30.sh
147549 baichuanc	147817 log.sh~	147759 sh31.sh
131396 c	147684 lstxt	147757 sh31.sh~
147799 case_score.sh	147913 ls.txt	147753 sh32.sh

6) 列出包含隐藏文件在内的所有文件,并以参数-F形式显示

ls 命令后加 -aF 选项时,用于列出包含隐藏文件在内的所有文件。例如,列出当前目录下的所有文件(包含隐藏文件)的命令及结果为

ls -aF

./	foruserdel.sh~	p.pipe|	sh6.sh
../	foruser.sh	.profile	sh7.sh
abc.txt	func1.sh	Public/	sh8.sh
.abc.txt.swj	func2.sh	.pulse/	sh9.sh
.abc.txt.swk	func2.sh~	.pulse-cookie	shift1.sh
...			

7) 在列表项后加类型符号

ls 命令后加 -F 选项时,将在目录后面加 /,在可执行文件后面加 *,在链接文件后面加 @。例如,以 -F 格式列出当前目录下的文件的命令及结果为

ls -F

abc.txt	func5.sh	select.sh	sh8.sh
baichuanc/	func5.sh~	set1.sh	sh9.sh
c/	funclib1.sh	set1.sh~	shift1.sh
check_file.sh	Helloworld*	sh12.sh	shift2.sh~
...			

8) 查看 ls 命令的使用帮助

ls 命令后加 --help 选项时,用于列出命令帮助信息,即命令使用说明书。例如,列出 ls 命令使用帮助信息的命令及结果为

ls --help

Usage: ls [OPTION]... [FILE]...

List information about the FILEs (the current directory by default).

Sort entries alphabetically if none of -cftuvSUX nor --sort is specified.

Mandatory arguments to long options are mandatory for short options too.

-a, --all	do not ignore entries starting with .
-A, --almost-all	do not list implied . and ..
--author	with -l, print the author of each file

  -b, --escape   print C-style escapes for nongraphic characters
  --block-size=SIZE   scale sizes by SIZE before printing them. E.g., `--block-size=M' prints sizes in units of 1,048,576 bytes. See SIZE format below.
  -B, --ignore-backups do not list implied entries ending with ~

……

2.1.2 显示当前工作目录命令(pwd)

pwd 命令用于显示当前工作目录，只有一种格式，即：pwd。例如：

  sfs@ubuntu:~$ pwd

  /home/sfs

2.1.3 切换用户当前工作目录命令(cd)

cd 命令用于切换用户当前工作目录，其基本格式为

  cd [目录名]

【例 2.6】 进入根目录的命令及结果为

  cd /

  sfs@ubuntu:/$ ls   #查看根目录列表

注意："#"为命令注释符，其后内容不会被执行。

【例 2.7】 进入 /etc 目录的命令及结果为

  cd /etc/

  sfs@ubuntu:/etc$

可以执行 ls 命令查看一下 /etc 目录列表：

  sfs@ubuntu:/etc$ ls   #查看/etc 目录列表

  acpi   login.defs

  adduser.conf   logrotate.conf

  alternatives   logrotate.d

  ……

【例 2.8】 进入用户主目录的命令及结果为

  cd   #或者 cd ~

  sfs@ubuntu:~$

【例 2.9】 返回之前所在的目录的命令为

  cd -

执行下面命令序列，先进入/etc 目录，再进入/etc 目录的子目录 lib，再使用命令"cd –"返回之前的 /etc 目录。

  sfs@ubuntu:~$ cd /etc   #先进入/etc 目录

  sfs@ubuntu:/etc$ cd /lib   #再进入/lib 目录

  sfs@ubuntu:/lib$ cd -   #再返回之前的/etc 目录

  /ect

  sfs@ubuntu:/etc $

【例2.10】 返回上级目录的命令及结果为

  sfs@ubuntu:/etc$ cd .. #从当前目录/etc 返回上级目录,".."表示当前目录的父目录
  sfs@ubuntu:/$

【例2.11】 返回上两级目录的命令为

  cd ../..

执行下面命令序列,先进入/lib/init 目录,再使用命令"cd ../.."返回上两级目录。

  sfs@ubuntu:/$ cd /lib/init #进入/lib/init 目录
  sfs@ubuntu:/lib/init$ cd ../.. #返回上两级目录
  sfs@ubuntu:/$

2.1.4 创建目录命令(mkdir)

mkdir 命令用于创建目录,其基本格式为

  mkdir [选项] 目录路径名1 目录路径名2 … 目录路径名n

部分选项及意义如下:

-m<目标属性>或--mode<目标属性>:建立目录的同时设置目录的权限。

-p 或--parents:若所要建立目录的上层目录尚未建立,则一并建立上层目录,即建立目录路径或者目录树。

1) 创建单层目录

不带任何选项的 mkdir 命令可以创建一到多个单层目录。例如,创建目录 prg、doc 和 prg 下的目录 c 的命令及结果为

  sfs@ubuntu:~$ mkdir prg doc #创建目录 prg、 doc
  sfs@ubuntu:~$ mkdir prg/c #创建目录 prg 下的目录 c
  sfs@ubuntu:~$ ls . prg/c #查看当前目录和 prg/c 目录列表

2) 创建多层目录(即创建目录路径)

mkdir 命令后加 -p 选项时,用于创建目录路径,即创建目录路径中的各级目录。例如,创建目录路径 exe/s1 的命令为

  sfs@ubuntu:~$ mkdir -p exe/s1 #创建路径 exe/s1 中的目录 exe 和 s1

3) 建立目录的同时设置目录的权限

mkdir 命令后加 -m 选项时,可以在建立目录的同时设置目录的权限。例如,在目录 prg 下建立子目录 java,并且只有文件属主有读、写和执行权限,其他人无权访问的命令为

  sfs@ubuntu:~$ mkdir -m 700 prg/java

4) 同时使用多个选项

mkdir 命令后的有些选项可以同时使用。例如,在当前目录下建立目录 os 和 os 下的 Linux 子目录,权限设置为文件属主可读、写、执行,同组用户可读和可执行,其他用户无权访问,需要同时使用 -p 和 -m 选项,命令为

  sfs@ubuntu:~$ mkdir -p -m 750 os/Linux

5) 查看 mkdir 命令的使用帮助

mkdir 命令后加 --help 选项时,用于显示命令帮助信息。例如,查看 mkdir 命令的帮助

信息的命令为

  sfs@ubuntu:~$ <u>mkdir --help</u>

  Usage: mkdir [OPTION]... DIRECTORY...

  Create the DIRECTORY(ies), if they do not already exist.

  Mandatory arguments to long options are mandatory for short options too.

  -m, --mode=MODE set file mode (as in chmod), not a=rwx - umask

  -p, --parents   no error if existing, make parent directories as needed

  -v, --verbose   print a message for each created directory

  -Z, --context=CTX set the SELinux security context of each created directory to CTX

  --help   display this help and exit

  --version   output version information and exit

2.1.5 复制目录或文件命令(cp)

cp 命令用于复制文件及目录，其基本格式为

  cp [选项] 源目录/文件名 1 源目录/文件名 2 ... 源目录/文件名 n 目的目录/文件名

该命令将源目录名或源文件名复制到目的目录名下或复制为目的文件名。

各选项及意义如下：

-d：复制符号链接时，把目标文件或目录也建立为符号链接，并指向与源文件或目录链接的原始文件或目录。

-f：强行复制文件或目录，不论目标文件或目录是否已存在。

-i：覆盖现存文件之前先询问用户。

-l：对源文件建立硬链接，而非复制文件。

-p：保留源文件或目录的属性。

-R/r：递归处理，将指定目录下的所有文件与子目录一并复制，即复制目录树。

-s：对源文件建立符号链接，而非复制文件。

-u：源文件的更改时间较目标文件更新时，或者名称相互对应的目标文件并不存在时，才复制文件。

-S：备份文件时，用指定的后缀 "SUFFIX" 代替文件的默认后缀。

-b：覆盖已存在的目标文件前将目标文件备份。

-v：详细显示命令执行的操作过程。

1) 将某个文件复制到某个目录下且不重命名

将某个文件复制到某个目录下时可以给出目的文件名，也可以不给出。给出时，将源文件复制为给出的目的文件名。未给出时，目的文件名与源文件名相同。

【例 2.12】 先使用 gedit 编辑器在当前目录下创建一个文件 s1.txt，命令为

  sfs@ubuntu:~$ <u>gedit s1.txt</u>

再使用如下命令创建目录树 prg/c：

  sfs@ubuntu:~$ <u>mkdir -p prg/c</u>

最后使用如下命令将文件 s1.txt 复制到目录 prg/c 下：

  sfs@ubuntu:~$ <u>cp s1.txt prg/c</u>   #目的文件名仍为 s1.txt

2) 将多个文件复制到某个目录下

复制多个源文件时，分别给出它们的路径及文件名。例如，将 doc/s1.txt、doc/c/res1.txt 和 prg/rs4.txt 三个文件复制到目录 c111 下。下面的命令序列首先查看这些源文件是否存在（只有存在才能复制），然后创建目录 c111，最后执行复制命令。相关命令及运行结果为

```
sfs@ubuntu:~$ ls -R doc                #检查 doc/s1.txt 和 doc/c/resl.txt 是否存在
doc:
c   s1.txt   s3.txt   s4.txt
doc/c:
res1.txt   res1.txt~   s1.txt   s1.txt~
sfs@ubuntu:~$ ls -R prg                #检查 prg/rs4.txt 是否存在
prg:
c   c1   c1.c   rs4.txt   UNIX
prg/c:
res1.txt   s1.c   s1.c~   s1.txt~
prg/UNIX:
s1.txt   s1.txt~   s3.txt   s3.txt~   s4.c
sfs@ubuntu:~$ mkdir c111                #创建目录 c111
sfs@ubuntu:~$ cp doc/s1.txt doc/c/res1.txt prg/rs4.txt c111   #复制三个文件到目录 c111 下
sfs@ubuntu:~$ ls c111                   #查看复制结果
res1.txt   rs4.txt   s1.txt
```

3) 复制时，如果源文件与目标文件同名则给出提示信息

如果 cp 命令带有-i 选项，则复制时，若源文件与目标文件同名则给出提示信息，其用法格式为

cp -i 源文件　目标目录

【例 2.13】再次将文件 s1.txt 复制到目录 prg/c 下时，带-i 选项的 cp 命令给出提示：是否要覆盖？输入 y 覆盖。命令及结果为

```
sfs@ubuntu:~$ cp -i s1.txt prg/c        #再次将文件 s1.txt 复制到目录 prg/c 下
cp: overwrite `prg/c/s1.txt'? y
```

4) 复制时，如果源文件与目标文件同名则对文件自动命名

如果 cp 命令后带有-b 选项，则在复制时，如果源文件与目标文件同名，则对文件自动命名。

【例 2.14】再次将文件 s1.txt 复制到目录 prg/c 下时，有两个同名文件，带-b 选项的 cp 命令将文件 s1.txt 自动重命名为 s1.txt~。命令为

```
sfs@ubuntu:~$ cp -b s1.txt prg/c
```

查看 prg/c 目录下的目录及文件，确认复制结果：

```
sfs@ubuntu:~$ ls prg/c
s1.txt   s1.txt~
```

5) 复制时对文件重命名

将某个文件复制到某个目录下时给出目的文件名，则复制时对文件重命名为该文件名。

【例 2.15】 再次将文件 s1.txt 复制到目录 prg/c 下，并将其重命名为 res1.txt。命令为

    sfs@ubuntu:~$ cp s1.txt prg/c/res1.txt

查看 prg/c 目录下的目录及文件，确认复制结果：

    sfs@ubuntu:~$ ls prg/c

    res1.txt   s1.txt   s1.txt~

6) 复制目录树

加上 -r 选项可以使 cp 命令复制整个目录树。

【例 2.16】 将 prg 目录下的子目录 c 及其下的文件复制到目录 doc 下。命令为

    sfs@ubuntu:~$ cp -r prg/c/ doc

查看复制结果：

    sfs@ubuntu:~$ ls -R doc

    doc:

    c   s1.txt   s3.txt   s4.txt

    doc/c:

    res1.txt   s1.txt   s1.txt~

2.1.6 移动或重命名目录或文件命令(mv)

mv 命令用于移动或重命名目录或文件，其基本格式为

    mv [选项] 源目录/文件名 1 源目录/文件名 2 … 源目录/文件名 n 目的目录/文件名

各选项及意义如下：

--backup=<备份模式>：若需覆盖文件，则覆盖前先行备份。

-b：若文件存在，则覆盖前对其创建一个备份。

-f：若目标文件或目录与现有的文件或目录重复，则直接覆盖现有的文件或目录。

-i：交互式操作，覆盖前先行询问用户，如果源文件与目标文件或目标目录中的文件同名，则询问用户是否覆盖目标文件。若用户输入"y"，则覆盖目标文件；若输入"n"，则取消对源文件的移动。

--strip-trailing-slashes：删除源文件中的斜杠"/"。

-S<后缀>：为备份文件指定后缀，而不使用默认的后缀。

--target-directory=<目录>：指定源文件要移动到的目标目录。

-u：当源文件比目标文件新或者目标文件不存在时，才执行移动操作。

mv 命令与 cp 命令的格式和用法非常相似，唯一不同的是复制后源文件仍存在，移动后源文件不存在。

1) 将某个文件移动到某个目录下

【例 2.17】 在当前目录下创建一个文件 s3.txt，并将文件 s3.txt 移动到 prg/c 目录下。相关命令及结果为

    sfs@ubuntu:~$ gedit s3.txt

```
sfs@ubuntu:~$ mv s3.txt prg/c
sfs@ubuntu:~$ ls -R prg/c          #查看 prg/c 目录下是否存在 s3.txt
prg/c:
s1.txt   s3.txt
```

2) 将多个文件移动到某个目录下

【例 2.18】 在 os/Linux 目录下创建一个文件 s4.txt，并查看 os/Linux 目录下是否存在文件 s4.txt。相关命令及结果为

```
sfs@ubuntu:~$ gedit os/Linux/s4.txt
sfs@ubuntu:~$ ls -R os/Linux
os:
Linux
os/Linux:
s4.txt
```

将文件 os/Linux/s4.txt、prg/c/s1.txt 和 prg/c/s3.txt 移动到 doc 目录下。先查看 doc 目录下是否存在文件 s1.txt、s3.txt、s4.txt，再查看 prg/c 目录和 os/Linux 目录下是否存在文件。相关命令及结果为

```
sfs@ubuntu:~$ mv os/Linux/s4.txt prg/c/s1.txt prg/c/s3.txt doc
sfs@ubuntu:~$ ls -R doc
doc:
s1.txt   s3.txt   s4.txt
sfs@ubuntu:~$ ls -R prg/c os/Linux
os/Linux:
prg/c:
```

3) 重命名文件

当 mv 命令给出目的文件名时，源文件被移动并命名为目的文件名。

【例 2.19】 将文件 doc/s4.txt 移动到 prg 目录下并且重命名为 rs4.txt，查看 prg 目录下是否存在文件 rs4.txt。相关命令及结果为

```
sfs@ubuntu:~$ mv doc/s4.txt prg/rs4.txt
sfs@ubuntu:~$ ls -R prg
prg:
c   rs4.txt
prg/c:
```

4) 移动目录

移动目录可以将给定的源目录，包括其中的文件及子目录整体移到目的目录下。

【例 2.20】 将 doc 目录下的文件移动到 os/Linux 目录下，并查看 os 目录下的文件，确认移动结果。相关命令及结果为

```
sfs@ubuntu:~$ mv doc/*.* os/Linux
sfs@ubuntu:~$ ls -R os
```

　　　　　os:

　　　　　Linux

　　　　　os/Linux:

　　　　　s1.txt　s3.txt　s4.txt

【例 2.21】 将 os/Linux 目录移动到 prg 目录下，并查看 prg 目录下的文件，确认移动结果。相关命令及结果为

　　　　　sfs@ubuntu:~$ <u>mv os/Linux prg</u>　　　　#Linux 子目录及其中的文件被移动到 prg 目录下，
　　　　　　　　　　　　　　　　　　　　　　　　#os 目录并未被移动

　　　　　sfs@ubuntu:~$ <u>ls -R prg</u>

　　　　　prg:

　　　　　c　Linux　rs4.txt

　　　　　prg/c:

　　　　　prg/Linux:

　　　　　s1.txt　s3.txt　s4.txt

5) 重命名目录

当 mv 命令给出目的目录名时，源目录被复制为目的目录名。

【例 2.22】 将 prg/Linux 目录重命名为 prg/UNIX。相关命令及结果为

　　　　　sfs@ubuntu:~$ <u>mv prg/Linux prg/UNIX</u>

　　　　　sfs@ubuntu:~$ <u>ls -R prg</u>　　　　#查看命名结果

　　　　　prg:

　　　　　c　rs4.txt　UNIX

　　　　　prg/c:

　　　　　prg/UNIX:

　　　　　s1.txt　s3.txt　s4.txt

6) 移动时显示被移动文件名、路径及备份重名文件

加上 -v 选项可使 mv 命令在执行移动操作时显示被移动文件名、路径及备份重名文件。

【例 2.23】 复制 prg/UNIX 目录下的文件 s1.txt、s3.txt 到目录 prg 下，并且显示被复制文件名。相关命令及结果为

　　　　　sfs@ubuntu:~$ <u>cp -v prg/UNIX/s[1,3].txt prg</u>

　　　　　`prg/UNIX/s1.txt' -> `prg/s1.txt'

　　　　　`prg/UNIX/s3.txt' -> `prg/s3.txt'

【例 2.24】 将 prg 目录下的文件 s1.txt、s3.txt 移动到 prg/UNIX 目录下，若有同名文件，则创建备份。相关命令及结果为

　　　　　sfs@ubuntu:~$ <u>mv -bv prg/s[1,3].txt prg/UNIX</u>

　　　　　`prg/s1.txt' -> `prg/UNIX/s1.txt' (backup: `prg/UNIX/s1.txt~')

　　　　　`prg/s3.txt' -> `prg/UNIX/s3.txt' (backup: `prg/UNIX/s3.txt~')

　　　　　sfs@ubuntu:~$ <u>ls -R prg</u>　　　　#查看移动结果

prg:
　　c   rs4.txt   UNIX
　　prg/c:
　　prg/UNIX:
　　s1.txt   s1.txt~   s3.txt   s3.txt~   s4.txt

2.1.7　删除目录或文件命令(rm)

rm 命令用于删除目录或文件，其基本格式为

　　rm [选项] 目录名或文件名

各选项及意义如下：

-f：强制删除文件或目录。

-i：删除已有文件或目录之前先询问用户。

-r 或-R：递归处理，将指定目录下的所有文件与子目录一并删除。

--preserve-root：不对根目录进行递归操作。

-v：显示指令的详细执行过程。

1) 删除一个文件

【例 2.25】先在目录 prg/java 下创建一个文件 s1.java，然后删除文件 prg/java/s1.java。相关命令为

　　gedit prg/java/s1.java
　　rm prg/java/s1.java

2) 删除目录树

rm 命令后加-r 选项用于删除目录树，即删除目录及其子目录和其中的文件。

【例 2.26】先在目录 prg/java 下创建一个文件 s2.java，然后删除目录 prg 及其下的子目录和文件。相关命令为

　　gedit prg/java/s2.java
　　rm -r prg

2.1.8　创建空白文件命令(touch)

touch 命令用于创建一个空白文件。

【例 2.27】创建空白文件 my.txt 的命令为

　　touch my.txt

2.2　文件查找命令

文件查找命令有 find、whereis、which，其中，find 更具通用性。

2.2.1　普通文件查找命令(find)

find 命令用于在指定目录下查找符合匹配条件的文件，其基本格式为

find [选项] 搜索范围 [匹配条件]

其中，搜索范围即搜索目录，不能缺省；匹配条件即搜寻的文件应符合的条件，这些条件有文件名、文件大小、文件所属用户/用户组、文件访问时间/文件更改时间、文件类型、索引节点值等。匹配条件省略时，表示列出给定目录下的所有文件和文件夹。

部分选项及意义如下：

-amin<分钟>：查找在指定时间曾被存取过的文件或目录，单位以分钟计算。

-anewer<参考文件或目录>：查找其存取时间较指定文件或目录的存取时间更接近现在的文件或目录。

-atime<24 小时数>：查找在指定时间曾被存取过的文件或目录，单位以 24 小时计算。

-cmin<分钟>：查找在指定时间内被更改过的文件或目录。

-cnewer<参考文件或目录>：查找其更改时间较指定文件或目录的更改时间更接近现在的文件或目录。

-ctime<24 小时数>：查找在指定时间内被更改的文件或目录，单位以 24 小时计算。

-daystart：从本日开始计算时间。

-depth：从指定目录下最深层的子目录开始查找。

-empty：寻找文件大小为 0 字节的文件，或目录下没有任何子目录或文件的空目录。

-exec<执行指令>：find 指令返回值为 True 时执行该指令。

-gid<群组识别码>：查找符合群组识别码的文件或目录。

-group<群组名称>：查找符合群组名称的文件或目录。

-help 或 --help：在线帮助。

-inum<inode 编号>：查找符合 inode 编号的文件或目录。

-links<连接数目>：查找符合硬链接数目的文件或目录。

-iname<范本样式>：指定字符串作为寻找符号连接的范本样式。

-maxdepth<目录层级>：设置最大目录层级。

-mindepth<目录层级>：设置最小目录层级。

-mmin<分钟>：查找在指定时间曾被更改过的文件或目录，单位以分钟计算。

-mtime<24 小时数>：查找在指定时间曾被更改过的文件或目录，单位以 24 小时计算。

-name<范本样式>：指定字符串作为寻找文件或目录的范本样式。

-newer<参考文件或目录>：查找其更改时间较指定文件或目录的更改时间更接近现在的文件或目录。

-path<范本样式>：指定字符串作为寻找目录的范本样式。

-perm<权限数值>：查找符合权限数值的文件或目录。

-regex<范本样式>：指定字符串作为寻找文件或目录的范本样式。

-size<文件大小>：查找符合文件大小的文件。

-type<文件类型>：寻找符合文件类型的文件。

-uid<用户识别码>：查找符合用户识别码的文件或目录。

-used<日数>：查找文件或目录被更改之后在指定时间曾被存取过的文件或目录，单位以日计算。

-user<拥有者名称>：查找符合拥有者名称的文件或目录。

1. 省略匹配条件的文件查找

如果未给出匹配条件，则列出指定目录下的所有文件和文件夹。

【例 2.28】 列出当前目录下的所有文件和文件夹的命令及结果为

```
sfs@ubuntu:~$ find .
.
./jv2.java~
./while2.sh
./ls.txt
./abc.txt
./doc
./doc/s3.txt
./doc/s1.txt
./doc/s4.txt
./doc/c
./doc/c/s1.txt~
./doc/c/res1.txt~
./doc/c/s1.txt
./doc/c/res1.txt
…
```

2. 搜索指定目录下的某个或某类文件名

find 命令后加 -name 选项用来给出一个或多个文件名的一部分作为匹配条件，查询符合匹配条件的一类文件。

1) 在单个目录下查找符合匹配条件的一类文件

【例 2.29】 在 /home 目录下查找以 .txt 结尾的文件名的命令及结果为

```
sfs@ubuntu:~$ find /home -name "*.txt"
/home/sfs/ls.txt
/home/sfs/abc.txt
/home/sfs/doc/s3.txt
/home/sfs/doc/s1.txt
/home/sfs/doc/s4.txt
/home/sfs/doc/c/s1.txt
/home/sfs/doc/c/res1.txt
/home/sfs/prg/UNIX/s3.txt
…
```

【例 2.30】 在当前目录及其子目录下查找以 .txt 结尾的文件名的命令及结果为

```
sfs@ubuntu:~$ find . -name "*.txt"
./ls.txt
```

./abc.txt

./doc/s3.txt

./doc/s1.txt

./doc/s4.txt

./doc/c/s1.txt

./doc/c/res1.txt

./prg/UNIX/s3.txt

…

【例2.31】 在 prg 目录及其子目录下查找以.txt 结尾的文件名的命令及结果为

sfs@ubuntu:~$ find prg -name "*.txt"

prg/UNIX/s3.txt

prg/UNIX/s1.txt

prg/UNIX/s4.txt

prg/rs4.txt

prg/c/s1.txt

prg/c/res1.txt

2) 在多个目录下查找符合匹配条件的几类文件

【例2.32】 在 c 目录和 prg/UNIX 目录及其子目录下查找以 .txt 或 .c 结尾的文件名的命令及结果为

sfs@ubuntu:~$ find c prg/UNIX -name "*.txt" -o -name "*.c"   #-o 表示或

c/pipec.c

c/ltclient.c

c/sockserver.c

c/sockclient.c

prg/UNIX/s3.txt

prg/UNIX/s4.c

prg/UNIX/s1.txt

…

3) 使用正则表达式指定匹配条件

find 命令后的 -regex 选项用来说明匹配条件为正则表达式。

【例2.33】 在 prg 目录及其子目录下查找以 .txt 或 .c 结尾的文件名的命令及结果为

sfs@ubuntu:~$ find prg -regex ".*\(\.txt\|\.c\)"   #使用正则表达式表示待查文件

prg/UNIX/s3.txt

prg/UNIX/s4.c

prg/UNIX/s1.txt

prg/rs4.txt

prg/c/s1.c

prg/c/res1.txt

3. 排除查找——查找指定文件以外的文件

排除查找即查找指定文件以外的文件。排除查找选项为! -name。

【例2.34】 找出prg目录及其子目录下不是以.txt结尾的文件的命令及结果为

  sfs@ubuntu:~$ find prg ! -name "*.txt"

  prg

  prg/UNIX

  prg/UNIX/s1.txt~

  prg/UNIX/s3.txt~

  prg/UNIX/s4.c

  prg/c

  prg/c/s1.txt~

  prg/c/s1.c

4. 根据文件类型进行搜索

find命令中的 -type 选项用于指出文件类型，功能是以该文件类型作为匹配条件。文件类型参数及其意义如下：

f：普通文件。

l：符号连接文件。

d：目录。

c：字符设备。

b：块设备。

s：套接字。

p Fifo：管道文件。

【例2.35】 在/目录下查找块设备文件的命令及结果为

  sfs@ubuntu:~$ sudo find / -type b

  [sudo] password for sfs:

  /dev/sr1

  /dev/sr0

  /dev/sda5

  /dev/sda2

  /dev/sda1

  /dev/sda

  /dev/fd0

  /dev/loop7

  /dev/loop6

  ...

  /dev/loop1

  /dev/loop0

  /dev/ram15

/dev/ram14
/dev/ram13
/dev/ram12
...

5. 根据文件大小进行搜索

find 命令中的 -size 选项用于指出文件的大小(字节数)，表示将其作为匹配条件。

【例 2.36】 搜索当前目录下以"x"开头且小于 13 字节的文件的命令及结果为

sfs@ubuntu:~$ <u>find . -name "x*" -a -size -13</u>   #-a 表示"与"

./xaa
./jdk/jdk1.8.0_144/jre/lib/desktop/mime/packages/x-java-archive.xml
./jdk/jdk1.8.0_144/jre/lib/desktop/mime/packages/x-java-jnlp-file.xml
./jdk/jdk1.8.0_144/bin/xjc
./x02
./xab
./xad
./xac
./x03
./x01
./.eclipse/org.eclipse.platform_4.7.0_1896990597_linux_gtk_x86/configuration/org.eclipse.osgi/85/0/.cp/oslinux/x86
./x00

2.2.2 程序文件查找命令(whereis)

whereis 命令主要用于查找二进制程序名，且只查找系统目录下的系统文件，不查找用户文件，其基本格式为

whereis [选项] 文件名列表

whereis 可以同时查找多个文件的位置。

【例 2.37】 查找 find 程序、mv 程序、cp 程序和 ls 程序所在位置的命令及结果为

sfs@ubuntu:~$ <u>whereis find mv cp ls</u>
find: /usr/bin/find /usr/bin/X11/find /usr/share/man/man1/find.1.gz
mv: /bin/mv /usr/share/man/man1/mv.1.gz
cp: /bin/cp /usr/share/man/man1/cp.1.gz
ls: /bin/ls /usr/share/man/man1/ls.1.gz

【例 2.38】 使用 find 查找根目录"/"下的 find 程序、mv 程序、cp 程序和 ls 程序的命令及结果为

sfs@ubuntu:~$ <u>sudo find / -name "find" -o -name "mv" -o -name "cp" -o -name "ls"</u>
/usr/lib/klibc/bin/mv
/usr/lib/klibc/bin/ls

/usr/src/linux-headers-3.13.0-32-generic/include/config/usb/mv
/usr/src/linux-headers-3.13.0-32-generic/include/config/generic/find
/usr/share/X11/xkb/symbols/mv
/usr/bin/find
/bin/mv
/bin/cp
/bin/ls

2.2.3 查找命令所在位置命令(which)

which 用于查找命令所在位置，但查找的范围是环境变量$PATH 设置的目录。

【例 2.39】 显示 find 命令、mv 命令、cp 命令和 ls 命令位置的命令及结果为

sfs@ubuntu:~$ which find mv cp ls
/usr/bin/find
/bin/mv
/bin/cp
/bin/ls

2.3 文件内容查看命令

文件内容查看操作可以将文件打开，并显示其内容。常用的文件内容查看命令有 cat、more 以及 less 等。

2.3.1 查看文件内容命令(cat)

cat 命令将文件内容完全显示于命令终端，其基本格式为

cat [选项] 文件名

选项及意义如下：

-n 或-number：从 1 开始对输出行数编号。

-b 或--number-nonblank：和-n 相似，但对空白行不编号。

-s 或--squeeze-blank：若遇到连续两行以上的空白行，则代换为一个空白行。

cat 命令可以查看一到多个文件。

1) 使用 cat 命令查看一个或多个文件内容

在 cat 命令后给出多个文件名，可以通过一条命令显示多个文件内容。

【例 2.40】 查看 doc/c 目录下的文件 res1.txt 和 s1.txt 的内容的命令及结果为

sfs@ubuntu:~$ cat doc/c/res1.txt doc/c/s1.txt
这是文本文件 res1.txt。
这是文本文件 s1.txt。

也可使用通配符 "*" 显示上述两个文本内容，相关命令及结果为

sfs@ubuntu:~$ cat doc/c/*.txt   #显示 doc/c 目录下以 ".txt" 结尾的文件内容

这是文本文件 res1.txt。

这是文本文件 s1.txt。

2) 使用 cat 命令查看多个文件内容，并显示行号

cat 命令后加 -n 选项时，将在文件内容行开头显示行号。

【例 2.41】 显示 doc/c 目录下以 ".txt" 结尾的文件内容，并显示行号的命令及结果为

  sfs@ubuntu:~$ cat doc/c/*.txt -n

  1 这是文本文件 res1.txt。

  2 这是文本文件 s1.txt。

【例 2.42】 查看 doc/c 目录下的文件 res1.txt 和 s1.txt 的内容，并显示行号的命令及结果为

  sfs@ubuntu:~$ cat doc/c/res1.txt doc/c/s1.txt -n

  1 这是文本文件 res1.txt。

  2 这是文本文件 s1.txt。

2.3.2 逐屏查看文件内容命令(more)

more 命令以全屏幕方式逐页显示文本文件内容，其基本格式为

  more [选项] 文件名

【例 2.43】 逐屏查看 doc/c/s1.txt 文件内容的命令及结果为

  sfs@ubuntu:~$ more doc/c/s1.txt

  这是文本文件 s1.txt。

  第 1 行

  第 2 行

  第 3 行

  第 4 行

  第 5 行

  第 6 行

  第 7 行

  第 8 行

  第 9 行

  第 10 行

  第 11 行

  第 12 行

  第 13 行

  第 14 行

  第 15 行

  第 16 行

  第 17 行

  第 18 行

  第 19 行

第20行

第21行

第22行

--More--(36%)

此时，若按 Space 键，则显示文本的下一屏内容；若按 Enter 键，则只显示文本的下一行内容；若按 B 键，则显示上一屏内容；若按 Q 键，则退出 more 命令。

2.3.3 查看文本文件内容命令(less)

less 命令的作用与 more 命令十分相似，都能逐屏显示文件内容，前后翻页或者前后滚动一行，两者可以相互替换，其基本格式为

    less [选项] 文件名

部分选项及意义如下：

-e：文件内容显示完毕后，自动退出。

-f：强制显示文件。

-N：每一行行首显示行号。

-s：将连续多个空行压缩成一行显示。

-S：在单行显示较长的内容，而不换行显示。

【例 2.44】 逐屏查看 doc/c/s1.txt 文件内容的命令及结果为

    sfs@ubuntu:~$ less doc/c/s1.txt

这是文本文件 s1.txt。

第1行

第2行

第3行

第4行

第5行

第6行

第7行

第8行

第9行

第10行

第11行

第12行

第13行

第14行

第15行

第16行

第17行

第18行

第19行

第20行
第21行
第22行
doc/c/s1.txt

此时，若按 Enter 键，则下滚一行；若按空格键或 PageDown 键，则下滚一屏；若按 B 键或 PageUp 键，则上滚一屏；若按 Q 键，则退出 less 命令。也可以用鼠标拨轮上下滚动。

2.4 文件编辑处理命令

文件编辑处理指在查看文件内容的同时，对文件内容进行增加、删除、修改、查询等操作。文件编辑处理命令主要有：grep(文件内容查找命令)、sort(域排序命令)、join(记录连接命令)、cut(文本剪切命令)、paste(文本粘贴命令)、split(文件分割命令)、tr(字符替换/压缩及删除命令)等。

2.4.1 文件内容查找命令(grep)

grep 命令用于在文件内容中查找特定字符串，其基本格式为

grep [选项] 字符串 文件/目录

部分选项及意义如下：

-A<显示列数>：显示范本样式行及其下一行内容。

-b：显示范本样式行及前一行内容。

-c：计算符合范本样式的列数。

-C<显示列数>或-<显示列数>：显示范本样式列及该列前后的内容。

-l：列出文件内容符合范本样式的文件名称。

-n：显示匹配行及行号。

-R/-r：搜索目录树。

1) 从一个或几个文件中查找某个字符串

其用法格式为

grep 字符串 文件1 文件2 …

【例2.45】 从文件 c/pc.c 和 prg/c/s1.c 中找出包含字符串"main"的行的命令及结果为

sfs@ubuntu:~$ <u>grep main c/pc.c prg/c/s1.c</u>

c/pc.c:int main( )

c/pc.c: sleep(1);   //不让 main 线程停止

2) 从几个目录中查找字符串所在文件

当字符串查找范围为目录时，使用-r 选项，其用法格式为

grep -r 字符串 目录1 目录2 …

【例2.46】 从目录 prg 和 c 中找出包含字符串"int t"所在文件及字符串所在行的命令及结果为

sfs@ubuntu:~$ <u>grep -r 'int t' prg c</u>

prg/c/s1.c~:int t=1;

prg/c/s1.c:int t=1;

c/nowaitinput.c~:int tty_reset(void)

c/nowaitinput.c~:int tty_set(void)

c/nowaitinput.c~:　　　　　int tty_set_flag;

3) 从几个文件中查找几个字符串

查找多个字符串时，字符串间以"\"间隔，其用法格式为

grep '字符串1\字符串2'　文件1　文件2 …

【例2.47】 从文件c1.c和c/fifo_write.c中查找包含字符串scanf或printf的行的命令及结果为

sfs@ubuntu:~$ grep 'scanf\printf' c1.c c/fifo_write.c

c1.c:scanf("%d",&n);

c1.c:printf("%d　　",sum);

c/fifo_write.c:　　printf("Can NOT create fifo file!\n");

c/fifo_write.c:　　printf("Open fifo error!\n");

c/fifo_write.c:　　printf("请输入要写入管道的内容，要结束输入，则仅按回车键：\n");

c/fifo_write.c:　　　　　　　　　//printf("信息字节数=%d\n",strlen(buff));

c/fifo_write.c:　printf("第%d 次写入管道：'%s'.\n",rw++,buff);

2.4.2　域排序命令(sort)

　　域排序命令用于对组成文件的行进行排序。每行被看做一个记录，每个记录由若干个域(字段)组成。排序依据即域。系统对一行的每个域自左向右依次编号为 1，2，…。域由一定的间隔符号隔开，间隔符号可由用户指出。域排序命令 sort 可以依据指定域号，将域看做字符串或数字排序，排序结果可以保存。sort 命令的基本格式为

　　　　sort [选项] [输入文件]

部分选项及意义如下：

-k：指定排序域号 n。若域 n 的值相同，则再按域 n+1 排序，以此类推。

-n：将域解释为数字。

-t：指出域分隔符。

-r：逆序排序。

-u：去除重复行。

-o：将排序结果保存到文件中。

-m：将多个有序文件合并输出。

-c：测试文件是否有序。

使用不同的选项可以对输入文件执行不同的排序操作。

1) 使用缺省选项进行排序

　　如果命令未指定域分隔符，则使用系统默认的空格符作为域分隔符。若未指定域号，则按第一个域进行排序。

【例 2.48】 建立一个文件 ste1.txt，内容如下：

学号 姓名 专业 科目 1 科目 2 科目 3
2018001　S1　计科　87 106 90
2018002　S2　软工　90 92 110
2018003　S3　计科　82 88 76
2018004　S4　软工　72 83 85
2018005　S5　计科　87 88 86

下面的 sort 命令未指定域号，则按第一个域排序。若第一个域值相同，则再按第二个域值排序，以此类推。该命令及结果为

```
sfs@ubuntu:~$ sort ste1.txt        #不指定域号，则按第一个域排序
2018001 S1 计科   87 106 90
2018002 S2 软工   90 92 110
2018003 S3 计科   82 88 76
2018004 S4 软工   72 83 85
2018005 S5 计科   87 88 86
学号 姓名 专业 科目1 科目2 科目3
```

2) 按指定域排序

sort 命令后加-k 选项可以用来指定排序域号 n。若域 n 的值相同，则再按域 n+1 排序，以此类推。

【例 2.49】 在 -k 后给出"科目 2"的域序号 5，则可按"科目 2"排序。该命令及结果为

```
sfs@ubuntu:~$ sort -k5 ste1.txt        #按"科目 2"排序
2018001 S1 计科   87 106 90
2018004 S4 软工   72 83 85
2018003 S3 计科   82 88 76
2018005 S5 计科   87 88 86
2018002 S2 软工   90 92 110
学号 姓名 专业 科目1 科目2 科目3
```

3) 将域看做数字排序

缺省情况下，域被看做字符串，按 ASCII 值排序。使用选项 -n 可以将域解释为数字。

【例 2.50】 使用选项 -k5n 可以对域号为 5 的"科目 2"列按数字大小排序。该命令及结果为

```
sfs@ubuntu:~$ sort -k5n ste1.txt        #对"科目 2"列的域按数字大小排序
学号 姓名 专业 科目1 科目2 科目3
2018004 S4 软工   72 83 85
2018003 S3 计科   82 88 76
2018005 S5 计科   87 88 86
2018002 S2 软工   90 92 110
2018001 S1 计科   87 106 90
```

4) 指定域分隔符

若记录行中的域分隔符不是系统默认的空格符，则可使用-t选项指出实际分隔符。

【例2.51】 建立一个文件 ste2.txt，内容如下：

  学号 姓名 专业 科目1 科目2 科目3
  2018001 S1 计科:87:106:90
  2018002 S2 软工:90:92:110
  2018003 S3 计科:82:88:76
  2018004 S4 软工:72:83:85
  2018005 S5 计科:87:88:86

若将":"视为域分隔符，则可使用选项 -t:进行说明。针对该例的相关用法如下：

(1) 依据"科目2"列进行排序的命令及结果为

  sfs@ubuntu:~$ sort -t: -k3 ste2.txt   #以":"作为域分隔符，则"科目2"为第3个域，
                 # -k3 指定该域

  学号 姓名 专业 科目1 科目2 科目3
  2018001 S1 计科:87:106:90
  2018004 S4 软工:72:83:85
  2018003 S3 计科:82:88:76
  2018005 S5 计科:87:88:86
  2018002 S2 软工:90:92:110

(2) 依据"科目2"列，将其视为数字排序的命令及结果为

  sfs@ubuntu:~$ sort -t: -k3n ste2.txt   #以":"作为域分隔符，"科目2"为第3个域，
                 #-k3 n 指定该域，并将其视为数字，而不是字符串

  学号 姓名 专业 科目1 科目2 科目3
  2018004 S4 软工:72:83:85
  2018003 S3 计科:82:88:76
  2018005 S5 计科:87:88:86
  2018002 S2 软工:90:92:110
  2018001 S1 计科:87:106:90

5) 逆序排序

sort 命令后加 -r 选项用于进行逆序排序。

【例2.52】 对 ste1.txt 第一列逆序排序的命令及结果为

  sfs@ubuntu:~$ sort -r ste1.txt   #对"学号"列逆序排序
  学号 姓名 专业 科目1 科目2 科目3
  2018005 S5 计科 87 88 86
  2018004 S4 软工 72 83 85
  2018003 S3 计科 82 88 76
  2018002 S2 软工 90 92 110
  2018001 S1 计科 87 106 90

【例 2.53】 对 ste2.txt 第 3 列(科目 2)逆序排序的命令及结果为

  sfs@ubuntu:~$ sort -t: -k3r ste2.txt   #以":"作为域分隔符，对"科目 2"逆序排序

  2018002 S2 软工:90:92:110

  2018005 S5 计科:87:88:86

  2018003 S3 计科:82:88:76

  2018004 S4 软工:72:83:85

  2018001 S1 计科:87:106:90

  学号 姓名 专业 科目 1 科目 2 科目 3

【例 2.54】 对 ste2.txt 第 3 列(科目 2)按数字值逆序排序的命令及结果为

  sfs@ubuntu:~$ sort -t: -k3nr ste2.txt   #以":"作为域分隔符，对"科目 2"按数字值逆序排序

  2018001 S1 计科:87:106:90

  2018002 S2 软工:90:92:110

  2018003 S3 计科:82:88:76

  2018005 S5 计科:87:88:86

  2018004 S4 软工:72:83:85

  学号 姓名 专业 科目 1 科目 2 科目 3

6) 去除重复行

sort 命令后加 -u 选项用于去除重复行。

【例 2.55】 建立一个具有重复行的文件 ste3.txt，内容如下：

  学号 姓名 专业 科目 1 科目 2 科目 3

  2018001 S1 计科:87:106:90

  2018002 S2 软工:90:92:110

  2018003 S3 计科:82:88:76

  2018004 S4 软工:72:83:85

  2018005 S5 计科:87:88:86

  2018003 S3 计科:82:88:76

  2018005 S5 计科:87:88:86

其中，最后两行与其他行有重复：

  2018003 S3 计科:82:88:76

  2018005 S5 计科:87:88:86

执行下面带 -u 选项的命令可以去除重复的两行：

  sfs@ubuntu:~$ sort -t: -u ste3.txt   #缺省按第一列排序，并删除重复行

  2018001 S1 计科:87:106:90

  2018002 S2 软工:90:92:110

  2018003 S3 计科:82:88:76

  2018004 S4 软工:72:83:85

  2018005 S5 计科:87:88:86

  学号 姓名 专业 科目 1 科目 2 科目 3

7) 保存排序结果到文件

sort 命令后加 -o 选项可以将排序结果保存到文件中。

【例 2.56】 下面命令将对文件 ste3.txt 按第一列排序，并将删除重复行后的排序结果保存在文件 so2.txt 中：

  sfs@ubuntu:~$ sort -t: -u -o so2.txt ste3.txt
  sfs@ubuntu:~$ cat so2.txt   #查看保存后的排序结果文件
  2018001 S1 计科:87:106:90
  2018002 S2 软工:90:92:110
  2018003 S3 计科:82:88:76
  2018004 S4 软工:72:83:85
  2018005 S5 计科:87:88:86
  学号 姓名 专业 科目1 科目2 科目3

还可使用后面讲述的输出重定向保存排序输出结果。

【例 2.57】 下面命令使用输出重定向将文件 ste3.txt 排序结果保存在文件 so1.txt 中：

  sfs@ubuntu:~$ sort -t: -u ste3.txt>so1.txt #保存排序结果
  sfs@ubuntu:~$ cat so1.txt   #查看排序结果
  2018001 S1 计科:87:106:90
  2018002 S2 软工:90:92:110
  2018003 S3 计科:82:88:76
  2018004 S4 软工:72:83:85
  2018005 S5 计科:87:88:86
  学号 姓名 专业 科目1 科目2 科目3

8) 合并有序文件

sort 命令后加 -m 选项用于将多个有序文件合并排序后再输出。

【例 2.58】 建立三个有序文件。第一个有序文件为 m1.txt，其内容为

  1 数学:80 语文:75 英语:85
  3 数学:90 语文:80 英语:92
  5 数学:70 语文:75 英语:72

第二个有序文件为 m2.txt，其内容为

  2 数学:180 语文:175 英语:185
  4 数学:190 语文:180 英语:192
  6 数学:170 语文:175 英语:172

第三个有序文件为 m3.txt，其内容为

  10 数学:280 语文:275 英语:285
  20 数学:290 语文:280 英语:292
  30 数学:270 语文:275 英语:272

执行如下命令可以将三个文件的内容进行合并输出：

  sfs@ubuntu:~$ sort -m m1.txt m2.txt m3.txt #将三个文件 m1.txt、m2.txt、m3.txt 合并输出

    10 数学:280 语文:275 英语:285
    1 数学:80 语文:75 英语:85
    20 数学:290 语文:280 英语:292
    2 数学:180 语文:175 英语:185
    30 数学:270 语文:275 英语:272
    3 数学:90 语文:80 英语:92
    4 数学:190 语文:180 英语:192
    5 数学:70 语文:75 英语:72
    6 数学:170 语文:175 英语:172

也可以使用输出重定向将输出内容保存到文件 mf.txt 中。该命令为

```
sfs@ubuntu:~$ sort -m m1.txt m2.txt m3.txt>mf.txt    #将三个有序文件 m1.txt、m2.txt、m3.txt
                                                    #合并保存到文件 mf.txt

sfs@ubuntu:~$ cat mf.txt                            #查看合并文件
```
    10 数学:280 语文:275 英语:285
    1 数学:80 语文:75 英语:85
    20 数学:290 语文:280 英语:292
    2 数学:180 语文:175 英语:185
    30 数学:270 语文:275 英语:272
    3 数学:90 语文:80 英语:92
    4 数学:190 语文:180 英语:192
    5 数学:70 语文:75 英语:72
    6 数学:170 语文:175 英语:172

如果文件无序，则合并后的文件也不是有序的。

【例 2.59】 建立一个无序文件 m4.txt，其内容如下：

    30 数学:270 语文:275 英语:272
    20 数学:290 语文:280 英语:292
    10 数学:280 语文:275 英语:285

则执行以下命令合并有序文件 m1.txt、m2.txt 和无序文件 m4.txt 的输出结果也是无序的。

```
sfs@ubuntu:~$ sort -m m1.txt m2.txt m4.txt    #合并有序文件 m1.txt、m2.txt 和无序文件 m4.txt
```
    1 数学:80 语文:75 英语:85
    2 数学:180 语文:175 英语:185
    30 数学:270 语文:275 英语:272
    20 数学:290 语文:280 英语:292
    10 数学:280 语文:275 英语:285
    3 数学:90 语文:80 英语:92
    4 数学:190 语文:180 英语:192
    5 数学:70 语文:75 英语:72
    6 数学:170 语文:175 英语:172

9) 域排序命令 sort 与管道操作符(|)的结合

可以采用管道操作符"|"将一个命令的输出作为文件传递给域排序命令 sort 进行排序输出。

【例 2.60】 将有序文件 m1.txt、m2.txt 和无序文件 m4.txt 的合并输出进行排序，可以采用如下结合了管道操作符的命令：

```
sfs@ubuntu:~$ sort -m m1.txt m2.txt m4.txt|sort    #将有序文件 m1.txt、m2.txt 和无序文件
                                                    #m4.txt 的合并输出进行排序后输出
10 数学:280 语文:275 英语:285
1 数学:80 语文:75 英语:85
20 数学:290 语文:280 英语:292
2 数学:180 语文:175 英语:185
30 数学:270 语文:275 英语:272
3 数学:90 语文:80 英语:92
4 数学:190 语文:180 英语:192
5 数学:70 语文:75 英语:72
6 数学:170 语文:175 英语:172
```

10) 检测文件是否有序

-c 选项可以测试文件是否有序。

【例 2.61】 测试文件 m4.txt 是否有序的命令及结果为

```
sfs@ubuntu:~$ sort -c m4.txt
sort: m4.txt:2: disorder: 20 数学:290 语文:280 英语:292
```

结果表明无序。

【例 2.62】 测试有序文件 m1.txt、m2.txt 和无序文件 m4.txt 的合并输出是否有序的命令及结果为

```
sfs@ubuntu:~$ sort -m m1.txt m2.txt m4.txt|sort -c
sort: -:4: disorder: 20 数学:290 语文:280 英语:292
```

结果表明无序。

【例 2.63】 测试有序文件 m1.txt、m2.txt 和无序文件 m4.txt 的合并输出再排序输出是否有序的命令及结果为

```
sfs@ubuntu:~$ sort -m m1.txt m2.txt m4.txt|sort|sort -c
sfs@ubuntu:~$
```

系统未给出提示信息表示输出结果有序。

2.4.3 记录连接命令(join)

记录连接命令 join 用于将两个有序文件(不能超过两个文件)中域相同的记录连接为一条记录。其基本语法格式为

  join [选项] 文件 1 文件 2

部分选项及意义如下：

-a1 或 -a2：显示文件 1 或文件 2 中和连接记录无共同域的记录。
-v1 或 -v2：只显示文件 1 或文件 2 中无共同域的记录。
-o：规定输出部分域。
-1 和 -2：指定两个文件中用来连接的域。
-t <字符>：设置域分割符。

使用不同选项可以对有共同域的连接记录以及没有共同域的记录进行输出控制，说明域分隔符以及是否区分字母大小写等。

1) 只输出连接记录

使用缺省选项可以实现两个文件第一个域相同的记录的连接，且只显示具有共同域的连接记录。

【例 2.64】 建立两个有序文件 j1.txt 和 j2.txt。j1.txt 的内容如下：

　　学号 姓名 专业 科目 1
　　2018001 S1 计科:11
　　2018002 S2 软工:12
　　2018003 S3 计科:13
　　2018004 S4 软工:14
　　2018005 S5 计科:15
　　20180010 S10 软工:110
　　20180011 S11 计科:111

j2.txt 的内容如下：

　　学号 姓名 专业 科目 2
　　2018001 S1 计科:21
　　2018002 S2 软工:22
　　2018003 S3 计科:23
　　2018004 S4 软工:24
　　2018005 S5 计科:25
　　20180020 S20 计科:220
　　20180025 S25 计科:225
　　20180050 S50 计科:250

执行如下命令可以连接两个文件中第一个域相同的记录。

　　sfs@ubuntu:~$ join j1.txt j2.txt #将两个文件中第一个域相同的记录连接起来，且只显示连接记录
　　学号 姓名 专业 科目 1 姓名 专业 科目 2
　　2018001 S1 计科:11 S1 计科:21
　　2018002 S2 软工:12 S2 软工:22
　　2018003 S3 计科:13 S3 计科:23
　　2018004 S4 软工:14 S4 软工:24
　　2018005 S5 计科:15 S5 计科:25

如果文件为无序文件，则连接将失败。

【例 2.65】 建立无序文件 j4.txt，其内容如下：

　　学号　姓名　专业　科目 2

　　2018005 S5 计科:25

　　2018004 S4 软工:24

　　2018003 S3 计科:23

　　2018002 S2 软工:22

　　2018001 S1 计科:21

执行如下命令将报错：

　　sfs@ubuntu:~$ join j1.txt j4.txt

　　学号　姓名　专业　科目1　姓名　专业　科目2

　　join: j1.txt:7: is not sorted: 20180010 S10 软工:110

　　join: j4.txt:3: is not sorted: 2018004 S4 软工:24

　　2018005 S5 计科:15 S5 计科:25

2) 连接记录和无共同域记录的输出

join 命令后加 -a1 或 -a2 选项用于显示连接记录和文件 1 或文件 2 中无共同域的记录。

【例 2.66】 显示两个文件中有共同域的连接记录和文件 1 中无共同域的记录的命令及结果为

　　　　sfs@ubuntu:~$ join -a1 j1.txt j2.txt

　　　　学号　姓名　专业　科目1　姓名　专业　科目2

　　　　2018001 S1 计科:11 S1 计科:21

　　　　2018002 S2 软工:12 S2 软工:22

　　　　2018003 S3 计科:13 S3 计科:23

　　　　2018004 S4 软工:14 S4 软工:24

　　　　2018005 S5 计科:15 S5 计科:25

　　　　20180010 S10 软工:110

　　　　20180011 S11 计科:111

前 5 行为两个文件中有共同域的连接记录，最后两行为文件 1 中无共同域的记录。

【例 2.67】 显示两个文件中有共同域的连接记录和文件 2 中无共同域的记录的命令及结果为

　　　　sfs@ubuntu:~$ join -a2 j1.txt j2.txt

　　　　学号　姓名　专业　科目1　姓名　专业　科目2

　　　　2018001 S1 计科:11 S1 计科:21

　　　　2018002 S2 软工:12 S2 软工:22

　　　　2018003 S3 计科:13 S3 计科:23

　　　　2018004 S4 软工:14 S4 软工:24

　　　　2018005 S5 计科:15 S5 计科:25

　　　　20180020 S20 计科:220

　　　　20180025 S25 计科:225

　　　　20180050 S50 计科:250

前 5 行为两个文件中有共同域的连接记录，最后 3 行为文件 2 中无共同域的记录。

【例 2.68】 显示两个文件中有共同域的连接记录和文件 1、文件 2 中无共同域的记录的命令及结果为

  sfs@ubuntu:~$ join -a1 -a2 j1.txt j2.txt

  学号 姓名 专业 科目 1 姓名 专业 科目 2

  2018001 S1 计科:11 S1 计科:21

  2018002 S2 软工:12 S2 软工:22

  2018003 S3 计科:13 S3 计科:23

  2018004 S4 软工:14 S4 软工:24

  2018005 S5 计科:15 S5 计科:25

  20180010 S10 软工:110

  20180011 S11 计科:111

  20180020 S20 计科:220

  20180025 S25 计科:225

  20180050 S50 计科:250

前 5 行为两个文件中有共同域的连接记录，第 6～7 行为文件 1 中无共同域的记录，第 8～10 行为文件 2 中无共同域的记录。

3) 只输出无共同域记录

join 命令后加 -v1 或 -v2 选项用于只显示文件 1 或文件 2 中无共同域的记录。

【例 2.69】 只显示文件 1 中无共同域的记录的命令及结果为

  sfs@ubuntu:~$ join -v1 j1.txt j2.txt

  20180010 S10 软工:110

  20180011 S11 计科:111

【例 2.70】 只显示文件 2 中无共同域的记录的命令及结果为

  sfs@ubuntu:~$ join -v2 j1.txt j2.txt

  20180020 S20 计科:220

  20180025 S25 计科:225

  20180050 S50 计科:250

【例 2.71】 只显示文件 1 和文件 2 中无共同域的记录的命令及结果为

  sfs@ubuntu:~$ join -v1 -v2 j1.txt j2.txt

  20180010 S10 软工:110

  20180011 S11 计科:111

  20180020 S20 计科:220

  20180025 S25 计科:225

  20180050 S50 计科:250

4) 输出指定域

join 命令后加 -o 选项用于规定输出部分域。

【例 2.72】 输出文件 1(j1.txt)的第 1～第 3 个域、文件 2(j2.txt)的第 3 个域的命令及结

果为

  sfs@ubuntu:~$ join -o1.1 1.2 1.3 2.3 j1.txt j2.txt
  学号 姓名 专业 专业
  2018001 S1 计科:11 计科:21
  2018002 S2 软工:12 软工:22
  2018003 S3 计科:13 计科:23
  2018004 S4 软工:14 软工:24
  2018005 S5 计科:15 计科:25

5) 指定连接域

join 命令后加 -1 和 -2 选项用于指定两个文件中用来连接的域。

【例 2.73】 建立两个文件 j5.txt 和 j6.txt。j5.txt 的内容如下：

  学号 姓名 专业 科目1
  2018009 S1 计科:15
  2018007 S3 软工:14
  2018005 S6 计科:13
  2018003 S9 软工:12
  2018001 S11 计科:11

j6.txt 的内容如下：

  学号 姓名 专业 科目2
  2018001 S1 计科:21
  2018003 S3 软工:22
  2018005 S6 计科:23
  2018007 S9 软工:24
  2018009 S11 计科:25

执行如下命令，依据两个文件的第 2 个域连接记录：

  sfs@ubuntu:~$ join -1 2 -2 2 j5.txt j6.txt
  姓名学号专业科目1 学号专业科目2
  S1 2018009 计科:15 2018001 计科:21
  S3 2018007 软工:14 2018003 软工:22
  S6 2018005 计科:13 2018005 计科:23
  S9 2018003 软工:12 2018007 软工:24
  S11 2018001 计科:11 2018009 计科:25

按第一个域连接会报错，因为文件 j5.txt 的第一个域无序。

与 sort 命令选项类似，join 命令也可使用 -t 选项指出域间隔符，在此略去其用法。

2.4.4 文本剪切命令(cut)

cut 命令用于提取文件中的某些域或某些列的字符。其基本命令格式为

  cut [选项] 文件

部分选项及意义如下：

-d：指出域分隔符。

-f：规定欲提取的域序号。

-f 结合--complement：提取指定域以外的域。

-c：提取文件某些列的字符。

1) 提取文件中的某些域

使用 cut 命令提取域时，需要使用-d 选项指出域分隔符，使用 -f 选项规定欲提取的域序号。

【例 2.74】 提取文件 j5.txt 第 3 个域(第 3 列)，域分隔符为空格符。首先查看 j5.txt 文件内容如下：

  sfs@ubuntu:~$ cat j5.txt   #查看 j5.txt 文件内容

  学号 姓名 专业 科目1

  2018009 S1 计科:15

  2018007 S3 软工:14

  2018005 S6 计科:13

  2018003 S9 软工:12

  2018001 S11 计科:11

然后提取文件 j5.txt 中的第 3 个域的命令及结果为

  sfs@ubuntu:~$ cut -d" " -f3 j5.txt   #指出域分隔符为空格符，提取 j5.txt 中第 3 个域(第 3 列)

  专业

  计科:15

  软工:14

  计科:13

  软工:12

  计科:11

【例 2.75】 提取文件 j5.txt 中第 1 和第 3 个域，域分隔符为空格符的命令及结果为

  sfs@ubuntu:~$ cut -d" " -f1,3 j5.txt

  学号 专业

  2018009 计科:15

  2018007 软工:14

  2018005 计科:13

  2018003 软工:12

  2018001 计科:11

【例 2.76】 提取文件 j5.txt 中第 2～第 3 个域，域分隔符为空格符的命令及结果为

  sfs@ubuntu:~$ cut -d" " -f2-3 j5.txt

  姓名 专业

  S1 计科:15

  S3 软工:14

  S6 计科:13

S9 软工:12

S11 计科:11

2) 反向提取——提取指定域以外的域

cut 命令后加 -f 结合 --complement 选项可以提取指定域以外的域。

【例 2.77】 提取文件 j5.txt 第 2 个域以外的域的命令及结果为

sfs@ubuntu:~$ cut -d" " -f2 --complement j5.txt

学号 专业 科目1

2018009 计科:15

2018007 软工:14

2018005 计科:13

2018003 软工:12

2018001 计科:11

3) 提取文件中的某些字符

cut 命令后加 -c 选项可以提取文件某些列的字符,此时,不应使用域分隔符选项 -t,否则出错。

【例 2.78】 提取文件 j5.txt 第 10 列字符的命令及结果为

sfs@ubuntu:~$ cut -c10 j5.txt

□

1

3

6

9

1

【例 2.79】 提取文件 j5.txt 第 9 到~第 11 列字符的命令及结果为

sfs@ubuntu:~$ cut -c9-11 j5.txt

□□

S1

S3

S6

S9

S11

【例 2.80】 提取文件 j5.txt 前 7 列字符的命令及结果为

sfs@ubuntu:~$ cut -c-7 j5.txt

学号

2018009

2018007

2018005

2018003

2018001

【例 2.81】 提取文件 j5.txt 第 9 列字符开始到结尾的命令及结果为

sfs@ubuntu:~$ cut -c9- j5.txt

□□名 专业 科目1

S1 计科:15

S3 软工:14

S6 计科:13

S9 软工:12

S11 计科:11

2.4.5 文本粘贴命令(paste)

文本粘贴命令 paste 用于将 n 个文件(文件 1，文件 2，…，文件 n)的内容合并为 n 列，第 i 列内容来自文件 i。paste 命令也可以将 n 个文件粘贴为 n 行，每行对应来自其中一个文件的所有行，这些行组成合并后的若干域。paste 命令的基本格式为

paste [选项] 文件 1 文件 2

各选项及意义如下：

-d：指定列间隔符。

-s：将 n 个文件粘贴为 n 行，每行包含若干域。

1) 粘贴 n 个文件为 n 列，列之间以 ":" 间隔

paste 命令后加 -d 选项用于指定列间隔符。

【例 2.82】 建立 3 个文件 p1.txt、p2.txt 和 p3.txt。p1.txt 的内容如下：

a11

a21 a22

a31 a32 a33

a41

p2.txt 的内容如下：

b11 b12

b21

b31 b32 b33

b41

p3.txt 的内容如下：

f11 f12 f13

f21 f22

f31

f41 f42 f43 f44

将 3 个文件合并为 3 列且列之间以 ":" 间隔的命令及结果为

sfs@ubuntu:~$ paste -d: p1.txt p2.txt p3.txt

a11:b11 b12:f11 f12 f13

a21 a22:b21:f21 f22

  a31 a32 a33:b31 b32 b33:f31
  a41:b41:f41 f42 f43 f44

说明：文件行数可以不同，此时，合并后的相应列为空。

【**例 2.83**】 建立 2 个文件 p4.txt 和 p5.txt。p4.txt 的内容如下：
  c11
  c21 c22
  c31 c32 c33
  c41
  c51
  c61

p5.txt 的内容如下：
  d11
  d21 d22
  d31 d32 d33
  d41
  d51
  d61
  d71

将 p1.txt、p2.txt、p3.txt、p4.txt 和 p5.txt 这 5 个文件合并为 5 列且行数较少的文件在合并列相应行中为空的命令及结果为

  sfs@ubuntu:~$ paste -d: p1.txt p2.txt p3.txt p4.txt p5.txt
  a11:b11 b12:f11 f12 f13:c11:d11
  a21 a22:b21:f21 f22:c21 c22:d21 d22
  a31 a32 a33:b31 b32 b33:f31:c31 c32 c33:d31 d32 d33
  a41:b41:f41 f42 f43 f44:c41:d41
  ::::c51:d51
  ::::c61:d61
  ::::d71

如果 paste 命令后省去 -d 选项，则系统默认以制表符(Tab 符)来间隔各列内容。如下命令以默认间隔符号制表符(Tab 符)来间隔各列内容：

  sfs@ubuntu:~$ paste p1.txt p2.txt p3.txt p4.txt p5.txt
  a11 b11 b12 f11 f12 f13 c11 d11
  a21 a22 b21 f21 f22 c21 c22 d21 d22
  a31 a32 a33 b31 b32 b33 f31 c31 c32 c33 d31 d32 d33
  a41 b41 f41 f42 f43 f44 c41 d41
               c51 d51
               c61 d61
                    d71

2) 粘贴 n 个文件为 n 行，每行的各个域间以 ":" 间隔

paste 命令后加 -s 选项用于将 n 个文件粘贴为 n 行，每行包含若干域。第 i 行的域来自第 i 个文件的所有行，域间隔符可以使用-d 选项进行设定。

【例 2.84】将 p1.txt、p2.txt、p3.txt、p4.txt 和 p5.txt 这 5 个文件合并为 5 行且每行的各个域对应来自其中一个文件的所有行、每行的各个域间以 ":" 间隔的命令及结果为

sfs@ubuntu:~$ paste -d: -s p1.txt p2.txt p3.txt p4.txt p5.txt
a11:a21 a22:a31 a32 a33:a41
b11 b12:b21:b31 b32 b33:b41
f11 f12 f13:f21 f22:f31:f41 f42 f43 f44
c11:c21 c22:c31 c32 c33:c41:c51:c61
d11:d21 d22:d31 d32 d33:d41:d51:d61:d71

也可以只对一个文件执行粘贴命令。如只对文件 p1.txt 执行粘贴操作，则该文件的 4 行作为 4 个域水平排在一行且域间以 ":" 分割的命令及结果为

sfs@ubuntu:~$ paste -d: -s p1.txt
a11:a21 a22:a31 a32 a33:a41

3) 粘贴来自管道的文件

paste 命令也可以接受来自管道的文件，并以-选项的个数设置粘贴列数。

【例 2.85】将 ls 命令输出分 4 列显示的命令及结果为

sfs@ubuntu:~$ ls| paste -d" " - - - -   #将 ls 命令输出分 4 列显示
a1.txt a1.txt~ a2.txt abc.txt
baichuanc c c1 c1.c
c1.c~ c1r c2 c2.c
c2.c~ case_score.sh case_score.sh~ cdis.awk
cdis.awk~ check_file.sh cstu.awk cstu.awk~
Desktop doc Documents Downloads

【例 2.86】将 p1.txt 文件分 2 列显示的命令及结果为

sfs@ubuntu:~$ cat p1.txt | paste -d: - -
a11:a21 a22
a31 a32 a33:a41

2.4.6 文件分割命令(split)

文件分割命令 split 用于将文件按内容行数或字节数分割为若干小文件，并对各个小文件加上前缀、后缀，后缀为字母或编号。split 命令的基本格式为

split [选项] 待分割文件名 分割后的文件名前后缀

各选项及意义如下：

-l 或 -：指定分割后的每个文件包含的行数。

-b：以规定的字节数分割文件。

-C：在按字节数分割文件的同时保持记录行的完整性。

-d:使用数字作为后缀。

1) 按行分割文件

split 命令后加 -l 或 -选项用于指定分割后的每个文件包含的行数,最后一个文件包含的行数可能小于其他文件包含的行数。

例如,将文件 p5.txt 分割为若干个包含 2 行的小文件,可以给出小文件的名字,也可以省略。省略时,小文件以 xaa、xab、…、xzz 形式自动命名。

【例 2.87】 按行分割文件 p5.txt 且省略小文件名字的相关命令及结果为

  sfs@ubuntu:~$ cat p5.txt   #查看文件 p5.txt 内容
  d11
  d21 d22
  d31 d32 d33
  d41
  d51
  d61
  d71
  sfs@ubuntu:~$ split -l 2 p5.txt   #将文件 p5.txt 分割为若干小文件,小文件自动命名为 xaa、
              #xab、xac、xad,每个小文件包含 2 行或小于 2 行内容
  sfs@ubuntu:~$ ls x*   #列出分割后的小文件名称
  xaa xab xac xad
  sfs@ubuntu:~$ cat xaa   #查看第 1 个小文件内容
  d11
  d21 d22
  sfs@ubuntu:~$ cat xab   #查看第 2 个小文件内容
  d31 d32 d33
  d41
  sfs@ubuntu:~$ cat xac   #查看第 3 个小文件内容
  d51
  d61
  sfs@ubuntu:~$ cat xad   #查看第 4 个小文件内容
  d71

【例 2.88】 按行分割文件 p5.txt 且给出小文件名的前缀为 p5s- 的相关命令及结果为

  sfs@ubuntu:~$ split -l 2 p5.txt p5s-   #以 2 行为单位分割文件 p5.txt 为 p5s-aa、p5s-ab、p5s-ac、
               #p5s-ad
  sfs@ubuntu:~$ ls p5s*   #查看分割后的小文件名
  p5s-aa p5s-ab p5s-ac p5s-ad
  sfs@ubuntu:~$ cat p5s-aa   #查看第 1 个小文件内容,其他小文件可类似查看
  d11
  d21 d22

split 命令后加 -d 选项用于指定小文件名后缀为数字，数字位数由选项 -a 来规定。

例如，按行分割文件 p5.txt，小文件名为 x00、x01、x02、x03，即小文件名后缀为 2 位数字。

【例 2.89】 按行分割文件 p5.txt，省略小文件名，且小文件名以 2 位数字作为后缀的相关命令及结果为

```
sfs@ubuntu:~$ split -l 2 p5.txt -d -a 2
sfs@ubuntu:~$ ls x*              #查看分割后的小文件名
x00  x01  x02  x03  xaa  xab  xac  xad
sfs@ubuntu:~$ cat x00            #查看第 1 个小文件内容，其他小文件可类似查看
d11
d21 d22
```

【例 2.90】 按行分割文件 p5.txt，给出小文件名前缀(如 p5s-)，后缀为 2 位数字的相关命令及结果为

```
sfs@ubuntu:~$ split -l 2 p5.txt -d -a 2 p5s-   #以两行为单位分割文件 p5.txt 为 p5s-00、p5s-01、
                                               #p5s-02、p5s-03
sfs@ubuntu:~$ ls p5s-*                         #查看分割后的小文件名
p5s-00  p5s-01  p5s-02  p5s-03  p5s-aa  p5s-ab  p5s-ac  p5s-ad
sfs@ubuntu:~$ cat p5s-00                       #查看第 1 个小文件内容，其他小文件可类似查看
d11
d21 d22
```

2) 严格按字节分割文件

split 命令后加 -b 选项使命令以规定的字节数分割文件。

【例 2.91】 以 13 个字节为单位分割文件 p5.txt 的相关命令及结果为

```
sfs@ubuntu:~$ split -b13 p5.txt -d -a 2 p5-    #以 13 个字节为单位分割文件 p5.txt
sfs@ubuntu:~$ ls p5-*                          #查看分割后的小文件名
p5-00  p5-01  p5-02  p5-03
sfs@ubuntu:~$ cat p5-00                        #查看第 1 个小文件内容
d11
d21 d22
d
sfs@ubuntu:~$ cat p5-01                        #查看第 2 个小文件内容
31 d32 d33
d4
sfs@ubuntu:~$ cat p5-02                        #查看第 3 个小文件内容
1
d51
d61
d71
sfs@ubuntu:~$ cat p5-03                        #查看第 4 个小文件内容
```

sfs@ubuntu:~$

可以看到，按字节数分割文件可能将同一行的字符分割到不同小文件中。如 p5.txt 的 "d31" 被分割为 "d" 和 "31"，"d" 被保存到 p5-00 文件中，"31" 被保存到 p5-01 文件中。其他记录行也存在被分割保存到不同文件中的现象。要保持记录行的完整性，可以采用 -C 选项。

3) 按字节分割文件并保持记录行的完整性

split 命令后加 -C 选项用于在按字节数分割文件的同时保持记录行的完整性。

【例 2.92】 仍以 13 个字节为单位分割文件 p5.txt 但保持记录行的完整性的相关命令及结果为

```
sfs@ubuntu:~$ split -C13 p5.txt -d -a 2 p6-    #以 13 个字节为单位分割文件 p5.txt，但保持
                                                #记录行的完整性
sfs@ubuntu:~$ ls p6-*                           #查看分割后的小文件名
p6-00   p6-01   p6-02   p6-03
sfs@ubuntu:~$ cat p6-00                         #查看第 1 个小文件内容
d11
d21 d22
sfs@ubuntu:~$ cat p6-01                         #查看第 2 个小文件内容
d31 d32 d33
sfs@ubuntu:~$ cat p6-02                         #查看第 3 个小文件内容
d41
d51
d61
sfs@ubuntu:~$ cat p6-03                         #查看第 4 个小文件内容
d71
```

4) 文件的合并还原

分割后的小文件可以采用输出重定向 ">>" 进行合并还原。

【例 2.93】 合并 p5-00、p5-01、p5-02、p5-03 为分割前的完整文件的命令及结果为

```
sfs@ubuntu:~$ cat p5-*>>p5m                     #将分割后的 4 个小文件合并为文件 p5m
sfs@ubuntu:~$ ls p5m*                           #查看合并后的文件名
p5m
sfs@ubuntu:~$ cat p5m                           #查看合并后的文件内容
d11
d21 d22
d31 d32 d33
d41
d51
d61
d71
```

2.4.7 字符替换、压缩或删除命令(tr)

tr 命令用于对文件中的字符进行替换、删除等操作。其基本使用格式为

  tr [选项] 源字符集　目标字符集　<输入文件

各选项及意义如下：

-c 或 --complement：取代所有不属于字符集的字符。

-d 或 --delete：删除所有属于字符集的字符。

-s 或 --squeeze-repeats：把连续重复的字符以单独一个字符表示。

-t 或 --truncate-set1：先删除第一字符集较第二字符集多出的字符。

源字符集：要转换或删除的字符集。

目标字符集：要转换成的字符集。执行转换操作时，必须指定转换的目标字符集。但执行删除操作时，不需要参数"目标字符集"。

指定源字符集或目标字符集的内容时，只能使用单字符、字符串范围或列表。其具体写法如下：

[a-z]：小写英文字符集，即 a-z 内的字符组成的字符串。

[A-Z]：大写英文字符集，即 A-Z 内的字符组成的字符串。

[0-9]：由 0 到 9 构成的数字串。

\octal：一个三位的八进制数，对应有效的 ASCII 字符。

[字符*n]：表示"字符"重复出现 n 次。如[A*2]表示字符串 AA。

一些常见控制字符的写法、输入方法及对应含义如下：

\a Ctrl-G   铃声\007

\b Ctrl-H   退格符\010

\f Ctrl-L   走行换页\014

\n Ctrl-J   换行符\012

\r Ctrl-M   回车\015

\t Ctrl-I   TAB 键\011

\v Ctrl-X   \030

1) 字符替换

字符替换时的 tr 命令格式如下：

  tr "abc" "123" <输入文件

或者

  cat 输入文件 | tr "abc" "123"

该命令将输入文件中的字符"a"替换为"1"，字符"b"替换为"2"，字符"c"替换为"3"，而不是将输入文件中的字符串"abc"替换为字符串"123"。其中引号可省略。"<"为输入重定向操作符。"|"为管道操作符。两者都可向 tr 命令提供文件内容。该命令无选项。

【例 2.94】 将文件 j1.txt 中的"0128"四个字符对应替换为"abcd"的相关命令及结果为

  sfs@ubuntu:~$ cat j1.txt   #查看文件 j1.txt 内容

  学号 姓名 专业 科目1

  2018001 S1 计科:11

2018002 S2 软工:12
2018003 S3 计科:13
2018004 S4 软工:14
2018005 S5 计科:15
20180010 S10 软工:110
20180011 S11 计科:111
sfs@ubuntu:~$ tr "0128" "abcd" < j1.txt   #将文件 j1.txt 中的 "0128" 四个字符对应替换为 "abcd"
学号 姓名 专业 科目 b
cabdaab Sb 计科:bb
cabdaac Sc 软工:bc
cabdaa3 S3 计科:b3
cabdaa4 S4 软工:b4
cabdaa5 S5 计科:b5
cabdaaba Sba 软工:bba
cabdaabb Sbb 计科:bbb

【例 2.95】 将文件中的小写字母变为大写字母。建立一个文件 tms.txt，其内容如下：

President Trump has arrived at Chequers for talks with Theresa May hours after he criticised her Brexit plan, saying that it would almost certainly kill a trade deal between Britain and the United States.

Downing Street moved to downplay the president's interview with The Sun, in which he suggested that Mrs May's proposed deal was a betrayal of those who voted for Brexit and added that Boris Johnson would make a great prime minister.

将文件 tms.txt 中的小写字母变为大写字母的命令及结果为

sfs@ubuntu:~$ tr 'a-z' 'A-Z' < tms.txt

PRESIDENT TRUMP HAS ARRIVED AT CHEQUERS FOR TALKS WITH THERESA MAY HOURS AFTER HE CRITICISED HER BREXIT PLAN, SAYING THAT IT WOULD ALMOST CERTAINLY KILL A TRADE DEAL BETWEEN BRITAIN AND THE UNITED STATES.

DOWNING STREET MOVED TO DOWNPLAY THE PRESIDENT'S INTERVIEW WITH THE SUN, IN WHICH HE SUGGESTED THAT MRS MAY'S PROPOSED DEAL WAS A BETRAYAL OF THOSE WHO VOTED FOR BREXIT AND ADDED THAT BORIS JOHNSON WOULD MAKE A GREAT PRIME MINISTER.

2) 字符删除

字符删除命令的语法格式为

　　tr -d "字符集" <输入文件

或者

　　cat 输入文件 | tr -d "字符集"

该命令将输入文件中出现在 "字符集" 中的字符删除。

【例 2.96】 将文件 j1.txt 中的 "0"、"2" 字符都删除掉的相关命令及结果为

sfs@ubuntu:~$ cat j1.txt   #查看文件 j1.txt 内容

学号 姓名 专业 科目 1

2018001 S1 计科:11
2018002 S2 软工:12
2018003 S3 计科:13
2018004 S4 软工:14
2018005 S5 计科:15
20180010 S10 软工:110
20180011 S11 计科:111
sfs@ubuntu:~$ tr -d '02' < j1.txt   #将文件j1.txt中的字符"0"和"2"都删除掉,不是仅
                                           #删除字符串"02"
学号 姓名 专业 科目1
181 S1 计科:11
18 S 软工:1
183 S3 计科:13
184 S4 软工:14
185 S5 计科:15
181 S1 软工:11
1811 S11 计科:111
sfs@ubuntu:~$ cat j1.txt|tr -d '02'   #同样删除文件j1.txt中的字符"0"和"2"
学号 姓名 专业 科目1
181 S1 计科:11
18 S 软工:1
183 S3 计科:13
184 S4 软工:14
185 S5 计科:15
181 S1 软工:11
1811 S11 计科:111

【例 2.97】 将文件j1.txt中的换行符'\n'、空格符'\040'删除的相关命令及结果为

sfs@ubuntu:~$ tr -d '\n\040' < j1.txt

学号姓名专业科目12018001S1 计科:112018002S2 软工:122018003S3 计科:132018004S4
软工:142018005S5 计科:1520180010S10 软工:11020180011S11 计科:111

3) 删除重复字符

tr 命令后加-s 选项用于将文件中连续重复字符删除,仅保留其中一个。其基本用法格式为

  tr -s "字符集" <输入文件

或者

  cat 输入文件 | tr -s "字符集"

【例 2.98】 删除文件中连续出现的换行符和空白字符。建立包含多余换行和空白字符的文件 ts.txt。其内容如下:

学号   姓名   专业   科目1

2018001	S1	计科	:	11
2018002	S2	软工	:	12
2018003	S3	计科	:	13
2018004	S4	软工	:	14
2018005	S5	计科	:	15
20180010	S10	软工	:	110
20180011	S11	计科	:	111

删除多余的换行符和空白字符且仅保留其中的一个的命令及结果为

```
sfs@ubuntu:~$ tr -s '\n\040' < ts.txt
学号 姓名 专业 科目1
2018001 S1 计科 : 11
2018002 S2 软工 : 12
2018003 S3 计科 : 13
2018004 S4 软工 : 14
2018005 S5 计科 : 15
20180010 S10 软工 : 110
20180011 S11 计科 : 111
```

4) 规定源字符集的补集

tr 命令后加 -c 选项用于给定命令中源字符集的补集，即不在源字符集中的字符。-c 选项仅用来限定源字符集，并不规定命令的动作行为，如替换、删除等。

【例 2.99】 删除 j1.txt 文件中不是字母、数字、换行和空格的字符(即删除中文汉字)的命令及结果为

```
sfs@ubuntu:~$ tr -d -c 'a-z A-Z 0-9 \n\040' < j1.txt   #删除 j1.txt 文件中的中文汉字，字符集间以
                                                       #空格间隔
1
2018001 S1 11
2018002 S2 12
2018003 S3 13
2018004 S4 14
2018005 S5 15
20180010 S10 110
20180011 S11 111
sfs@ubuntu:~$ tr -d -c 'a-zA-Z0-9\n\040' < j1.txt    #删除 j1.txt 文件中的中文汉字，字符集间空
                                                     #格可省略
1
2018001 S1 11
2018002 S2 12
2018003 S3 13
```

2018004 S4 14
2018005 S5 15
20180010 S10 110
20180011 S11 111

2.5 文件共享操作——建立链接文件

建立文件链接是实现文件共享的一种形式，属于文件静态共享。文件静态共享的实现形式有软链接(符号链接)和硬链接，两种形式可以采用一个命令 ln 加上不同选项来实现。ln 命令的基本格式为

  ln [选项] 原始文件 链接文件

部分选项及意义如下：
-s：创建符号链接文件。
-d 或-F 或--directory：建立目录的硬链接。
-v 或--verbose：显示指令执行过程。
ln 命令为原始文件建立一个链接文件，链接文件看起来像原始文件的别名。

2.5.1 建立符号链接文件

ln 命令后加 -s 选项用于创建符号链接文件。符号链接文件也称为软链接文件，其中保存着所指向的文件路径。删除符号链接文件，所指向的文件并不会自动被删除。

【例 2.100】建立指向文件 c1.c 的符号链接文件 lk-c1c 并读取其本身的内容的相关命令及结果为

```
sfs@ubuntu:~$ ln -s c1.c lk-c1c          #建立指向文件 c1.c 的符号链接 lk-c1c
sfs@ubuntu:~$ ls -l lk-c1c               #查看符号链接文件 lk-c1c 的属性
lrwxrwxrwx 1 sfs sfs 4 Jan  2 08:01 lk-c1c -> c1.c
sfs@ubuntu:~$ readlink -f lk-c1c         #读取符号链接文件本身的内容
/home/sfs/c1.c
sfs@ubuntu:~$ cat lk-c1c                 #读取符号链接文件所指向的文件的内容
#include <stdio.h>
main()
{
int n;
int sum;
int i;
scanf("%d",&n);
sum=0;
i=1;
while( i<=n )
```

```
{
sum=sum+i;
i=i+1;
}
printf("%d   ",sum);
}
```

【例2.101】将符号链接文件 lk-c1c 指向的文件 c1.c 移到 prg 目录下,然后再执行 cat lk-c1c 的相关命令及结果为

```
sfs@ubuntu:~$ mv c1.c prg
sfs@ubuntu:~$ cat lk-c1c              #查看失败,因为 lk-c1c 指向的文件改变了位置
cat: lk-c1c: No such file or directory
```

【例2.102】建立指向可执行程序 c1 的符号链接 lk-c1,然后读取 lk-c1 本身的内容,再执行 lk-c1 的相关命令及结果为

```
sfs@ubuntu:~$ ln -s c1 lk-c1           #建立指向可执行程序 c1 的符号链接 lk-c1
sfs@ubuntu:~$ ls -l lk-c1              #查看符号链接文件 lk-c1 的属性
lrwxrwxrwx 1 sfs sfs 2 Jan   2 16:58 lk-c1 -> c1
sfs@ubuntu:~$ readlink -f lk-c1        #读取符号链接文件 lk-c1 本身的内容
/home/sfs/c1
sfs@ubuntu:~$ ./lk-c1                  #执行 lk-c1
5
15
```

【例2.103】建立指向目录 prg/c 的符号链接 lk-prgc,然后读取 lk-prgc 本身的内容,浏览 lk-prgc 下的文件的相关命令及结果为

```
sfs@ubuntu:~$ ln -s prg/c lk-prgc      #建立指向目录 prg/c 的符号链接 lk-prgc
sfs@ubuntu:~$ ls -l lk-prgc            #查看符号链接文件 lk-prgc 的属性
lrwxrwxrwx 1 sfs sfs 5 Jan   2 17:08 lk-prgc -> prg/c
sfs@ubuntu:~$ readlink -f lk-prgc      #读取符号链接文件 lk-prgc 本身的内容
/home/sfs/prg/c
sfs@ubuntu:~$ ls lk-prgc               #查看符号链接文件 lk-prgc 所指目录下的文件
res1.txt   s1.c   s1.c~   s1.txt~
sfs@ubuntu:~$ cat lk-prgc              #使用 cat 无法查看符号链接文件 lk-prgc 的内容
cat: lk-prgc: Is a directory
```

2.5.2 建立硬链接文件

硬链接就是索引节点号(inode 号)相同、文件名不同的文件。即一个文件有多个不同的名字,但内容相同,它们互为别名。

删除一个硬链接文件并不影响其他有相同 inode 号的文件。

硬链接不能对目录进行创建,只可对文件创建。

硬链接命令的基本格式为

link oldfile newfile

或者

ln oldfile newfile

newfile 即为 oldfile 的硬链接。

【例 2.104】 建立链接到文件 c1.c 的新文件 hdlk-c1c 的相关命令及结果为

```
sfs@ubuntu:~$ mv prg/c1.c .              #将文件 prg/c1.c 移回到当前目录下
sfs@ubuntu:~$ ln c1.c hdlk-c1c           #建立文件 c1.c 的硬链接 hdlk-c1c
sfs@ubuntu:~$ ls -l c1.c hdlk-c1c        #查看硬链接文件 hdlk-c1c 及 c1.c 的属性
-rw-rw-r-- 2 sfs sfs 137 Jan  2 05:29 c1.c
-rw-rw-r-- 2 sfs sfs 137 Jan  2 05:29 hdlk-c1c
sfs@ubuntu:~$ cat hdlk-c1c               #查看硬链接文件 hdlk-c1c 的内容
#include <stdio.h>
main()
{
int n;
int sum;
int i;
scanf("%d",&n);
sum=0;
i=1;
while( i<=n )
{
sum=sum+i;
i=i+1;
}
printf("%d   ",sum);
}
```

【例 2.105】 将文件 c1.c 移到 prg 目录下并查看 hdlk-c1c 文件内容的相关命令及结果为

```
sfs@ubuntu:~$ mv c1.c prg                #将文件 c1.c 移到 prg 目录下
sfs@ubuntu:~$ cat hdlk-c1c               #查看 hdlk-c1c 文件内容
#include <stdio.h>
main()
{
int n;
int sum;
int i;
scanf("%d",&n);
sum=0;
i=1;
```

```
while( i<=n )
{
sum=sum+i;
i=i+1;
}
printf("%d   ",sum);
}
```

2.6 文件/目录属性操作

文件有名称、类型、所有者、建立日期、访问日期、修改日期、访问权限、大小、链接数等多种属性。文件权限是文件/目录属性的常见操作对象。

文件权限有 3 种：读(r)、写(w)、执行(x)。可以采用 3 位二进制表示这 3 种权限的有无。1 表示有，0 表示无。3 位二进制可以转化为 1 位八进制。1 代表 x，2 代表 w，4 代表 r。用八进制表示 3 种权限只需做加法运算。例如，rwx = 4 + 2 + 1 = 7，r – x = 4 + 0 + 1 = 5。

文件用户有 3 种，即属主、属组和其他人，每种用户都需设置读(r)、写(w)、执行(x)3 种操作权限，采用 3 位八进制表示。例如，3 种用户的 9 位权限 rwxr-x--x 可以采用八进制表示为 751。

文件权限操作命令主要有权限变更命令(chmod)、所有者变更命令(chown)及属组变更命令(chgrp)。

2.6.1 变更文件/目录权限命令(chmod)

chmod 命令用于设置文件权限，其通用格式为
　　chmod [选项] 目录名
部分选项以及意义如下：
-R 或 --recursive：递归处理，将指定目录下的所有文件及子目录一并处理。
-v 或 --verbose：显示指令执行过程。
--reference=<参考文件或目录>：把指定文件或目录的所属群组全部设成和参考文件或目录的所属群组相同。
<权限范围>+<权限设置>：开启权限范围的文件或目录的该选项权限设置。
<权限范围>-<权限设置>：关闭权限范围的文件或目录的该选项权限设置。
<权限范围>=<权限设置>：指定权限范围的文件或目录的该选项权限设置。
其具体用法格式如下：
格式 1：chmod 用户组 +/- 权限　文件名
格式 2：chmod 用户组 = 权限　文件名
格式 3：chmod 用户组 1 = 用户组 2　文件名
格式 4：chmod 3 位 8 进制　文件名
以上格式均用于对用户组增/减操作某文件的权限。

用户组包括文件属主(u)、文件属组(g)、其他人(o)和所有人(a)。

权限包括读取(r)、写入(w)和执行(x)。

只有文件的属主和 root 用户才有权修改文件权限。

1) 格式1: chmod 用户组 +/- 权限 文件名

【例2.106】 删除属主对文件 prg/c1 的执行权限的相关命令及结果为

  sfs@ubuntu:~$ ls -l prg/c1　　　　　　#查看文件 prg/c1 属性

  -rwxrwxr-x 1 sfs sfs 7204 Jan　2 05:30 prg/c1

  sfs@ubuntu:~$ sudo chmod u-x prg/c1　#删除属主对文件 prg/c1 的执行权限

  sfs@ubuntu:~$ ls -l prg/c1　　　　　　#查看文件 prg/c1 属性更改结果

  -rw-rwxr-x 1 sfs sfs 7204 Jan　2 05:30 prg/c1

  sfs@ubuntu:~$ prg/c1　　　　　　　　#属主执行程序 c1 被禁止

  bash: prg/c1: Permission denied

【例2.107】 增加属主对文件 prg/c1 的执行权限的相关命令及结果为

  sfs@ubuntu:~$ sudo chmod u+x prg/c1　#增加属主对文件 prg/c1 的执行权限

  sfs@ubuntu:~$ ls -l prg/c1　　　　　　#查看文件 prg/c1 属性更改结果

  -rwxrwxr-x 1 sfs sfs 7204 Jan　2 05:30 prg/c1

  sfs@ubuntu:~$ prg/c1　　　　　　　　#属主允许执行程序 c1

  5

  15

【例2.108】 删除属组对文件 prg/c1 的写入和执行权限的相关命令及结果为

  sfs@ubuntu:~$ sudo chmod g-wx prg/c1　#删除属组对文件 prg/c1 的写入和执行权限,属主仍

  　　　　　　　　　　　　　　　　　　　#可执行程序 c1

  sfs@ubuntu:~$ ls -l prg/c1　　　　　　#查看文件 prg/c1 属性更改结果

  -rwxr--r-x 1 sfs sfs 7204 Jan　2 05:30 prg/c1

【例2.109】 删除所有人(包括属主、属组和其他人)对文件 prg/c1 的读取权限的相关命令及结果为

  sfs@ubuntu:~$ sudo chmod a-r prg/c1

  sfs@ubuntu:~$ ls -l prg/c1　　　　　　#查看文件 prg/c1 属性更改结果

  --wx-----x 1 sfs sfs 7204 Jan　2 05:30 prg/c1

【例2.110】 对所有人(包括属主、属组和其他人)增加对文件 prg/c1 的读取权限并删除执行权限的相关命令及结果为

  sfs@ubuntu:~$ sudo chmod a+r-x prg/c1

  sfs@ubuntu:~$ ls -l prg/c1　　　　　　#查看文件 prg/c1 属性更改结果

  -rw-r--r-- 1 sfs sfs 7204 Jan　2 05:30 prg/c1

  sfs@ubuntu:~$ prg/c1　　　　　　　　#所有人(包括属主)执行程序 c1 被禁止

  bash: prg/c1: Permission denied

2) 格式2: chmod 用户组=权限 文件名

通过格式2设置文件操作权限。

【例 2.111】 对属主和属组赋予读和执行文件 prg/c1 的权限,对其他人赋予执行权限的相关命令及结果为

  sfs@ubuntu:~$ <u>sudo chmod ug=rx,o=x prg/c1</u>

  sfs@ubuntu:~$ <u>ls -l prg/c1</u>   #查看文件 prg/c1 属性更改结果

  -r-xr-x--x 1 sfs sfs 7204 Jan 2 05:30 prg/c1

3) 格式 3: chmod 用户组 1=用户组 2 文件名

【例 2.112】 将其他人对文件 prg/c1 的操作权限设为与属主相同的相关命令及结果为

  sfs@ubuntu:~$ <u>sudo chmod o=u prg/c1</u>

  [sudo] password for sfs:

  sfs@ubuntu:~$ <u>ls -l prg/c1</u>   #查看文件 prg/c1 属性更改结果

  -r-xr-xr-x 1 sfs sfs 7204 Jan 2 05:30 prg/c1

【例 2.113】 将属组和其他人对文件 prg/c1 的操作权限设为与属主相同的相关命令及结果为

  sfs@ubuntu:~$ <u>sudo chmod og=u prg/c1</u>

  sfs@ubuntu:~$ <u>ls -l prg/c1</u>   #查看文件 prg/c1 属性更改结果

  -r-xr-xr-x 1 sfs sfs 7204 Jan 2 05:30 prg/c1

【例 2.114】 赋予属主对文件 prg/c1 的读和执行权限,然后将属组和其他人对文件 prg/c1 的操作权限设为与属主相同的相关命令及结果为

  sfs@ubuntu:~$ <u>chmod u-w+x,o=u,g=u prg/c1</u>

  sfs@ubuntu:~$ <u>ls -l prg/c1</u>   #查看文件 prg/c1 属性更改结果

  -r-xr-xr-x 1 sfs sfs 7204 Jan 2 05:30 prg/c1

或者

  sfs@ubuntu:~$ <u>sudo chmod u-w+x,og=u prg/c1</u>

  sfs@ubuntu:~$ <u>ls -l prg/c1</u>   #查看文件 prg/c1 属性更改结果

  -r-xr-xr-x 1 sfs sfs 7204 Jan 2 05:30 prg/c1

【例 2.115】 采用 3 位八进制设置用户对文件的操作权限,对文件 prg/c1,属主可读、写、执行,属组和其他人可执行的相关命令及结果为

  sfs@ubuntu:~$ <u>sudo chmod 711 prg/c1</u>

  [sudo] password for sfs:

  sfs@ubuntu:~$ <u>ls -l prg/c1</u>   #查看文件 prg/c1 属性更改结果

  -rwx--x--x 1 sfs sfs 7204 Jan 2 05:30 prg/c1

4) 目录属性设置

目录属性设置与文件属性设置方法类似,只需要将文件名改为目录名即可。

【例 2.116】 增加 sfsug1 组对 /home/sfswork 目录的读、写、执行权限的相关命令及结果为

  sfs@ubuntu:~$ <u>sudo chmod g+rwx /home/sfswork</u> #确保 sfsug1 组和 sfswork 目录存在,g+rwx

                #表示用户组获得对目录的读、写、执行权限

  sfs@ubuntu:~$ <u>ls -l /home</u>   #查看目录/home 属性更改结果

```
total 16
drwxr-xr-x 42 sfs      sfs      12288 Jan   7 07:00 sfs
drwxrwxr-x  2 root     sfsug1    4096 Jan   6 19:35 sfswork
```

【例 2.117】 撤销其他用户对/home/sfswork 目录的读、写、执行权限的相关命令及结果为

```
sfs@ubuntu:~$ sudo chmod o-rwx /home/sfswork    #o-rwx 表示其他用户失去对目录的读、写、
                                                #执行权限
sfs@ubuntu:~$ ls -l /home                       #查看目录/home 属性更改结果
total 16
drwxr-xr-x 42 sfs      sfs      12288 Jan   7 07:00 sfs
drwxrwx---  2 root     sfsug1    4096 Jan   6 19:35 sfswork
```

2.6.2 变更文件或目录所有者命令(chown)

chown 命令用于变更文件或目录所有者，其用法格式如下：

chown [选项] user[:group] file …

其中，user 为新的文件属主 ID，group 为新的文件属组 ID，file 为被变更所有者的文件名。

部分选项及意义如下：

-h 或 --no-dereference：只对符号链接的文件作修改，而不更改其他任何相关文件。

-R 或 --recursive：递归处理，将指定目录下的所有文件及子目录一并处理。

-v 或 --verbose：显示指令执行过程。

--reference=<参考文件或目录>：把指定文件或目录的拥有者与所属群组全部设成和参考文件或目录的拥有者与所属群组相同。

1) 变更文件属主

只更改文件属主时，属主给出形式为

属主

【例 2.118】 将文件 ns10.txt 的属主变为 sfs 的相关命令及结果为

```
sfs@ubuntu:~$ su -l nus1    #将用户切换为 nus1，需要首先创建用户账户 nus1，详见 5.2 节
Password:
$ touch ns10.txt                                #创建空白文件 ns10.txt
$ ls -l                                         #查看文件 ns10.txt 属主、属组等属性
total 44
drwxr-xr-x 2 nus1 sfsug1 4096 Jan   6 05:51 Desktop
drwxr-xr-x 2 nus1 sfsug1 4096 Jan   6 05:51 Documents
drwxr-xr-x 2 nus1 sfsug1 4096 Jan   6 05:51 Downloads
-rw-r--r-- 1 nus1 sfsug1 8445 Apr  16   2012 examples.desktop
drwxr-xr-x 2 nus1 sfsug1 4096 Jan   6 05:51 Music
-rw-r--r-- 1 nus1 sfsug1    0 Jan   7 19:35 ns10.txt
drwxr-xr-x 2 nus1 sfsug1 4096 Jan   6 05:51 Pictures
drwxr-xr-x 2 nus1 sfsug1 4096 Jan   6 05:51 Public
```

```
drwxr-xr-x 2 nus1 sfsug1 4096 Jan    6 05:51 Templates
drwxr-xr-x 2 nus1 sfsug1 4096 Jan    6 05:51 Videos
$ touch ns11.txt                                    #创建空白文件 ns11.txt
$ ls -l                                             #查看当前目录列表属性
total 44
…
-rw-r--r-- 1 nus1 sfsug1     0 Jan   7 19:35 ns10.txt
-rw-r--r-- 1 nus1 sfsug1     0 Jan   7 19:46 ns11.txt
…
$ pwd                                               #查看当前目录
/usr/us1
$ su -l sfs                                         #切换用户,同时变更工作目录
Password:
sfs@ubuntu:~$ sudo chown sfs /usr/us1/ns10.txt      #将文件 ns10.txt 的属主变改为 sfs
[sudo] password for sfs:
sfs@ubuntu:~$ ls -l /usr/us1/ns10.txt               #查看属主变更结果
-rw-r--r-- 1 sfs sfsug1 0 Jan    7 19:35 /usr/us1/ns10.txt
```

2) 同时更改文件属主和属组

同时更改文件属主和属组时,属主、属组给出形式为

属主:属组

【例 2.119】 将文件 ns11.txt 的属主变改为 sfs,属组变改为 sfs 的相关命令及结果为

```
sfs@ubuntu:~$ sudo chown sfs:sfs /usr/us1/ns11.txt  #将文件 ns11.txt 的属主更改为 sfs,属
                                                    #组更改为 sfs 组

[sudo] password for sfs:
sfs@ubuntu:~$ ls -l /usr/us1/ns*.*                  #查看属主、属组变更结果
-rw-r--r-- 1 sfs sfsug1 0 Jan    7 19:35 /usr/us1/ns10.txt
-rw-r--r-- 1 sfs sfs     0 Jan   7 19:46 /usr/us1/ns11.txt
```

3) 更改文件属组

只更改文件属组时,属组给出形式为

:属组

【例 2.120】 将文件 prg/c1 的属组更改为 sfsug1 组的相关命令及结果为

```
sfs@ubuntu:~$ sudo chown :sfsug1 prg/c1             #将文件 prg/c1 的属组更改为 sfsug1 组,需要
                                                    #首先创建用户组 sfsug1,详见 5.2 节
sfs@ubuntu:~$ ls -l prg                             #查看 prg 目录列表属组变更结果
total 24
drwxrwxr-x 2 sfs sfs       4096 Jan    4 05:35 c
-rwx--x--x 1 sfs sfsug1    7204 Jan   2 05:30 c1
-rw-rw-r-- 1 sfs sfs        137 Jan   2 05:29 c1.c
```

```
-rw-rw-r-- 1 sfs sfs       28 Dec 31 18:15 rs4.txt
drwxrwxr-x 2 sfs sfs     4096 Jan  4 05:52 UNIX
sfs@ubuntu:~$ ls -l -R prg                    #查看 prg 及其子目录列表属组变更结果
prg:
total 24
drwxrwxr-x 2 sfs sfs     4096 Jan  4 05:35 c
-rwx--x--x 1 sfs sfsug1 7204 Jan  2 05:30 c1
-rw-rw-r-- 1 sfs sfs      137 Jan  2 05:29 c1.c
-rw-rw-r-- 1 sfs sfs       28 Dec 31 18:15 rs4.txt
drwxrwxr-x 2 sfs sfs     4096 Jan  4 05:52 UNIX
prg/c:
total 16
-rw-rw-r-- 1 sfs sfs 28 Jan   1 03:56 res1.txt
-rw-rw-r-- 1 sfs sfs 64 Jan   2 02:36 s1.c
-rw-rw-r-- 1 sfs sfs 57 Jan   2 02:36 s1.c~
-rw-rw-r-- 1 sfs sfs 28 Jan   1 03:49 s1.txt~
prg/UNIX:
total 0
-rw-rw-r-- 1 sfs sfs 0 Dec 31 19:25 s1.txt
-rw-rw-r-- 1 sfs sfs 0 Dec 31 19:03 s1.txt~
-rw-rw-r-- 1 sfs sfs 0 Dec 31 19:25 s3.txt
-rw-rw-r-- 1 sfs sfs 0 Dec 31 19:03 s3.txt~
-rw-rw-r-- 1 sfs sfs 0 Dec 31 19:03 s4.c
```

【例 2.121】 将 prg 目录和其下的所有文件交给 nus1 的相关命令及结果为

```
sfs@ubuntu:~$ sudo chown -R nus1 prg          #将 prg 目录和其下的所有文件交给 nus1
sfs@ubuntu:~$ ls -l -R prg
prg:
total 24
drwxrwxr-x 2 nus1 sfs    4096 Jan  4 05:35 c
-rwx--x--x 1 nus1 sfsug1 7204 Jan  2 05:30 c1
-rw-rw-r-- 1 nus1 sfs     137 Jan  2 05:29 c1.c
-rw-rw-r-- 1 nus1 sfs      28 Dec 31 18:15 rs4.txt
drwxrwxr-x 2 nus1 sfs    4096 Jan  4 05:52 UNIX
prg/c:
total 16
-rw-rw-r-- 1 nus1 sfs 28 Jan   1 03:56 res1.txt
-rw-rw-r-- 1 nus1 sfs 64 Jan   2 02:36 s1.c
-rw-rw-r-- 1 nus1 sfs 57 Jan   2 02:36 s1.c~
-rw-rw-r-- 1 nus1 sfs 28 Jan   1 03:49 s1.txt~
```

prg/UNIX:
total 0
-rw-rw-r-- 1 nus1 sfs 0 Dec 31 19:25 s1.txt
-rw-rw-r-- 1 nus1 sfs 0 Dec 31 19:03 s1.txt~
-rw-rw-r-- 1 nus1 sfs 0 Dec 31 19:25 s3.txt
-rw-rw-r-- 1 nus1 sfs 0 Dec 31 19:03 s3.txt~
-rw-rw-r-- 1 nus1 sfs 0 Dec 31 19:03 s4.c

2.6.3 变更文件或目录属组命令(chgrp)

chgrp 命令用于变更文件或目录属组，其用法格式如下：

chgrp [选项] group file

部分选项及意义如下：

-h 或 --no-dereference：只对符号链接的文件作修改。

-R 或 --recursive：递归处理，将指定目录下的所有文件及子目录一并处理。

-v 或 --verbose：显示指令执行过程。

--reference=<参考文件或目录>：把指定文件或目录的所属群组全部设成和参考文件或目录的所属群组相同。

chgrp 将文件 file 属组变更为 group。

1) 变更单个文件属组

【例 2.122】将文件 prg/c/s1.c 的属组更改为 sfsug1 的相关命令及结果为

```
sfs@ubuntu:~$ sudo chgrp sfsug1 prg/c/s1.c      #将文件 prg/c/s1.c 的属组更改为 sfsug1
[sudo] password for sfs:
sfs@ubuntu:~$ ls -l prg/c                        #查看属组变更结果
total 16
-rw-rw-r-- 1 nus1 sfs       28 Jan   1 03:56 res1.txt
-rw-rw-r-- 1 nus1 sfsug1 64 Jan   2 02:36 s1.c
-rw-rw-r-- 1 nus1 sfs       57 Jan   2 02:36 s1.c~
-rw-rw-r-- 1 nus1 sfs       28 Jan   1 03:49 s1.txt~
```

2) 变更目录树下文件属组

chgrp 命令后加 -R 选项用于变更目录树，即变更目录及其子目录下的文件属组。

【例 2.123】将 prg 目录和其下的所有文件及子目录属组设置为 sfsug1 的相关命令及结果为

```
sfs@ubuntu:~$ ls -l -R prg                       #查看属组变更前 prg 目录树的属性
prg:
total 24
drwxrwxr-x 2 nus1 sfs        4096 Jan   4 05:35 c
-rwx--x--x 1 nus1 sfsug1 7204 Jan   2 05:30 c1
-rw-rw-r-- 1 nus1 sfs         137 Jan   2 05:29 c1.c
```

```
-rw-rw-r-- 1 nus1 sfs         28 Dec 31 18:15 rs4.txt
drwxrwxr-x 2 nus1 sfs       4096 Jan  4 05:52 UNIX

prg/c:
total 16
-rw-rw-r-- 1 nus1 sfs          28 Jan  1 03:56 res1.txt
-rw-rw-r-- 1 nus1 sfsug1 64 Jan  2 02:36 s1.c
-rw-rw-r-- 1 nus1 sfs          57 Jan  2 02:36 s1.c~
-rw-rw-r-- 1 nus1 sfs          28 Jan  1 03:49 s1.txt~

prg/UNIX:
total 0
-rw-rw-r-- 1 nus1 sfs 0 Dec 31 19:25 s1.txt
-rw-rw-r-- 1 nus1 sfs 0 Dec 31 19:03 s1.txt~
-rw-rw-r-- 1 nus1 sfs 0 Dec 31 19:25 s3.txt
-rw-rw-r-- 1 nus1 sfs 0 Dec 31 19:03 s3.txt~
-rw-rw-r-- 1 nus1 sfs 0 Dec 31 19:03 s4.c
```

sfs@ubuntu:~$ <u>sudo chgrp -R sfsug1 prg</u>   #将 prg 目录和其下的所有文件及子目录属组
                                                    #设置为 sfsug1
[sudo] password for sfs:
sfs@ubuntu:~$ <u>ls -l -R prg</u>   #查看属组变更后 prg 目录树的属性

```
prg:
total 24
drwxrwxr-x 2 nus1 sfsug1 4096 Jan  4 05:35 c
-rwx--x--x 1 nus1 sfsug1 7204 Jan  2 05:30 c1
-rw-rw-r-- 1 nus1 sfsug1  137 Jan  2 05:29 c1.c
-rw-rw-r-- 1 nus1 sfsug1   28 Dec 31 18:15 rs4.txt
drwxrwxr-x 2 nus1 sfsug1 4096 Jan  4 05:52 UNIX

prg/c:
total 16
-rw-rw-r-- 1 nus1 sfsug1 28 Jan  1 03:56 res1.txt
-rw-rw-r-- 1 nus1 sfsug1 64 Jan  2 02:36 s1.c
-rw-rw-r-- 1 nus1 sfsug1 57 Jan  2 02:36 s1.c~
-rw-rw-r-- 1 nus1 sfsug1 28 Jan  1 03:49 s1.txt~

prg/UNIX:
total 0
-rw-rw-r-- 1 nus1 sfsug1 0 Dec 31 19:25 s1.txt
```

-rw-rw-r-- 1 nus1 sfsug1 0 Dec 31 19:03 s1.txt~
-rw-rw-r-- 1 nus1 sfsug1 0 Dec 31 19:25 s3.txt
-rw-rw-r-- 1 nus1 sfsug1 0 Dec 31 19:03 s3.txt~
-rw-rw-r-- 1 nus1 sfsug1 0 Dec 31 19:03 s4.c

2.7 文件压缩与解压缩(gzip、gunzip)

gzip 与 gunzip、bzip2 与 bunzip2 是两组常用的文件压缩与解压缩命令。压缩减少存储空间、减少网络传输时间。

2.7.1 使用 gzip、gunzip 压缩与解压缩文件

gzip 与 gunzip 是一对压缩与解压缩命令，两者配合使用。gzip 既可压缩文件，也可解压缩文件，取决于命令选项。gunzip 完全可以不用。压缩文件时，gzip 压缩后在原文件名及扩展名末尾加上新的扩展名".gz"。其用法格式为

   gzip [选项] 文件

部分选项及意义如下：
-d 或 --decompress：解开压缩文件。
-l 或 --list：列出压缩文件的相关信息。
-n 或 --no-name：压缩文件时，不保存原来的文件名称及时间戳记。
-N 或 --name：压缩文件时，保存原来的文件名称及时间戳记。
-r 或 --recursive：递归处理，将指定目录下的所有文件及子目录一并处理。
-S <压缩字尾字符串>或--suffix<压缩字尾字符串>：更改压缩字尾字符串。
-t 或--test：测试压缩文件是否正确无误。
-v 或--verbose：显示指令执行过程。
-<压缩效率>：一个介于1～9的数值，预设值为"6"，指定数值越大，则压缩效率越高。
gzip 对命令中的文件进行压缩或解压缩。

1）压缩与解压缩某个文件
（1）压缩某个文件。
【例 2.124】 将当前目录下的文件 c1.c 压缩为 c1.c.gz，并查看压缩结果。相关命令及结果为

  sfs@ubuntu:~$ gzip c1.c   #压缩文件 c1.c，假设 c1.c 在当前目录下
  sfs@ubuntu:~$ ls c*.*   #查看压缩结果 c1.c.gz
  c1.c.gz case_score.sh case_score.sh~ check_file.sh

（2）解压缩某个文件。
【例 2.125】 将上面的压缩文件 c1.c.gz 解压缩，并查看压缩结果。相关命令及结果为

  sfs@ubuntu:~$ gunzip c1.c.gz   #解压缩文件 c1.c.gz
  sfs@ubuntu:~$ ls c*.*   #查看解压缩结果
  c1.c case_score.sh case_score.sh~ check_file.sh

2) 压缩与解压缩某个目录下的每个文件

(1) 压缩某个目录下的每个文件。

gzip 作用于目录时，将目录下的每个文件分别进行压缩，形成相应的多个独立压缩文件，而不是将它们压缩为一个文件包。

【例 2.126】 压缩 prg/UNIX 目录下的每个文件并查看压缩结果。相关命令及结果为

  sfs@ubuntu:~$ ls prg/UNIX   #先查看一下 prg/UNIX 目录下的文件

  s1.txt s1.txt~ s3.txt s3.txt~ s4.c

  sfs@ubuntu:~$ gzip prg/UNIX/* #将 prg/UNIX 目录下的各个文件分别压缩

  sfs@ubuntu:~$ ls prg/UNIX   #查看压缩结果

  s1.txt~.gz s1.txt.gz s3.txt~.gz s3.txt.gz s4.c.gz

(2) 解压缩某个目录下的每个文件。

-d 选项控制 gzip 命令执行解压缩操作。-v 选项使命令显示压缩或解压缩过程。

【例 2.127】 解压缩 prg/UNIX 目录下的各个压缩文件，并查看解压缩结果。相关命令及结果为

  sfs@ubuntu:~$ gzip -dv prg/UNIX/* #解压缩 prg/UNIX 目录下的各个压缩文件

  prg/UNIX/s1.txt~.gz: 0.0% -- replaced with prg/UNIX/s1.txt~

  prg/UNIX/s1.txt.gz: 0.0% -- replaced with prg/UNIX/s1.txt

  prg/UNIX/s3.txt~.gz: 0.0% -- replaced with prg/UNIX/s3.txt~

  prg/UNIX/s3.txt.gz: 0.0% -- replaced with prg/UNIX/s3.txt

  prg/UNIX/s4.c.gz: 0.0% -- replaced with prg/UNIX/s4.c

  sfs@ubuntu:~$ ls prg/UNIX   #查看解压缩结果

  s1.txt s1.txt~ s3.txt s3.txt~ s4.c

3) 压缩与解压缩目录树

gzip 命令后加 -r 选项用于压缩或解压缩目录及其子目录下的各个文件。

(1) 压缩目录树。

【例 2.128】 压缩 prg 目录下的文件及各级子目录下的文件，并递归查看 prg 各级目录下文件的压缩结果。相关命令及结果为

  sfs@ubuntu:~$ gzip -rv prg #压缩 prg 目录下的文件及各级子目录下的文件，并显示压缩过程

  prg/UNIX/s1.txt~: 0.0% -- replaced with prg/UNIX/s1.txt~.gz

  prg/UNIX/s3.txt: 0.0% -- replaced with prg/UNIX/s3.txt.gz

  prg/UNIX/s3.txt~: 0.0% -- replaced with prg/UNIX/s3.txt~.gz

  prg/UNIX/s4.c: 0.0% -- replaced with prg/UNIX/s4.c.gz

  prg/UNIX/s1.txt :   0.0% -- replaced with prg/UNIX/s1.txt.gz

  gzip: prg/c1.gz already has .gz suffix -- unchanged

  gzip: prg/c1.c has 1 other link -- unchanged

  prg/rs4.txt: -10.7% -- replaced with prg/rs4.txt.gz

  prg/c/s1.txt~:   -10.7% -- replaced with prg/c/s1.txt~.gz

  prg/c/s1.c~:   0.0% -- replaced with prg/c/s1.c~.gz

prg/c/s1.c: 6.2% -- replaced with prg/c/s1.c.gz
prg/c/res1.txt: -10.7% -- replaced with prg/c/res1.txt.gz
sfs@ubuntu:~$ ls -R prg   #递归查看 prg 各级目录下的文件压缩结果
prg:
c   c1.c   c1.gz   rs4.txt.gz   UNIX
prg/c:
res1.txt.gz   s1.c~.gz   s1.c.gz   s1.txt~.gz
prg/UNIX:
s1.txt~.gz   s1.txt.gz   s3.txt~.gz   s3.txt.gz   s4.c.gz

(2) 解压缩目录树。

同时使用解压缩选项 -d、递归操作目录树选项 -r 即可解压缩目录树。

【例 2.129】解压缩 prg 目录下的压缩文件及各级子目录下的压缩文件，并显示解压缩进程。相关命令及结果为

sfs@ubuntu:~$ gzip -drv prg   #解压缩 prg 目录下的压缩文件及各级子目录下的压缩文件，
                                 #显示进程
prg/UNIX/s4.c.gz: 0.0% -- replaced with prg/UNIX/s4.c
prg/UNIX/s1.txt~.gz: 0.0% -- replaced with prg/UNIX/s1.txt~
prg/UNIX/s3.txt.gz: 0.0% -- replaced with prg/UNIX/s3.txt
prg/UNIX/s1.txt.gz: 0.0% -- replaced with prg/UNIX/s1.txt
prg/UNIX/s3.txt~.gz: 0.0% -- replaced with prg/UNIX/s3.txt~
prg/c1.gz: 67.4% -- replaced with prg/c1
gzip: prg/c1.c has 1 other link -- unchanged
prg/rs4.txt.gz: -10.7% -- replaced with prg/rs4.txt
prg/c/s1.c.gz: 6.2% -- replaced with prg/c/s1.c
prg/c/s1.txt~.gz: -10.7% -- replaced with prg/c/s1.txt~
prg/c/s1.c~.gz: 0.0% -- replaced with prg/c/s1.c~
prg/c/res1.txt.gz: -10.7% -- replaced with prg/c/res1.txt
sfs@ubuntu:~$ ls -R prg   #递归查看 prg 各级目录下的文件解压缩结果
prg:
c   c1   c1.c   rs4.txt   UNIX
prg/c:
res1.txt   s1.c   s1.c~   s1.txt~
prg/UNIX:
s1.txt   s1.txt~   s3.txt   s3.txt~   s4.c

2.7.2 使用 bzip2、bunzip2 压缩与解压缩文件

bzip2 与 bunzip2 是另一对压缩与解压缩命令，两者配合使用。bzip2 既可压缩文件，也可解压缩文件，取决于命令选项。bunzip2 完全可以不用。压缩文件时，bzip2 压缩后在原文件名及扩展名末尾加上新的扩展名".bz2"。其用法格式为

bzip2 [选项] 文件

部分选项及意义如下：

-c 或 --stdout：将压缩与解压缩的结果送到标准输出。

-d 或 --decompress：执行解压缩。

-f 或 --force：压缩或解压缩时，若输出文件与现有文件同名，预设不会覆盖现有文件。若要覆盖，则使用该选项。

-k 或 --keep：压缩或解压缩后，会删除原始文件。若要保留原始文件，则使用该选项。

-s 或 --small：降低程序执行时内存的使用量。

-t 或 --test：测试 .bz2 压缩文件的完整性。

-v 或 --verbose：显示压缩或解压缩文件时过程。

--repetitive-best：文件中有重复出现的资料时，可利用该选项提高压缩效果。

--repetitive-fast：文件中有重复出现的资料时，可利用该选项加快执行效果。

bzip2 对命令中的文件进行压缩或解压缩。

1) 压缩与解压缩某个文件

(1) 压缩某个文件。

【例 2.130】 压缩文件 c1.c 的相关命令及结果为

  sfs@ubuntu:~$ bzip2 c1.c   #压缩文件 c1.c，假设 c1.c 在当前目录下

  sfs@ubuntu:~$ ls c*.*   #查看压缩结果

  c1.c.bz2 case_score.sh case_score.sh~ check_file.sh

(2) 解压缩某个文件。

bzip2 命令后加 -d 选项用于控制该命令执行解压缩操作，加 -v 选项用于显示压缩或解压缩过程。

【例 2.131】 解压缩上面创建的文件 c1.c.bz2 的相关命令及结果为

  sfs@ubuntu:~$ bzip2 -dv c1.c.bz2   #解压缩文件 c1.c.bz2，并显示过程

  c1.c.bz2: done

  sfs@ubuntu:~$ ls c*.*

  c1.c case_score.sh case_score.sh~ check_file.sh

2) 压缩与解压缩某个目录下的每个文件

(1) 压缩某个目录下的每个文件。

【例 2.132】 将 prg/UNIX 目录下的各个文件分别进行压缩的相关命令及结果为

  sfs@ubuntu:~$ bzip2 -v prg/UNIX/*   #将 prg/UNIX 目录下的各个文件分别压缩，显示进程

  prg/UNIX/s1.txt: no data compressed.

  prg/UNIX/s1.txt~: no data compressed.

  prg/UNIX/s3.txt: no data compressed.

  prg/UNIX/s3.txt~: no data compressed.

  prg/UNIX/s4.c: no data compressed.

  sfs@ubuntu:~$ ls prg/UNIX   #查看压缩结果

  s1.txt~.bz2 s1.txt.bz2 s3.txt~.bz2 s3.txt.bz2 s4.c.bz2

(2) 解压缩某个目录下的每个文件。

【例 2.133】 解压缩 prg/UNIX 目录下的每个压缩文件，并查看解压缩结果。相关命令及结果为

  sfs@ubuntu:~$ <u>bzip2 -dv prg/UNIX/*</u> #解压缩 prg/UNIX 目录下的各个压缩文件，显示进程
  prg/UNIX/s1.txt~.bz2: done
  prg/UNIX/s1.txt.bz2: done
  prg/UNIX/s3.txt~.bz2: done
  prg/UNIX/s3.txt.bz2: done
  prg/UNIX/s4.c.bz2: done
  sfs@ubuntu:~$ <u>ls prg/UNIX</u>   #查看解压缩结果
  s1.txt s1.txt~ s3.txt s3.txt~ s4.c

bzip2 命令与 gzip 命令功能、用法相似，但 bzip2 命令选项中没有递归选项 -r。

2.8 文件打包、解包(tar)

tar 命令读取多个文件及目录，将它们打包成一个文件，也可以解包。其用法格式为

  tar [选项] 包文件 待打包文件

部分选项及意义如下：
-A 或 --catenate：新增文件到已存在的备份文件。
-c 或 --create：建立新的备份文件。
-C <目录>：解压缩时，若要在特定目录解压缩，则使用该选项。
-x 或 --extract 或--get：从备份文件中还原文件。
-t 或 --list：列出备份文件的内容。
-z 或 --gzip 或--ungzip：通过 gzip 指令处理备份文件。
-Z 或 --compress 或--uncompress：通过 compress 指令处理备份文件。
-f<备份文件>或--file=<备份文件>：指定备份文件。
-v 或 --verbose：显示指令执行过程。
-r：添加文件到已经压缩的文件。
-j：支持 bzip2 解压文件。
-k：保留原有文件不覆盖。
-m：还原文件时，把所有文件的修改时间设定为现在。
-w：确认压缩文件的正确性。
-N <日期格式>或--newer=<日期时间>：只将较指定日期更新的文件保存到备份文件里。
--exclude=<范本样式>：排除符合范本样式的文件。

2.8.1 文件及目录打包

【例 2.134】 将 prg 目录及其子目录中的文件一同打包成文件 prg.tar。使用-c 选项创建归档文件，-v 选项显示执行过程，-f 选项指定包文件名。相关命令及结果为

sfs@ubuntu:~$ tar -cvf prg.tar prg   #将 prg 目录及其子目录中的文件一同打包成文件 prgc.tar,
　　　　　　　　　　　　　　　　　　　　#参数 c 表示创建归档文件,v 显示依次正在归档的每个
　　　　　　　　　　　　　　　　　　　　#目录、文件,f 指定文件名,-可省略

prg/
prg/UNIX/
prg/UNIX/s1.txt~
prg/UNIX/s3.txt
prg/UNIX/s3.txt~
prg/UNIX/s4.c
prg/UNIX/s1.txt
prg/c1
prg/c1.c
prg/rs4.txt
prg/c/
prg/c/s1.txt~
prg/c/s1.c~
prg/c/s1.c
prg/c/res1.txt
sfs@ubuntu:~$ ls prg*.*
prg.tar

2.8.2　文件及目录解包

解包时使用选项 -x。解包时可以指定解包目录,也可以不指定。

1) 指定解包目录

tar 命令后加 -C 选项用于指定解包目录。

【例 2.135】　将打包文件 prg.tar 解包到目录 prgtar 下,并递归查看目录 prgtar 下的解包文件。相关命令及结果为

sfs@ubuntu:~$ tar -xvf prg.tar -C prgtar   #将打包文件 prg.tar 解包到目录 prgtar 下,参数 x
　　　　　　　　　　　　　　　　　　　　　　#表示解开归档文件,-可省略

prg/
prg/UNIX/
prg/UNIX/s1.txt~
prg/UNIX/s3.txt
prg/UNIX/s3.txt~
prg/UNIX/s4.c
prg/UNIX/s1.txt
prg/c1
prg/c1.c
prg/rs4.txt

  prg/c/

  prg/c/s1.txt~

  prg/c/s1.c~

  prg/c/s1.c

  prg/c/res1.txt

  sfs@ubuntu:~$ ls -R prgtar   #递归查看目录 prgtar 下的解包文件

  prgtar:

  prg

  prgtar/prg:

  c c1 c1.c rs4.txt UNIX

  prgtar/prg/c:

  res1.txt s1.c s1.c~ s1.txt~

  prgtar/prg/UNIX:

  s1.txt s1.txt~ s3.txt s3.txt~ s4.c

 2) 改变打包文件位置(目录)解包

  将包文件放在新的位置，解包时若不给出解包目录，则缺省的解包目录仍为打包时的目录。

 【例 2.136】将包文件 prg.tar 拷贝到目录 os 下解包，观察解包后的文件所在位置。相关命令及结果为

  sfs@ubuntu:~$ cp prg.tar os   #另建一个目录 os(若已建，则直接执行本操作)，将 prg.tar

                #拷入其中

  sfs@ubuntu:~$ tar -xvf os/prg.tar #打包文件 prg.tar 被解包到 prg 目录下

  prg/

  prg/UNIX/

  prg/UNIX/s1.txt~

  prg/UNIX/s3.txt

  prg/UNIX/s3.txt~

  prg/UNIX/s4.c

  prg/UNIX/s1.txt

  prg/c1

  prg/c1.c

  prg/rs4.txt

  prg/c/

  prg/c/s1.txt~

  prg/c/s1.c~

  prg/c/s1.c

  prg/c/res1.txt

  sfs@ubuntu:~$ ls -R os

  os:

prg.tar

3) 原地(目录)解包

如果不指定解包目录，则解包后文件仍位于打包时的目录下。

【例 2.137】 解包文件 prg.tar 的命令及结果为

  sfs@ubuntu:~$ <u>tar -xvf prg.tar</u>　　　　#将打包文件 prg.tar 解包到 prg 目录下
  prg/
  prg/UNIX/
  prg/UNIX/s1.txt~
  prg/UNIX/s3.txt
  prg/UNIX/s3.txt~
  prg/UNIX/s4.c
  prg/UNIX/s1.txt
  prg/c1
  prg/c1.c
  prg/rs4.txt
  prg/c/
  prg/c/s1.txt~
  prg/c/s1.c~
  prg/c/s1.c
  prg/c/res1.txt

2.8.3　文件打包并调用 gzip 压缩

tar 命令后加 -z 选项时，在打包完成后，将调用 gzip 命令压缩打包文件。

【例 2.138】将 prg 目录及其各级子目录下的文件一同打包成一个文件，然后调用 gzip 压缩该文件。相关命令及结果为

  sfs@ubuntu:~$ <u>tar -czvf prg.tar.gz prg</u>　　#将 prg 目录及其各级子目录下的文件一同打包成一个文
  　　　　　　　　　　　　　　　　　　　　#件，然后调用 gzip 压缩该文件。参数 c 表示创建归档文
  　　　　　　　　　　　　　　　　　　　　#件，v 显示依次正在归档的每个目录、文件，f 指定文
  　　　　　　　　　　　　　　　　　　　　#件名，z 调用 gzip 压缩打包文件，- 可省略
  prg/
  prg/UNIX/
  prg/UNIX/s1.txt~
  prg/UNIX/s3.txt
  prg/UNIX/s3.txt~
  prg/UNIX/s4.c
  prg/UNIX/s1.txt
  prg/c1

prg/c1.c

prg/rs4.txt

prg/c/

prg/c/s1.txt~

prg/c/s1.c~

prg/c/s1.c

prg/c/res1.txt

sfs@ubuntu:~$ <u>ls prg*.*</u>　　　　　　　　　　#查看打包并压缩结果

prg.tar　prg.tar.gz

说明：tar -czvf prg.tar.gz prg 命令相当于下面两条命令的组合：

　　tar -cvf prg.tar prg

　　gzip prg.tar

2.8.4　tar 调用 gunzip 解压缩文件并解包

tar 命令后加 -xz 组合选项用于控制 tar 命令进行解压缩并解包。

【例 2.139】新建一个目录 targz，将 prg.tar.gz 拷入其中，使用 tar 调用 gunzip 解压缩 prgc.tar.gz，并解包该文件到另一个目录 targz。相关命令及结果为

　　sfs@ubuntu:~$ <u>mkdir targz</u>　　　　　　　　#新建一个目录 targz
　　sfs@ubuntu:~$ <u>cp prg.tar.gz targz</u>　　　　　　#将 prg.tar.gz 拷入目录 targz
　　sfs@ubuntu:~$ <u>mkdir ptgz</u>　　　　　　　　#新建一个目录 ptgz
　　sfs@ubuntu:~$ <u>tar -xzvf targz/prg.tar.gz -C ptgz</u>　#将打包压缩文件 prg.tar.gz 解包解压缩到 ptgz
　　　　　　　　　　　　　　　　　　　　　　　#目录下，参数 x 表示解开归档文件，z 调用
　　　　　　　　　　　　　　　　　　　　　　　#gunzip 解压缩打包文件，- 可省略

prg/

prg/UNIX/

prg/UNIX/s1.txt~

prg/UNIX/s3.txt

prg/UNIX/s3.txt~

prg/UNIX/s4.c

prg/UNIX/s1.txt

prg/c1

prg/c1.c

prg/rs4.txt

prg/c/

prg/c/s1.txt~

prg/c/s1.c~

prg/c/s1.c

prg/c/res1.txt

```
sfs@ubuntu:~$ ls -R ptgz
ptgz:
prg
ptgz/prg:
c   c1   c1.c   rs4.txt   UNIX
ptgz/prg/c:
res1.txt   s1.c   s1.c~   s1.txt~
ptgz/prg/UNIX:
s1.txt   s1.txt~   s3.txt   s3.txt~   s4.c
```

说明：tar -xzvf prg.tar.gz 命令相当于下面两条命令的组合：

```
gunzip prg.tar.gz
tar -xvf prg.tar
```

2.8.5 文件打包并调用 bzip2 压缩

tar 命令后加 -j 选项用于在 tar 命令完成打包后，调用 bzip2 压缩打包文件。

【例 2.140】 将 prg 目录及其子目录下的文件一同打包成一个文件，然后调用 bzip2 压缩该文件。相关命令及结果为

```
sfs@ubuntu:~$ ls -R prg               #递归查看 prg 目录及其子目录下的文件
prg:
c   c1   c1.c   rs4.txt   UNIX

prg/c:
res1.txt   s1.c   s1.c~   s1.txt~

prg/UNIX:
s1.txt   s1.txt~   s3.txt   s3.txt~   s4.c
sfs@ubuntu:~$ tar jcvf prg.tar.bz2 prg    #将 prg 目录及其子目录下的文件一同打包成一个
                                          #文件，然后调用 bzip2 压缩该文件。参数 c 表示创
                                          #建归档文件，v 显示依次正在归档的每个目录、文
                                          #件，f 指定文件名，j 调用 bzip2 压缩打包文件
prg/
prg/UNIX/
prg/UNIX/s1.txt~
prg/UNIX/s3.txt
prg/UNIX/s3.txt~
prg/UNIX/s4.c
prg/UNIX/s1.txt
prg/c1
prg/c1.c
```

```
prg/rs4.txt
prg/c/
prg/c/s1.txt~
prg/c/s1.c~
prg/c/s1.c
prg/c/res1.txt
sfs@ubuntu:~$ ls prg*.*                    #查看打包压缩结果
prg.tar   prg.tar.bz2   prg.tar.gz
```

2.8.6 tar 调用 bunzip2 解压缩文件并解包

tar 命令后加组合选项 -xj 用于使 tar 命令解压缩并解包文件。

【例 2.141】新建一个目录 tarbz2，将 prg.tar.bz2 解包解压到其中，使 tar 调用 bunzip2 解压缩 prg.tar.bz2，并解包该文件。相关命令及结果为

```
sfs@ubuntu:~$ mkdir tarbz2                 #新建一个目录 tarbz2
sfs@ubuntu:~$ tar xjvf prg.tar.bz2 -C tarbz2   #将 prg.tar.bz2 解包解压到目录 tarbz2 中，参
                                           #数 x 表示解开归档文件，j 表示调用 bunzip2
                                           #解压缩打包文件
prg/
prg/UNIX/
prg/UNIX/s1.txt~
prg/UNIX/s3.txt
prg/UNIX/s3.txt~
prg/UNIX/s4.c
prg/UNIX/s1.txt
prg/c1
prg/c1.c
prg/rs4.txt
prg/c/
prg/c/s1.txt~
prg/c/s1.c~
prg/c/s1.c
prg/c/res1.txt
sfs@ubuntu:~$ ls -R tarbz2                 #递归查看 tarbz2 目录及其子目录下的文件
tarbz2:
prg
tarbz2/prg:
c   c1   c1.c   rs4.txt   UNIX
tarbz2/prg/c:
res1.txt   s1.c   s1.c~   s1.txt~
```

tarbz2/prg/UNIX:
s1.txt   s1.txt~   s3.txt   s3.txt~   s4.c

上 机 操 作 2

1. 列目录
(1) 查看当前目录下的文件及目录列表。
(2) 查看某个目录下的文件及目录列表。
(3) 查看某个目录树下的所有层级文件及目录列表。
(4) 查看某个目录下的文件及目录详细属性信息。
(5) 查看某个目录下文件名包含某些字符的文件及目录列表。
(6) 查看某个目录下包含隐藏文件在内的所有文件。
2. 查看当前目录
3. 切换当前目录
(1) 进入根目录。
(2) 进入某个下级子目录。
(3) 进入某个上层目录。
(4) 进入用户主目录。
(5) 返回之前的目录。
(6) 返回上级目录。
(7) 返回上两级目录。
4. 创建目录
(1) 在当前目录下创建一个子目录。
(2) 在某个下级子目录下创建一个子目录。
(3) 在某个上级目录下创建一个子目录。
(4) 在某个目录下创建目录路径。
(5) 创建目录的同时设置目录的权限。
5. 复制目录或文件
(1) 将某个文件复制到某个目录下。
(2) 将多个文件复制到某个目录下。
(3) 复制时，如果源文件与目标文件同名则给出提示信息。
(4) 复制时，如果源文件与目标文件同名则对文件自动命名。
(5) 复制时对文件重命名。
(6) 复制目录树到某个目录下。
6. 移动或重命名目录或文件
(1) 将某个文件移动到某个目录下。
(2) 将多个文件移动到某个目录下。

(3) 重命名某个文件。
(4) 移动某个目录到另一个目录下。
(5) 重命名目录。
(6) 移动时显示被移动文件名及路径和备份重名文件。

7. 删除目录或文件
(1) 删除某个文件。
(2) 删除目录树。

8. 创建文件
(1) 使用 touch 命令创建一个空白文件。
(2) 使用 gedit 命令创建一个文件。

9. 查找文件
(1) 使用 find 命令查看当前目录下的所有文件和文件夹。
(2) 搜索某个目录下文件名包含某些字符的文件。
(3) 在多个目录下查找文件名包含几组不同字符的几类文件(使用通配符及正则表达式指定匹配条件)。
(4) 查找某个目录下指定文件以外的文件。
(5) 查找某个目录下的符号链接文件。
(6) 搜索某个目录下文件名包含某些字符且小于 30 字节的文件。
(7) 使用 find 命令查看 find 程序、mv 程序、cp 程序和 ls 程序的目录路径。
(8) 使用 whereis 命令查看 find 程序、mv 程序、cp 程序和 ls 程序的目录路径。
(9) 使用 which 命令查看 find 程序、mv 程序、cp 程序和 ls 程序的目录路径。

10. 查看文件内容
(1) 使用 cat 命令查看多个文件内容。
(2) 使用 cat 命令查看多个文件内容并显示行号。
(3) 使用 cat 命令查看文件名包含某些字符的文件内容。
(4) 使用 more 命令逐屏查看某个文件内容。
(5) 使用 less 命令逐屏查看某个文件内容。

11. 文件编辑处理
(1) 从多个文件中查找某个字符串。
(2) 从多个目录中查找字符串所在文件。
(3) 从多个文件中查找多个字符串。
(4) 对某个文件按第 k 个域排序。
(5) 将域看做数字排序。
(6) 指定域分隔符按第 k 个域排序。
(7) 按第 k 个域逆序排序。
(8) 指定域分隔符按第 k 个域排序且去除重复行。
(9) 指定域分隔符按第 k 个域排序并保存排序结果到文件。
(10) 合并多个有序文件。
(11) 测试几个有序文件的合并输出是否有序。

(12) 连接两个文件的记录，并显示两个文件中有共同域的连接记录和文件 1 中无共同域的记录。

(13) 连接两个文件的记录，并显示两个文件中有共同域的连接记录和文件 2 中无共同域的记录。

(14) 连接两个文件的记录，并显示两个文件中有共同域的连接记录和文件 1、文件 2 中无共同域的记录。

(15) 连接两个文件的记录，且只显示文件 1 中无共同域的记录。

(16) 连接两个文件的记录，且只显示文件 1 和文件 2 中无共同域的记录。

(17) 连接两个文件的记录，且输出文件 1 的部分域、文件 2 的部分域。

(18) 连接两个文件的记录，并指定两个文件中用来连接的域。

(19) 提取文件的某些域，并设定域分隔符。

(20) 提取文件某个域以外的域。

(21) 提取文件某些列字符。

(22) 粘贴 n 个文件为 n 列，并设置列间隔符。

(23) 将文件分割为若干小文件，给出小文件名的前缀，每个小文件包含若干行。

(24) 以 n 个字节为单位分割文件，并给出分割后的文件命名方法。

(25) 将分割后的各个小文件合并为一个文件。

(26) 将文件中的 k 个字符对应替换为另外 k 个字符。

(27) 将文件中的小写字母变为大写字母。

(28) 将文件中的某些字符都删除掉。

(29) 删除文件中多余的换行符和空白字符，仅保留其中一个。

(30) 将文件中某些字符以外的字符都删除掉。

12. 文件共享操作

(1) 建立指向某个文件的符号链接文件。

(2) 读取符号链接文件本身的内容。

(3) 建立链接到某个文件的新文件。

13. 文件/目录属性操作

(1) 删除属主对文件的某些权限。

(2) 增加属主对文件的某些权限。

(3) 删除属组对文件的某些权限。

(4) 删除所有人(包括属主、属组和其他人)对文件的某些权限，增加对文件的某些权限。

(5) 对属主、属组、其他人分别赋予文件的某些权限，删除对文件的某些权限。

(6) 将其他人对文件的操作权限设为与属主相同。

(7) 将属组和其他人对文件的操作权限设为与属主相同。

(8) 赋予属主对文件的某些权限，然后将属组和其他人对文件的操作权限设为与属主相同。

(9) 采用 3 位八进制设置用户对文件的操作权限。

(10) 撤销其他用户对某个目录的读、写、执行权限。

(11) 将文件的属主变改为某个用户。

(12) 变更文件的属主和属组。
(13) 变更某个文件的属组。
(14) 变更目录树下文件的属组。

14. 文件压缩与解压缩
(1) 压缩某个文件。
(2) 解压缩某个文件。
(3) 压缩某个目录下的每个文件。
(4) 解压缩某个目录下的每个文件。
(5) 压缩目录树。
(6) 解压缩目录树。

15. 文件打包、解包
(1) 将某个目录及其子目录中的文件一同打包。
(2) 将打包文件解包到某个目录下。
(3) 将某个目录及其各级子目录下的文件一同打包成一个文件，然后调用 gzip 压缩该文件。
(4) 解压缩并解包某个文件。

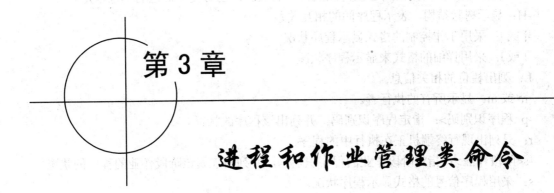

第 3 章 进程和作业管理类命令

进程是一个可并发执行的具有独立功能的程序关于某个数据集合的一次执行过程,也是操作系统进行资源分配和保护的基本单位。进程是一个正在执行的程序,执行完后,进程将被撤销。当用户在命令行上输入命令后,操作系统将创建该命令程序对应的进程为用户服务,服务完毕后,系统再次等待用户输入下一条命令,再创建下一条命令对应的进程。操作系统会根据用户的请求创建为之服务的进程。进程的许多控制动作都由系统自动进行,系统仅开放有限的进程管理功能给用户,其中常用的功能有查看进程信息、终止进程、使进程在前台或后台运行等。进程和作业属于操作系统中不同级别的任务,作业泛指一个或多个进程构成的任务。

3.1 查看进程命令

3.1.1 监视进程命令(ps)

ps 命令用于查看进程信息,如进程状态、资源占用情况等,其基本用法格式为

  ps [选项]

部分选项及意义如下:

-a:显示所有终端机下执行的程序,除了阶段作业领导者之外。
a:显示现行终端机下的所有程序,包括其他用户的程序。
-A:显示所有程序。
c:列出程序时,显示每个程序真正的指令名称,但不包含路径、选项或常驻服务的标示。
-C<指令名称>:指定执行指令的名称,并列出该指令的程序的状况。
-d:显示所有程序,但不包括阶段作业领导者的程序。
f:用 ASCII 字符显示树状结构,表达程序间的相互关系。
g:显示现行终端机下的所有程序,包括群组领导者的程序。

-G<群组识别码>：列出属于该群组的程序的状况，也可使用群组名称来指定。
-H：显示树状结构，表示程序间的相互关系。
-j 或 j：采用工作控制的格式显示程序状况。
-l 或 l：采用详细的格式来显示程序状况。
L：列出栏位的相关信息。
-m 或 m：显示所有的执行者。
-p<程序识别码>：指定程序识别码，并列出该程序的状况。
r：只列出现行终端机正在执行中的程序。
-s<阶段作业>：指定阶段作业的程序识别码，并列出隶属该阶段作业的程序的状况。
s：采用程序信号的格式显示程序状况。
S：列出程序时，包括已中断的子程序资料。
-t<终端机编号>：指定终端机编号，并列出属于该终端机的程序的状况。
-T：显示现行终端机下的所有程序。
u：以用户为主的格式显示程序状况。
-U<用户识别码>：列出属于该用户的程序的状况，也可使用用户名称来指定。
U<用户名称>：列出属于该用户的程序的状况。
v：采用虚拟内存的格式显示程序状况。
x：显示所有程序，不以终端机来区分。

【例 3.1】 在一个终端窗口(终端窗口 1)中运行 gedit，再打开另一个终端窗口(终端窗口 2)，在其中查看 gedit 进程的 PID。相关命令及结果为

```
sfs@ubuntu:~$ gedit            #在终端窗口 1 中运行 gedit
sfs@ubuntu:~$ ps aux           #在终端窗口 2 中查看 gedit 进程的 PID
USER   PID   %CPU   %MEM   VSZ      RSS     TTY    STAT   START   TIME   COMMAND
root   1     0.0    0.1    3680     2000    ?      Ss     17:10   0:01   /sbin/init
...
sfs    3530  0.7    0.3    7652     3872    pts/2  Ss     18:57   0:00   bash
sfs    3587  3.5    2.0    90080    21268   pts/2  Sl+    18:57   0:02   gedit
sfs    3594  3.7    3.3    152676   33868   ?      Sl     18:57   0:02
/usr/bin/unity-2d-spread
sfs    3605  0.0    0.1    4948     1144    pts/1  R+     18:58   0:00   ps aux
...
```

ps aux 命令输出格式的各项含义如下：
USER：进程创建者。
PID：进程标识号。
%CPU：进程占用的 CPU 百分比。
%MEM：进程占用的内存百分比。
VSZ：进程占用的虚拟内存大小。
RSS：内存中页的数量。
TTY：进程所在终端的 ID 号。

STAT：进程运行的状态。其中，D 表示睡眠中(不可被唤醒，通常在等待 I/O 设备)；R 表示正在运行/可运行，S 表示睡眠中(可以被唤醒)，T 表示停止(由于收到信号或被跟踪)，Z 表示僵死(进程结束但尚未释放系统资源)。还有一些附加标志：W(无驻留页)、<(高优先级进程)、N(低优先级进程)、L(内存锁页)。

START：进程启动的时间。

TIME：进程已经占用 CPU 的时间。

COMMAND：命令和参数。

3.1.2 查看进程树命令(pstree)

pstree 命令的功能是以树状图的方式展现进程之间的派生关系，其基本用法格式为

    pstree [选项]

部分选项及意义如下：

-a：显示每个程序的完整指令，包含路径、参数或常驻服务的标示。
-c：不使用精简标示法。
-G：使用 VT100 终端机的列绘图字符。
-h：列出树状图时，特别标明现在执行的程序。
-l：采用长列格式显示树状图。
-n：用程序识别码排序。预设以程序名称来排序。
-p：显示程序识别码。
-u：显示用户名称。
-U：使用 UTF-8 列绘图字符。

【例 3.2】 在一个终端窗口(终端窗口 1)中运行 gedit，在另一个终端窗口(终端窗口 2)中运行 pstree 命令，查看 gedit 进程所在的进程分支树。相关命令及结果为

```
sfs@ubuntu:~$ gedit              #在终端窗口 1 中运行 gedit
sfs@ubuntu:~$ pstree             #在终端窗口 2 中运行 pstree 命令
init─┬─NetworkManager─┬─dhclient
     │                ├─dnsmasq
     │                └─2*[{NetworkManager}]
     ├─accounts-daemon───{accounts-daemon}
     ├─acpid
     ├─aptd
     ├─atd
     ├─avahi-daemon───avahi-daemon
     ├─bamfdaemon───2*[{bamfdaemon}]
     ├─bluetoothd
     ├─colord───2*[{colord}]
     ├─console-kit-dae───64*[{console-kit-dae}]
     ├─cron
     ├─cupsd
```

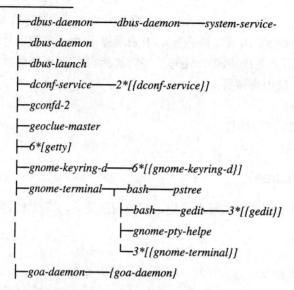

3.1.3 即时跟踪进程信息命令(top)

top 命令用于实时动态查看进程运行情况，显示 CPU 使用率、内存占用率等。top 命令显示的信息占满一页，默认每 10 s 更新一次，使用 CPU 最多的程序排在前面。按 Q 键退出。该命令的基本用法格式为

    top [选项]

部分选项及意义如下：

-b：以批处理模式操作。

-c：显示完整的命令。

-d：屏幕刷新间隔时间。

-i<时间>：设置间隔时间。

-u<用户名>：指定用户名。

-p<进程号>：指定进程。

-n<次数>：循环显示的次数。

【例 3.3】 执行 top 命令，查看进程运行情况。相关命令及结果为

```
sfs@ubuntu:~$ top
top - 19:39:18 up   2:29,   3 users,   load average: 0.21, 0.18, 0.11
Tasks:    180 total,    1 running,  179 sleeping,   0 stopped,   0 zombie
Cpu(s):   4.7%us,   1.3%sy,   0.0%ni,  94.0%id,   0.0%wa,  0.0%hi,  0.0%si,  0.0%st
Mem:    1025208k total,   791624k used,   233584k free,   30512k buffers
Swap:   1046524k total,        0k used,  1046524k free,  334084k cached

  PID USER      PR  NI  VIRT  RES  SHR S %CPU %MEM    TIME+  COMMAND
 1415 root      20   0 84556  43m  10m S  3.6  4.4  0:25.65  Xorg
 2907 sfs       20   0 91252  16m  11m S  2.0  1.6  0:06.14  gnome-terminal
 3853 sfs       20   0  2856 1164  872 R  0.7  0.1  0:00.43  top
```

2504	sfs	20	0	144m	12m	10m	S	0.3	1.3	0:01.92	metacity
2536	sfs	20	0	81556	18m	13m	S	0.3	1.8	0:16.36	vmtoolsd
1	root	20	0	3680	2000	1284	S	0.0	0.2	0:01.73	init
2	root	20	0	0	0	0	S	0.0	0.0	0:00.00	kthreadd
3	root	20	0	0	0	0	S	0.0	0.0	0:00.24	ksoftirqd/0
5	root	0	-20	0	0	0	S	0.0	0.0	0:00.00	kworker/0:0H
7	root	20	0	0	0	0	S	0.0	0.0	0:01.11	rcu_sched
8	root	20	0	0	0	0	S	0.0	0.0	0:00.00	rcu_bh
9	root	RT	0	0	0	0	S	0.0	0.0	0:00.00	migration/0
10	root	RT	0	0	0	0	S	0.0	0.0	0:02.32	watchdog/0
11	root	0	-20	0	0	0	S	0.0	0.0	0:00.03	khelper
12	root	20	0	0	0	0	S	0.0	0.0	0:00.00	kdevtmpfs
13	root	0	-20	0	0	0	S	0.0	0.0	0:00.00	netns
14	root	0	-20	0	0	0	S	0.0	0.0	0:00.00	writeback
15	root	0	-20	0	0	0	S	0.0	0.0	0:00.00	kintegrityd
16	root	0	-20	0	0	0	S	0.0	0.0	0:00.00	bioset
17	root	0	-20	0	0	0	S	0.0	0.0	0:00.00	kworker/u17:0
18	root	0	-20	0	0	0	S	0.0	0.0	0:00.00	kblockd
19	root	0	-20	0	0	0	S	0.0	0.0	0:00.00	ata_sff
20	root	20	0	0	0	0	S	0.0	0.0	0:00.04	khubd

3.1.4 查看占用文件的进程命令(lsof)

lsof 命令用于查看占用文件的进程，其基本用法格式为

  lsof [选项]

部分选项及意义如下：

-a：列出打开文件存在的进程。

-c<进程名>：列出指定进程所打开的文件。

-g：列出 GID 号进程详情。

-d<文件号>：列出占用"文件号"的进程。

+d<目录>：列出目录下被打开的文件。

+D<目录>：递归列出目录下被打开的文件。

-n<目录>：列出使用 NFS 的文件。

-i<条件>：列出符合条件的进程。

-p<进程号>：列出指定进程号所打开的文件。

-u：列出 UID 号进程详情。

【例 3.4】 在一个终端窗口中输入命令：top > rtop，将 top 的输出写入文件 rtop。打开另一个终端窗口，在其中输入命令：lsof rtop，显示使用文件 rtop 的进程。相关命令及结果为

  sfs@ubuntu:~$ top > rtop   #将 top 的输出写入文件 rtop

sfs@ubuntu:~$ <u>lsof rtop</u>　　　　　　#查看使用文件 rtop 的进程
　　COMMAND　PID　USER　FD　TYPE　DEVICE　SIZE/OFF　NODE　NAME
　　top　　　　3940　sfs　　1w　REG　　8,1　　18062　　148026　rtop

输出结果中各字段的含义如下：
COMMAND：进程的名称，这里是 top。
PID：进程标识符，这里是 3940。
USER：进程所有者，这里是 sfs。
FD：文件描述符，应用程序通过文件描述符识别该文件，如 cwd、txt 等。这里文件描述符为 1，只写(w)。
TYPE：文件类型，如 DIR(目录)、REG(文件)、CHR(字符设备)、BLK(块设备)、UNIX(UNIX 域套接字)、FIFO(先进先出队列)、IPv4(网际协议(IP) 套接字)等。
DEVICE：指定磁盘的名称。
SIZE：文件的大小。
NODE：索引节点(文件在磁盘上的标识)。
NAME：打开文件的名称。

3.1.5　查看进程标识号命令(pidof)

pidof 命令用于查看进程标识号，其基本用法格式为
　　pidof [选项] 进程名
部分选项及意义如下：
-s：仅返回一个进程号。
-c：仅显示具有相同"root"目录的进程。
-x：显示由脚本开启的进程。
-o：指定不显示的进程 ID。

【例 3.5】　运行程序 c1，查看其标识符，然后终止 c1。相关命令及结果为
　　sfs@ubuntu:~$ <u>./c1</u>　　　　　　#在终端窗口 1 中执行带输入的程序 c1
　　sfs@ubuntu:~$ <u>pidof c1</u>　　　　#在终端窗口 2 中查看程序 c1 的标识号
　　3483
　　sfs@ubuntu:~$ <u>kill 3483</u>　　　　#终止 c1
　　Terminated　　　　　　　　　　#在终端窗口 1 中显示

【例 3.6】　执行程序 bc，然后终止 bc。相关命令及结果为
　　sfs@ubuntu:~$ <u>bc</u>　　　　　　　#在终端窗口 1 中输入命令 bc
　　sfs@ubuntu:~$ <u>kill $(pidof bc)</u>　#在终端窗口 2 中输入命令终止 bc

3.1.6　查看后台任务命令(jobs)

jobs 命令用于查看后台任务，在命令后加&执行命令即产生后台任务。jobs 命令的用法格式为
　　jobs [选项] 任务标识号
部分选项及意义如下：

-l：显示进程号。
-p：仅显示任务对应的进程号。
-n：显示任务状态的变化。
-r：仅输出运行状态(running)的任务。
-s：仅输出停止状态(stoped)的任务。

【例 3.7】 执行如下命令序列，运行后台任务，查看后台任务。

```
sfs@ubuntu:~$ ls *.c&          #运行一个后台任务
[1] 3825
sfs@ubuntu:~$ jobs             #查看后台任务
[1]+  Done    ls --color=auto *.c
sfs@ubuntu:~$ ./c1&            #运行一个后台任务
[1] 3901
sfs@ubuntu:~$ jobs             #查看后台任务
[1]+  Stopped  ./c1
```

3.2 进程控制命令

3.2.1 向进程发送信号命令(kill)

kill 命令可显示信号以及向进程发送信号，删除执行中的程序或工作，其基本用法格式为

  kill [选项] 进程或作业识别号

各选项及意义如下：

-a：处理当前进程时，不限制命令名和进程号的对应关系。

-l <信息编号>：列出<信息编号>对应的信息名称，若不加<信息编号>选项，则列出全部的信息名称。

-p：指定 kill 命令只打印相关进程的进程号，而不发送任何信号。

-s <信息名称或编号>：指定要送出的信息。

-u：指定用户。

【例 3.8】 执行命令 kill -l，观察结果。

```
sfs@ubuntu:~$ kill -l
 1) SIGHUP        2) SIGINT       3) SIGQUIT      4) SIGILL
 5) SIGTRAP       6) SIGABRT      7) SIGBUS       8) SIGFPE
 9) SIGKILL      10) SIGUSR1     11) SIGSEGV     12) SIGUSR2
13) SIGPIPE      14) SIGALRM     15) SIGTERM     16) SIGSTKFLT
17) SIGCHLD      18) SIGCONT     19) SIGSTOP     20) SIGTSTP
21) SIGTTIN      22) SIGTTOU     23) SIGURG      24) SIGXCPU
25) SIGXFSZ      26) SIGVTALRM   27) SIGPROF     28) SIGWINCH
29) SIGIO        30) SIGPWR      31) SIGSYS      34) SIGRTMIN
```

35) SIGRTMIN+1	36) SIGRTMIN+2	37) SIGRTMIN+3	38) SIGRTMIN+4
39) SIGRTMIN+5	40) SIGRTMIN+6	41) SIGRTMIN+7	42) SIGRTMIN+8
43) SIGRTMIN+9	44) SIGRTMIN+10	45) SIGRTMIN+11	46) SIGRTMIN+12
47) SIGRTMIN+13	48) SIGRTMIN+14	49) SIGRTMIN+15	50) SIGRTMAX-14
51) SIGRTMAX-13	52) SIGRTMAX-12	53) SIGRTMAX-11	54) SIGRTMAX-10
55) SIGRTMAX-9	56) SIGRTMAX-8	57) SIGRTMAX-7	58) SIGRTMAX-6
59) SIGRTMAX-5	60) SIGRTMAX-4	61) SIGRTMAX-3	62) SIGRTMAX-2
63) SIGRTMAX-1	64) SIGRTMAX		

【例3.9】 在终端窗口1中运行一个带有输入的程序c1，打开另一个终端窗口2，输入kill，终止该进程。相关命令及结果为

```
sfs@ubuntu:~$ ./c1          #在终端窗口1中运行带有输入的程序c1
sfs@ubuntu:~$ ps aux        #在终端窗口2中输入ps aux，查看程序c1的进程ID
```

USER	PID	%CPU	%MEM	VSZ	RSS	TTY	STAT	START	TIME	COMMAND
root	1	0.4	0.1	3664	2008	?	Ss	04:06	0:01	/sbin/init
sfs	2872	1.0	0.3	7652	3876	pts/0	Ss	04:10	0:00	bash
sfs	2876	1.9	0.3	7652	4016	pts/1	Ss	04:10	0:01	bash
sfs	2995	0.0	0.0	2012	280	pts/0	S+	04:10	0:00	./c1
sfs	3035	0.0	0.1	4948	1148	pts/1	R+	04:11	0:00	ps aux

在终端窗口2中输入：

```
sfs@ubuntu:~$ kill 2995          #终止进程2995(2995为c1的进程ID)
```

或者

```
sfs@ubuntu:~$ kill -TERM 2995
```

或者

```
sfs@ubuntu:~$ kill -SIGTERM 2995
```

或者

```
sfs@ubuntu:~$ pkill c1           #终止进程c1，pkill命令可以按照进程名杀死进程
```

再看终端窗口1中的输出结果为

```
sfs@ubuntu:~$ ./c1
Terminated                       #终端窗口1中的输出结果
```

【例3.10】 运行和终止程序bc。相关命令及结果为

```
sfs@ubuntu:~$ bc                 #在终端窗口1中运行程序bc
bc 1.06.95
Copyright 1991-1994, 1997, 1998, 2000, 2004, 2006 Free Software Foundation, Inc.
This is free software with ABSOLUTELY NO WARRANTY.
For details type `warranty'.
sfs@ubuntu:~$ pkill bc           #在终端窗口2中输入命令pkill bc，以终止bc
Terminated                       #终端窗口1的显示
```

3.2.2 将后台任务调至前台运行命令(fg)

fg 命令用于将后台命令调至前台运行,其基本使用格式为

  fg 进程序号

【例 3.11】 执行如下命令序列,观察前后台任务切换情况。

  sfs@ubuntu:~$ ./c1&   #使进程 c1 在后台运行

  [1] 3934

  sfs@ubuntu:~$ fg 1   #将进程 c1 调至前台运行

  ./c1

  5

  15

  sfs@ubuntu:~$ bc&   #运行后台任务 bc

  [1] 4011

  sfs@ubuntu:~$ bc 1.06.95

  Copyright 1991-1994, 1997, 1998, 2000, 2004, 2006 Free Software Foundation, Inc.

  This is free software with ABSOLUTELY NO WARRANTY.

  For details type `warranty'.

  gedit&   #运行后台任务 gedit

  [2] 4012

  [1]+ Stopped bc

  sfs@ubuntu:~$ jobs   #查看后台任务

  [1]+ Stopped bc

  [2]- Running gedit &

  sfs@ubuntu:~$ fg 1   #将进程 bc 调至前台运行,然后输入 quit 结束 bc 进程

  bc

  38

  8

  sfs@ubuntu:~$ jobs   #查看后台任务

  [2]+ Running gedit &

  sfs@ubuntu:~$ fg 2   #将进程 gedit 调至前台运行

  gedit

3.2.3 使后台暂停执行的命令继续执行命令(bg)

bg 命令用于使后台暂停执行的命令继续执行,其基本用法格式为

  bg 作业标识

【例 3.12】 执行如下命令序列,观察后台任务暂停与恢复执行情况。

  sfs@ubuntu:~$ gedit&   #在后台运行 gedit

  [1] 3181

```
sfs@ubuntu:~$ jobs                  #查看后台任务
[1]+  Running     gedit &
sfs@ubuntu:~$ bg 1                  #将 gedit 放在后台
bash: bg: job 1 already in background
sfs@ubuntu:~$ fg 1                  #将 gedit 放在前台
gedit
^Z                                  #按<Ctrl> + z 暂停 gedit
[1]+  Stopped     gedit
sfs@ubuntu:~$ bg 1                  #恢复 gedit 运行
[1]+ gedit &
sfs@ubuntu:~$ ./c1
^Z                                  #按<Ctrl> + z 暂停 c1
[2]+  Stopped     ./c1
sfs@ubuntu:~$ bg 2                  #将 c1 放在后台
[2]+ ./c1 &
sfs@ubuntu:~$ fg 2                  #将 c1 放在前台
./c1
^Z                                  #暂停 c1
[2]+  Stopped     ./c1
sfs@ubuntu:~$ fg 2                  #将 c1 放在前台
./c1
5       #输入 5
15
```

上 机 操 作 3

1. 查看进程
(1) 查看进程信息。
(2) 查看进程树。
(3) 即时跟踪进程信息。
(4) 查看占用文件的进程。
(5) 查看进程标识号。
(6) 查看后台任务。
2. 进程控制
(1) 终止进程。
(2) 运行后台任务。
(3) 将后台任务调至前台运行。
(4) 使后台暂停执行的命令继续执行。

第 4 章 设备 I/O 管理类命令

设备 I/O 管理是操作系统资源管理的一项基本功能。设备种类繁多，每种设备都有着非常复杂的底层细节。操作系统的目标是屏蔽硬件设备的底层细节，向用户提供简单、抽象、一致的设备用户接口。设备的许多控制动作都由操作系统内部完成，无需过多的用户介入。对于用户来说，他们需要关心的是设备上输入输出的信息，而非设备本身的结构和操作过程。在这个意义上，设备具有与文件类似的特征，因此，操作系统将设备看做文件。文件是设备的高级抽象层，在许多时候，用户操作的直接对象是文件，文件系统再对设备执行信息输入输出的物理操作，用户通常并不直接操作设备。因此，操作系统向用户提供的设备操作控制命令也相对有限。与设备相关的独特操作是与设备虚拟、设备独立性相关的指令，如设备重定向、管道等，这些指令可以使同样的程序对不同设备执行输入输出操作，无需开发新的程序。

4.1 输入输出重定向操作符

输入输出重定向可以改变程序接收数据的来源或者输出数据的目的地，无需修改程序本身。

4.1.1 输出重定向操作符(>、>>)

输出重定向操作符">"或">>"用于将原本送往显示器的输出改送其他地方，如送往文件保存或将输出内容追加到文件尾部。

【例 4.1】 将 ls 命令的输出保存到文件 lstxt 中(>)。相关命令及结果为

```
sfs@ubuntu:~$ ls > lstxt          #将 ls 命令的输出保存到文件 lstxt 中
sfs@ubuntu:~$ cat lstxt           #查看文件 lstxt 的内容
abc.txt
baichuanc
c
```

c1

case_score.sh

case_score.sh~

check_file.sh

Desktop

doc

Documents

【例 4.2】将 ls 命令的输出追加到文件 lsprgc 的尾部。相关命令及结果为

  sfs@ubuntu:~$ <u>ls prg/c >> lsprgc</u>   #将 ls 命令的输出追加到文件 lsprgc 尾部

  sfs@ubuntu:~$ <u>cat lsprgc</u>   #查看文件 lsprgc 的内容

res1.txt

s1.c

s1.c~

s1.txt~

4.1.2 输入重定向操作符(<、<<)

  输入重定向操作符"<"或"<<"用于将原本来自键盘的输入切换到来自其他地方，如来自文件中的数据。"<< tag"将开始标记 tag 和结束标记 tag 之间的内容作为输入。

  【例 4.3】将键盘输入重定向到命令 cat，然后将 cat 输出重定向到文件(<<)。相关命令及结果为

  sfs@ubuntu:~$ <u>cat << EOF > s1in</u>   #新建文件 s1in，向其中输入数字 5，输入 EOF 结束输入

  ><u>5</u>

  ><u>EOF</u>

  sfs@ubuntu:~$ <u>cat s1in</u>

  5

【例 4.4】将来自键盘的输入切换到文件(<)。相关命令及结果为

  sfs@ubuntu:~$ <u>./c1 < s1in</u>   #程序 c1 运行时从文件 s1in 接收输入数据，即接收 5。

             #程序 c1 的内容及编译参见 9.1 C 语言编译器 gcc

15

  sfs@ubuntu:~$ <u>./c1 < s1in > s1out</u>   #程序 c1 运行时从 s1in 接收输入数据，将屏幕输出重定

              #向到文件 s1out

  sfs@ubuntu:~$ <u>cat s1out</u>   #查看文件 s1out 内容

15

4.2 管道操作符(|)

  管道操作符"|"用于将一条命令的输出作为另一条命令的输入。

1) 从命令输出中筛选特定信息

【例 4.5】 将 ls 列出的文件中包含字符串 "wh" 的文件筛选列出。相关命令及结果为

    sfs@ubuntu:~$ ls | grep wh   #将 ls 列出的文件中包含字符串 "wh" 的文件筛选列出

while0.sh

while2.sh

while3.sh

while3.sh~

while4.sh

while5.sh

while5.sh~

while6.sh

while6.sh~

while7.sh

while7.sh~

while.sh

whileuser.sh

whileuser.sh~

【例 4.6】 将 ls 列出的文件中包含字符串 "D" 的文件筛选列出。相关命令及结果为

    sfs@ubuntu:~$ ls | grep D   #将 ls 列出的文件中包含字符串 "D" 的文件筛选列出

Desktop

Documents

Downloads

【例 4.7】 将 ls 列出的文件中包含字符串 "d" 的文件筛选列出。相关命令及结果为

    sfs@ubuntu:~$ ls | grep d   #将 ls 列出的文件中包含字符串 "d" 的文件筛选列出

doc

Downloads

examples.desktop

foruseradd2.sh

foruseradd2.sh~

foruseradd.sh

foruseradd.sh~

foruserdel.sh

foruserdel.sh~

hdlk-c1c

Helloworld

Helloworld.c

jdk

mydir

shmmutexread.c

shmmutexread.c~
student.txt
student.txt~
Videos

2) 以命令输出作为程序的输入

【例4.8】 将 cat s1in 的输出作为程序 c1 的输入。相关命令及结果为

  sfs@ubuntu:~$ <u>cat s1in | ./c1</u>　　　　#将 cat s1in 的输出作为程序 c1 的输入
  15
  sfs@ubuntu:~$ <u>cat s1in | ./c1 > c1r</u>　　#将 cat s1in 的输出作为程序 c1 的输入，将程序 c1 的输
  　　　　　　　　　　　　　　　　　　#出重定向(保存)到文件 c1r
  sfs@ubuntu:~$ <u>cat c1r</u>　　　　　　　#查看文件 c1r 的内容
  15

4.3 打印管理操作命令

与打印相关的操作命令有 lpr、lpq 和 lprm，此处只做简单介绍。

1) 打印命令 lpr

lpr 命令的基本用法格式为

  lpr file

即打印文件 file。如打印文件 S1.c 的命令为

  sfs@ubuntu:~$ <u>lpr S1.c</u>　　　　　　　#打印文件 S1.c

2) 查看打印队列中等待的作业(lpq)

例如，查看当前打印队列中等待的作业的命令及结果为

  sfs@ubuntu:~$ <u>lpq</u>
  Canon_LBP6000.LBP6018:1 is ready
  no entries

3) 取消打印队列中的作业(lprm)

lprm 命令的基本用法格式为

  lprm 作业号

例如，取消打印作业 1 的命令及结果为

  sfs@ubuntu:~$ <u>lprm 1</u>　　　　　　　　#取消打印作业 1
  lprm: Job #1 is already completed - can't cancel.

上 机 操 作 4

1. 输入输出重定向

(1) 将某个命令的输出保存到文件中。

(2) 将某个命令的输出内容追加到文件尾部。
(3) 使用 cat 创建一个文件。
(4) 将程序或者命令来自键盘的输入切换到来自文件。
2. 管道
(1) 从命令输出中筛选特定信息。
(2) 以命令输出作为程序的输入。

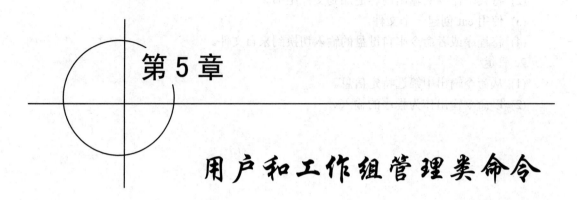

第 5 章

用户和工作组管理类命令

用户是操作系统的使用者。作为多用户多任务的操作系统，Linux 满足多用户同时工作的需求。多用户工作利于资源共享、协同工作，同时需要保护每个用户的私人资料。Linux 需要跟踪、控制每个用户的资源访问范围、操作类型，组织、保护各个用户的工作文件。为此，每个 Linux 用户都需要向系统管理员申请用户账号，系统赋予每个账号唯一的用户标识符(uid)。系统同时创建用户组，将用户归入某个用户组。每个用户组也有唯一标识，称为 gid。不同用户和用户组对文件及其他资源拥有不同的权限。文件或目录的访问、程序的执行需要用户拥有相符合的身份。

使用用户组可以减少重复操作，简化维护管理工作。例如，如果需要赋予多个用户查看、修改某一个文件或目录的相同权限，只需要将授权用户都加入到同一个用户组，然后修改该文件或目录对应的用户组权限，用户组下的所有用户对该文件或目录就会具有相同的权限。一个用户可以位于一到多个用户组中。

Linux 将用户账户信息保存在文件/etc/passwd 和/etc/shadow 中，将用户组信息保存在文件/etc/group 和/etc/gshadow 中。

1. /etc/passwd 文件

/etc/passwd 保存了用户密码以外的账户信息，执行命令"cat /etc/passwd"可以看到文件/etc/passwd 内容如下：

    root:x:0:0:root:/root:/bin/bash
    daemon:x:1:1:daemon:/usr/sbin:/bin/sh
    bin:x:2:2:bin:/bin:/bin/sh
    …
    saned:x:114:123::/home/saned:/bin/false
    sfs:x:1000:1000:sfs,,,:/home/sfs:/bin/bash
    mysql:x:115:125:MySQL Server,,,:/nonexistent:/bin/false
    nus1:x:1001:1001::/usr/us1:/bin/sh

每一行代表一个用户信息，每个用户信息包含 7 个字段，字段之间以":"间隔。各字段含义如下：

字段 1：用户名称。

字段 2：密码占位符(其值是 x，其密码加密后保存在/etc/shadow 文件中)。

字段 3：用户标识 uid。

字段 4：用户组标识 gid。

字段 5：注释信息。

字段 6：用户主目录。

字段 7：用户的默认 Shell。

2．/etc/shadow 文件

/etc/shadow 保存了加密过的用户密码信息，执行命令 "sudo cat /etc/shadow" 可以看到文件/etc/shadow 内容如下：

  root:!:17432:0:99999:7:::

  daemon:*:16289:0:99999:7:::

  bin:*:16289:0:99999:7:::

  …

  saned:*:16289:0:99999:7:::

  sfs:1akArtxhX$Mw6GlRd8/JV2gyAQfIKAr0:17432:0:99999:7:::

  mysql:!:17504:0:99999:7:::

  nus1:6DEAeURKM$4tvUsPM90tG.fM7yLKod6PUOSWiLRDW4UNjalUtTzr05XH6YkO.4N/d7RAy6JhRKaAW82Rrpx.N5X5bN2Rf4F.:17537:0:99999:7:::

每一行代表一个加密过的用户密码信息，每个用户密码信息包含 9 个字段，字段之间以 ":" 间隔。各字段含义如下：

字段 1：账户名称。

字段 2：加密的密码。

字段 3：最近更改密码的时间；从 1970/1/1 到上次修改密码的天数。

字段 4：禁止修改密码的天数；从 1970/1/1 开始，多少天之内不能修改密码，默认值为 0。

字段 5：用户必须更改口令的天数；密码的最长有效天数，默认值为 99999。

字段 6：警告更改密码的期限；密码过期之前警告天数，默认值为 7；在用户密码过期前多少天提醒用户更改密码。

字段 7：不活动时间；密码过期之后账户宽限时间；在用户密码过期之后到禁用账户的天数。

字段 8：账户失效时间，默认值为空；从 1970/1/1 日起，到用户被禁用的天数。

字段 9：保留字段(未使用)，标志。

密码过期：一旦超过密码过期日期，用户成功登录，Linux 会强迫用户设置一个新密码，设置完成后才开启 Shell 程序。

账户过期：若超过账户过期日期，Linux 会禁止用户登录系统，即使输入正确密码，也无法登录。

3. /etc/group 文件

/etc/group 文件保存了用户组信息，说明用户属于哪个用户组。执行命令"cat /etc/group"可以看到文件/etc/group 内容如下：

>   root:x:0:
>
>   daemon:x:1:
>
>   bin:x:2:
>
>   …
>
>   sudo:x:27:sfs
>
>   …
>
>   sfs:x:1000:
>
>   sambashare:x:124:sfs
>
>   mysql:x:125:
>
>   sfsug1:x:1001:nus1
>
>   us1:x:1002:

每一行代表一个用户组信息，每个用户组信息包含 4 个字段，字段之间以 ":" 间隔。各字段含义如下：

字段 1：用户组名称。

字段 2：密码占位符 x；通常不需要设置该密码，由于安全原因，该密码被记录在 /etc/gshadow 中，因此显示为 'x'。这类似 /etc/shadow。

字段 3：用户组 gid。

字段 4：本组的成员用户列表；加入该组的所有用户账号。

4．/etc/gshadow 文件

/etc/gshadow 保存了加密过的用户组密码信息，执行命令 "sudo cat /etc/gshadow" 可以看到文件 /etc/gshadow 内容如下：

>   root:*::
>
>   daemon:*::
>
>   bin:*::
>
>   …
>
>   sudo:*::sfs
>
>   …
>
>   saned:!::
>
>   sfs:!::
>
>   sambashare:!::sfs
>
>   mysql:!::
>
>   sfsug1:!::nus1
>
>   us1:!::

每一行代表一个加密过的用户组密码信息，每个用户组密码信息包含 4 个字段，字段之间以 ":" 间隔。各字段含义如下：

字段 1：用户组的名称。

字段 2：加密后的密码字符串，该字段可以为空或者为!；为空或有!，表示没有密码。

字段 3：本组的管理员列表；该字段也可为空；如果有多个用户组管理员，用","号分隔。

字段 4：本组的成员列表；加入这个组的所有用户账户；列表中多个用户通过","分隔。

5．用户标识符 uid 编号范围

Linux 对不同类型用户 uid 赋予不同的编号范围，uid 值及其对应用户类型如下：

(1) 0：超级用户 uid，默认是 root 用户，其 uid 和 gid 均为 0。超级用户在每台 Unix/Linux 操作系统中唯一，登录系统后，可以操作系统中任何文件和命令，拥有最高的管理权限。在生产环境，一般禁止 root 账号远程登录 SSH 连接服务器，以加强系统安全。

(2) 1~999：保留给系统使用的系统用户 uid，该类用户在安装系统后默认存在，且默认情况不能登录系统，他们的存在主要是满足相应的系统进程对文件属主的要求。bin、adm、nodoby、mail 等均属系统用户。

(3) 1000~65535：普通用户 uid。

不同的 Linux 发行版，uid 编号范围可能不一样。

当需要超级用户权限时，可以通过"sudo 命令名"方式执行仅由 root 权限才允许执行的命令。

Linux 提供的用户及用户组的操作命令本质上是对上述用户及用户组账户文件的增加、删除、修改、查询等编辑操作。

5.1 查看用户

5.1.1 查看用户信息命令(id)

id 命令用于显示当前用户 ID(uid)和组 ID(gid)。其命令格式为

  id [选项][--help][--version][用户名称]

各选项及其意义如下：

-g 或--group：显示用户所属群组的 ID。

-G 或--groups：显示用户所属附加群组的 ID。

-n 或--name：显示用户、所属群组或附加群组的名称。

-r 或--real：显示实际 ID。

-u 或--user：显示用户 ID。

--help：显示帮助。

--version：显示版本信息。

其简单用法为

  id

【例 5.1】 查看当前用户名、标识符及其所属组名和标识符的命令及结果为

  sfs@ubuntu:~$ id

uid=1000(sfs) gid=1000(sfs) groups=1000(sfs), 4(adm), 24(cdrom), 27(sudo), 30(dip), 46(plugdev), 109(lpadmin), 124(sambashare)

解释：用户 sfs 的 uid = 1000，gid = 1000。用户 sfs 是 adm 组(gid=4)、cdrom 组(gid =24)、sudo 组(gid =27)、dip 组(gid =30)、plugdev 组(gid =46)、lpadmin 组(gid =109)、sambashare 组(gid =124)的成员。

5.1.2 显示用户名称命令(logname)

logname 命令用来显示当前用户的名称。其基本简单用法为

  logname

【例 5.2】 查看当前用户名称的命令及结果为

  sfs@ubuntu:~$ <u>logname</u>

  sfs

5.1.3 查看用户操作命令(history)

history 命令用于显示用户最近执行过的命令。其语法格式为

  history [选项] 显示命令数 n

各选项及其意义如下：

-c：清空当前历史命令。

-a：将历史命令缓冲区中命令写入历史命令文件中。

-r：将历史命令文件中的命令读入当前历史命令缓冲区。

-w：将当前历史命令缓冲区命令写入历史命令文件中。

显示命令数 n：打印最近的 n 条历史命令。

其简单用法为

  history

结果显示命令序号与命令。

【例 5.3】 利用 history 查看最近用户执行过的命令：

  sfs@ubuntu:~$ <u>history</u>

  …

  1648 pidof c1

  1649 kill 3483

  1650 pkill bc

  1651 id

  1652 finger

  1653 logname

  1654 history

在命令行中，可以使用符号!执行指定序号的历史命令。例如，要执行第 1651 个历史命令，则输入!1651。

5.2 用户组管理

用户组管理操作包括用户组的创建、重命名、查看、删除以及用户的增减、信息变更、删除等。

5.2.1 创建一个用户组命令(groupadd)

groupadd 命令用于创建一个用户组，新建用户组名称、gid 信息保存在文件/etc/group 中，加密口令保存在/etc/gshadow 中。

groupadd 命令的基本用法格式为

  groupadd [选项] 用户组名

各选项及其意义如下：

-g：指定新建工作组的 id。

-r：创建系统工作组，系统工作组的组 ID 小于 500。

-K：覆盖配置文件"/ect/login.defs"。

-o：允许添加组 ID 号不唯一的工作组。

【例 5.4】 创建用户组 ug1 的相关命令及结果为

  sfs@ubuntu:~$ <u>sudo groupadd ug1</u>   #新建用户组 ug1

  [sudo] password for sfs:

  sfs@ubuntu:~$ <u>sudo grep ug1 /etc/group /etc/gshadow</u>   #查看新创建的用户组

  /etc/group:ug1:x:1001:

  /etc/gshadow:ug1:!::

5.2.2 更改用户组名命令(groupmod)

groupmod 命令用于更改用户组名。其命令格式为

  groupmod [选项] 新用户组名 老用户组名

该命令将"老用户组名"更改为"新用户组名"。

各选项及意义如下：

-g<群组识别码>：设置欲使用的群组识别码。

-o：重复使用群组识别码。

-n<新群组名称>：设置欲使用的群组名称。

【例 5.5】 将用户组名 ug1 更改为 sfsug1 的相关命令及结果为

  sfs@ubuntu:~$ <u>sudo groupmod -n sfsug1 ug1</u>   #将用户组名 ug1 更改为 sfsug1

  [sudo] password for sfs:

  sfs@ubuntu:~$ <u>sudo grep ug1 /etc/group /etc/gshadow</u>   #查看更改后的用户组名

  /etc/group:sfsug1:x:1001:

  /etc/gshadow:sfsug1:!::

5.2.3 新增用户账号命令(useradd)

useradd 命令用于新建用户账号。其命令格式为

  useradd [选项] 用户名

各选项意义及用法如下：

-c<备注>：加上备注文字。备注文字会保存在 passwd 的备注栏位中。

-d<登入目录>：指定用户登入时的启始目录。

-D：变更预设值。

-e<有效期限>：指定账号的有效期限。

-f<缓冲天数>：指定在密码过期后多少天即关闭该账号。

-g<群组>：指定用户所属的群组。

-G<群组>：指定用户所属的附加群组。

-m：自动建立用户的登入目录。

-M：不要自动建立用户的登录目录。

-n：取消建立以用户名称为名的群组。

-r：建立系统账号。

-s<shell>：指定用户登录后所使用的 Shell。

-u<uid>：指定用户 id。

新建用户被加入一个用户组，如果未指定用户组，则系统自动创建一个与用户同名的用户组，并将其加入其中。

【例 5.6】 创建用户 us1,-d 和-m 选项为登录名 us1 产生一个主目录/usr/us1。相关命令及结果为

  sfs@ubuntu:~$ sudo useradd -d /usr/us1 -m us1 #创建用户 us1,-d 和-m 选项为登录名 us1 产
                   #生一个主目录/usr/us1,未指定该用户所属用
                   #户组，则系统自动创建一个同名用户组 us1,
                   #并将该用户归属其中

  [sudo] password for sfs:

  sfs@ubuntu:~$ sudo grep us1 /etc/passwd /etc/group /etc/gshadow #查看新增用户账户信息

  /etc/passwd:us1:x:1001:1002::/usr/us1:/bin/sh

  /etc/group:us1:x:1002:

  /etc/gshadow:us1:!::

5.2.4 为用户设置口令命令(passwd)

passwd 命令用于设置用户的认证信息，包括用户口令、口令过期时间等。其命令格式为

  passwd [选项] [用户名]

该命令为"用户名"设置用户口令。不指定用户则为当前用户设置口令。

各选项及意义如下：

-d：删除密码，仅有系统管理者才能使用。

-f：强制执行。

-k：设置只有在密码过期失效后，方能更新。

-l：锁住密码。

-s：列出密码的相关信息，仅有系统管理者才能使用。

-u：解开已上锁的账户。

【例 5.7】 为用户 us1 设置口令的命令及结果为

```
sfs@ubuntu:~$ sudo passwd us1     #为用户 us1 设置口令，不指定用户则为当前用户设置口令
Enter new UNIX password:          #输入口令，例如：us1001
Retype new UNIX password:
passwd: password updated successfully
```

重复上述步骤，再添加 2 个用户 us2 和 us3，并设置口令：

```
sfs@ubuntu:~$ sudo useradd -d /usr/us2 -m us2
sfs@ubuntu:~$ sudo passwd us2           #设置口令，例如：us2001
sfs@ubuntu:~$ sudo useradd -d /usr/us3 -m us3
sfs@ubuntu:~$ sudo passwd us3           #设置口令，例如：us3001
sfs@ubuntu:~$ sudo grep 'us1\|us2\|us3' /etc/passwd /etc/group /etc/gshadow    #查看新增用户
                                                                               #账户信息

/etc/passwd:us1:x:1001:1001::/usr/us1:/bin/sh
/etc/passwd:us2:x:1002:1003::/usr/us2:/bin/sh
/etc/passwd:us3:x:1003:1004::/usr/us3:/bin/sh
/etc/group:us1:x:1002:
/etc/group:us2:x:1003:
/etc/group:us3:x:1004:
/etc/gshadow:us1:!::
/etc/gshadow:us2:!::
/etc/gshadow:us3:!::
```

5.2.5 查看用户所属组命令(groups)

groups 命令用于查看用户所属用户组。其命令格式为

groups [选项] 用户名

该命令查看"用户名"所属的用户组。

【例 5.8】 查看用户 us1 和 sfs 所属的组的命令及结果为

```
sfs@ubuntu:~$ sudo groups us1 sfs       #查看用户 us1 和 sfs 所属的组
us1 : us1
sfs : sfs adm cdrom sudo dip plugdev lpadmin sambashare
```

5.2.6 变更用户账号信息命令(usermod)

usermod 命令用于修改用户账号信息，如用户名、用户所属附加群组等。其命令格式为

usermod [选项] 用户名

该命令修改"用户名"所指用户的账号信息。

部分选项及意义如下：
-c<备注>：修改用户账号的备注文字。
-d<登入目录>：修改用户登入时的目录。
-e<有效期限>：修改账号的有效期限。
-f<缓冲天数>：修改密码过期后多少天关闭该账号。
-g<群组>：修改用户所属的群组。
-G<群组>：修改用户所属的附加群组。
-l<账号名称>：修改用户账号名称。
-L：锁定用户密码，使密码无效。
-s<shell>：修改用户登入后所使用的 Shell。
-u<uid>：修改用户 ID。
-U：解除密码锁定。

1) 更改用户名

usermod 命令后加-l 选项用于更改用户名。其命令格式为

  usermod -l 新用户名 老用户名

【例 5.9】 将用户名由 us1 更改为 nus1 的命令及结果为

  sfs@ubuntu:~$ sudo usermod -l nus1 us1　　　　#将用户名由 us1 更改为 nus1
  [sudo] password for sfs:
  sfs@ubuntu:~$ sudo grep us1 /etc/passwd /etc/group /etc/gshadow　　　　#查看用户名更改结果
  /etc/passwd:nus1:x:1001:1002::/usr/us1:/bin/sh
  /etc/group:us1:x:1002:
  /etc/gshadow:us1:!::

2) 更改用户所属的附加群组

usermod 命令后加-G 选项用于将用户添加到一个附加群组中。其命令格式为

  usermod -G 附加群组名 用户名

【例 5.10】 将用户 nus1 添加到组 sfsug1 中的命令为

  sfs@ubuntu:~$ sudo usermod -G sfsug1 nus1　　　　#将用户 nus1 添加到组 sfsug1 中
  sfs@ubuntu:~$ sudo grep us1 /etc/passwd /etc/group /etc/gshadow　　　　#查看用户 nus1 附加群组
    更改结果

  /etc/passwd:nus1:x:1001:1001::/usr/us1:/bin/sh
  /etc/group:sfsug1:x:1001:nus1
  /etc/group:us1:x:1002:
  /etc/gshadow:sfsug1:!::nus1
  /etc/gshadow:us1:!::

5.2.7 切换用户身份命令(su)

  su 命令用于切换当前用户身份到其他用户身份，变更时须输入所要变更的用户账号与密码。其命令格式为

su [选项] 目标用户

该命令将当前用户切换到目标用户。

部分选项及意义如下：

-c<指令>或 --command=<指令>：执行完指定的指令后，即恢复原来的身份。

-f 或 --fast：适用于 csh 与 tsch，使 Shell 不用去读取启动文件。

-l 或 --login：改变身份时同时变更工作目录，以及 HOME、SHELL、USER、logname，也会变更 PATH 变量。

-m,-p 或 --preserve-environment：变更身份时，不要变更环境变量。

-s<shell>或 --shell=<shell>：指定要执行的 Shell。

--help：显示帮助。

--version：显示版本信息。

【例 5.11】 将当前用户切换到 nus1，工作目录也切换到 nus1 的工作目录/usr/us1。相关命令及结果为

```
sfs@ubuntu:~$ su -l nus1      #切换用户到 nus1，工作目录也切换到 nus1 的工作目录/usr/us1
Password:
$ pwd
/usr/us1
$ ls
Desktop    Downloads         Music     Public    Videos
Documents  examples.desktop  Pictures  Templates
```

【例 5.12】 将当前用户切换到 sfs，工作目录也切换到 sfs 的工作目录/home/sfs。相关命令及结果为

```
$ su -l sfs           #切换用户到 sfs，工作目录也切换到 sfs 的工作目录/home/sfs
Password:
sfs@ubuntu:~$ pwd
/home/sfs
```

5.2.8 查看当前登录用户名命令(w、who、users、whoami)

w、who、users、whoami 命令均可用于查看当前登录用户名，信息显示结果由详细到简单。

【例 5.13】 使用 w 命令查看当前登录用户名。点击桌面右上角的用户列表菜单，点击 us2，系统显示登录界面，输入用户 us2 的口令 us2001，则系统当前有 2 个登录用户：sfs 和 us2，使用 w 命令查看当前登录用户名的命令及结果为

```
$ w
18:27:39 up 13 min,   4 users,   load average: 0.15, 0.36, 0.34
```

USER	TTY	FROM	LOGIN@	IDLE	JCPU	PCPU	WHAT
sfs	tty7		18:16	12:59	5.83s	0.23s	gnome-session -
sfs	pts/0	:0.0	18:17	7:31	0.69s	0.31s	-su
us2	tty8		18:16	12:59	3.71s	0.19s	gnome-session -

　　　　us2　　　pts/1　　　:1.0　　　18:17　　　3.00s　　　0.02s　　　0.02s　　　w

【例 5.14】 使用 who 命令查看当前登录用户名：

　　sfs@ubuntu:~$ who　　　　　　#查看系统的登录者和工作的控制台
　　sfs　　　tty7　　　2018-01-06 18:16
　　sfs　　　pts/0　　2018-01-06 18:17 (:0.0)

【例 5.15】 使用 users 命令查看当前登录用户名：

　　sfs@ubuntu:~$ users
　　sfs sfs

【例 5.16】 使用 whoami 命令查看当前登录用户名：

　　sfs@ubuntu:~$ whoami　　　　#查看系统的登录者
　　sfs

5.2.9 删除用户命令(userdel)

userdel 命令用于删除给定的用户，以及与用户相关的文件。若不加选项，则仅删除用户账号，而不删除相关文件。其命令格式为

　　userdel [选项] 用户名

其选项意义如下：

-f：强制删除用户，即使用户当前已登录

-r：删除用户的同时，删除与用户相关的所有文件

【例 5.17】 删除用户 us3，其主目录和文件一并删除。相关命令及结果为

　　sfs@ubuntu:~$ sudo userdel -r us3　　　#删除用户 us3，其主目录和文件一并删除
　　[sudo] password for sfs:
　　sfs@ubuntu:~$ sudo grep us /etc/passwd /etc/group /etc/gshadow　　　　#查看用户 us3 是否存在
　　/etc/passwd:daemon:x:1:1:daemon:/usr/sbin:/bin/sh
　　/etc/passwd:games:x:5:60:games:/usr/games:/bin/sh
　　/etc/passwd:messagebus:x:102:105::/var/run/dbus:/bin/false
　　/etc/passwd:usbmux:x:108:46:usbmux daemon,,,:/home/usbmux:/bin/false
　　/etc/passwd:hplip:x:113:7:HPLIP system user,,,:/var/run/hplip:/bin/false
　　/etc/passwd:nus1:x:1001:1001::/usr/us1:/bin/sh
　　/etc/passwd:us2:x:1002:1003::/usr/us2:/bin/sh
　　/etc/group:users:x:100:
　　/etc/group:fuse:x:104:
　　/etc/group:messagebus:x:105:
　　/etc/group:sfsug1:x:1001:nus1
　　/etc/group:us1:x:1002:
　　/etc/group:us2:x:1003:
　　/etc/gshadow:users:*::
　　/etc/gshadow:fuse:!::
　　/etc/gshadow:messagebus:!::

/etc/gshadow:sfsug1:!::nus1
/etc/gshadow:us1:!::
/etc/gshadow:us2:!::
sfs@ubuntu:~$ ls /usr/us*   #查看用户主目录
/usr/us1:
Desktop   Downloads   Music   Public   Videos
Documents   examples.desktop   Pictures   Templates
/usr/us2:
Desktop   Downloads   Music   Public   Untitled Document   Videos
Documents   examples.desktop   Pictures   Templates   Untitled Document~

【例 5.18】 删除用户 us2，不删除其主目录和文件。相关命令及结果为

sfs@ubuntu:~$ sudo userdel us2   #删除用户 us2，不删除其主目录和文件
sfs@ubuntu:~$ sudo grep us /etc/passwd /etc/group /etc/gshadow   #查看用户 us2 是否存在
/etc/passwd:daemon:x:1:1:daemon:/usr/sbin:/bin/sh
/etc/passwd:games:x:5:60:games:/usr/games:/bin/sh
/etc/passwd:messagebus:x:102:105::/var/run/dbus:/bin/false
/etc/passwd:usbmux:x:108:46:usbmux daemon,,,:/home/usbmux:/bin/false
/etc/passwd:hplip:x:113:7:HPLIP system user,,,:/var/run/hplip:/bin/false
/etc/passwd:nus1:x:1001:1001::/usr/us1:/bin/sh
/etc/group:users:x:100:
/etc/group:fuse:x:104:
/etc/group:messagebus:x:105:
/etc/group:sfsug1:x:1001:nus1
/etc/group:us1:x:1002:
/etc/gshadow:users:*::
/etc/gshadow:fuse:!::
/etc/gshadow:messagebus:!::
/etc/gshadow:sfsug1:!::nus1
/etc/gshadow:us1:!::
sfs@ubuntu:~$ ls /usr/us*   #查看用户 us2 的主目录和文件是否存在
/usr/us1:
Desktop   Downloads   Music   Public   Videos
Documents   examples.desktop   Pictures   Templates
/usr/us2:
Desktop   Downloads   Music   Public   Untitled Document   Videos
Documents   examples.desktop   Pictures   Templates   Untitled Document~

5.2.10 创建工作目录并将所有权交给工作组命令(chgrp)

chgrp 命令用于改变文件或目录所属的用户组。其命令格式为

> chgrp [选项] 用户组名 文件名

该命令将"文件名"所指文件归属于"用户组名"所指用户组。

各选项及意义如下：

-c 或 --changes：效果类似"-v"参数，但仅回报更改的部分。

-f 或 --quiet 或--silent：不显示错误信息。

-h 或 --no-dereference：只对符号链接的文件作修改。

-R 或 --recursive：递归处理，将指定目录下的所有文件及子目录一并处理。

-v 或 --verbose：显示指令执行过程。

--reference=<参考文件或目录>：把指定文件或目录的所属群组全部设成和参考文件或目录的所属群组相同。

【例 5.19】 在/home 目录下创建工作目录 sfswork，并将所有权交给用户组 sfsug1。相关命令及结果为

```
sfs@ubuntu:~$ cd /home                          #进入/home 目录
sfs@ubuntu:/home$ sudo mkdir sfswork            #创建工作目录 sfswork
[sudo] password for sfs:
sfs@ubuntu:/home$ sudo chgrp sfsug1 sfswork/    #将目录 sfswork 所有权交给用户组 sfsug1
sfs@ubuntu:/home$ ls -l
total 16
drwxr-xr-x 42 sfs    sfs      12288 Jan  6 18:16 sfs
drwxr-xr-x  2 root   sfsug1    4096 Jan  6 19:35 sfswork
```

5.2.11 删除用户组命令(groupdel)

groupdel 命令用于删除指定的工作组，删除用户组前必须先删除其中的所有用户。其命令格式为

> groupdel 用户组名

例如，在删除 sfsug1 中的最后一个用户 nus1 后，可以执行命令"groupdel sfsug1"删除用户组 sfsug1。

本命令要修改的系统文件包括/ect/group 和/ect/gshadow。

上 机 操 作 5

1. 查看用户
(1) 查看用户信息。
(2) 显示用户名称。
(3) 查看用户操作。
2. 用户组管理
(1) 创建一个用户组。
(2) 更改用户组名。

(3) 新增用户账号。
(4) 为用户设置口令。
(5) 新增用户账号并设置口令。
(6) 查看用户所属组。
(7) 更改用户名。
(8) 更改用户所属的附加群组。
(9) 切换用户及其工作目录。
(10) 查看当前登录用户名。
(11) 删除用户。
(12) 创建工作目录并将所有权交给工作组。
(13) 删除用户组。

第 6 章 批处理操作接口(Shell)

Linux 向用户提供了三种常用的操作接口，即操作命令、批处理脚本和图形用户界面。操作命令供联机用户以问答方式使用系统。批处理脚本可供脱机用户成批执行命令，减少用户对系统的干预，实现操作自动化。图形用户界面提供可视操作元素，供用户通过鼠标点击执行命令，减少用户记忆命令的负担，但仍需用户以问答方式与系统交互，用户需要等待每一步操作执行以作下一步干预操作。Linux 运行维护任务通常需要无人值守的批处理脚本操作接口，该接口采用 Shell 实现。

6.1 Shell 内部命令

内部(内建)命令是 Shell 程序的一部分，相当于 Shell 的一个过程、函数或者说子程序，因此执行内部命令不需要创建子进程。

外部命令是一个独立的程序文件，执行时由外存加载到内存，并创建进程执行。

Shell 的内部命令 type 可以判断某条命令属于内部命令还是外部命令，alias 可以为命令取别名，unalias 则用于取消别名。Shell 还提供在一行输入多个命令，且规定命令是否执行的符号。

6.1.1 判断命令(type)

type 命令可以判断一个命令(指令)是内部命令还是外部命令，其用法格式为

  type [选项] 指令

各选项及意义如下：

-t：输出 "file"、"alias" 或者 "builtin"，分别表示给定的指令为 "外部指令"、"命令别名" 或者 "内部指令"。

-p：如果给出的指令为外部指令，则显示其绝对路径。

-a：在环境变量 "PATH" 指定的路径中，显示给定指令的信息，包括命令别名。

【例 6.1】 以下命令举例判断一些命令为内部命令还是外部命令。

```
sfs@ubuntu:~$ type cd          #判断 cd 为内部命令还是外部命令 cd 及下面的
                               #fg、echo、jobs、read、alias、kill 等均为内部命令
cd is a shell builtin
sfs@ubuntu:~$ type cat         #cat 及下面的 useradd 均为外部命令
cat is /bin/cat
sfs@ubuntu:~$ type fg
fg is a shell builtin
sfs@ubuntu:~$ type echo
echo is a shell builtin
sfs@ubuntu:~$ type jobs
jobs is a shell builtin
sfs@ubuntu:~$ type read
read is a shell builtin
sfs@ubuntu:~$ type alias
alias is a shell builtin
sfs@ubuntu:~$ type kill
kill is a shell builtin
sfs@ubuntu:~$ type useradd
useradd is /usr/sbin/useradd
sfs@ubuntu:~$ type c1          #c1 是一个用户程序，不是命令
bash: type: c1: not found
sfs@ubuntu:~$ ls -l c1         #查看 c1 属性
-rwxrwxr-x 1 sfs sfs 7204 Jan    2 05:30 c1
```

6.1.2 设置别名命令(alias)

alias 命令用来设置指令的别名，其用法格式为

  alias [选项] 命令别名="实际命令"

各选项及意义如下：

-p：打印已经设置的命令别名。

【例 6.2】 为命令"ls /etc"取别名"sls"的命令及结果为

```
sfs@ubuntu:/$ alias sls="ls /etc"    #sls 是命令 ls /etc 的别名
sfs@ubuntu:/$ sls                    #执行 sls 相当于执行 ls /etc
acpi              login.defs
adduser.conf      logrotate.conf
adjtime           logrotate.d
alternatives      lsb-base
anacrontab        lsb-base-logging.sh
apm               lsb-release
```

6.1.3 取消别名命令(unalias)

unalias 命令用于将先前设置的命令别名取消，其用法格式为
　　unalias [选项] 命令别名
各选项及意义如下：
-a：取消所有命令别名。

【例 6.3】 取消命令别名"sls"的命令及结果为
　　sfs@ubuntu:/$ <u>unalias sls</u>　　　　　　#取消原来为命令"ls /etc"设置的别名"sls"
　　sfs@ubuntu:/$ <u>sls</u>　　　　　　　　　　#sls 已不再表示命令"ls /etc"，执行无效
　　No command 'sls' found, but there are 19 similar ones
　　sls: command not found

6.1.4 多命令执行

多命令执行允许将多条命令写在一行，并且以适当的符号间隔命令，表示命令之间的执行关系。这些间隔符号有："；"、"&&"和"||"。

以分号"；"间隔的多条命令顺序执行；以逻辑与符号"&&"间隔的多条命令，如果前面的命令执行成功则后面的命令继续执行；以逻辑或符号"||"间隔的多条命令，如果前面的命令执行失败则后面的命令继续执行。

1) 以分号"；"间隔的多条命令

【例 6.4】 顺序执行命令"ls *.c"、"./c1"和"cat c1.c"的方法为
　　sfs@ubuntu:~$ <u>ls *.c;./c1;cat c1.c</u>　　　　#三条命令顺序执行
　　c1.c　Helloworld.c　pc.c　s.c　shmmutexread.c　shmmutexwrite.c
　　<u>5</u>　　　#输入 5
　　15　　#include <stdio.h>
　　main()
　　{
　　int n;
　　int sum;
　　int i;
　　scanf("%d",&n);
　　sum=0;
　　i=1;
　　while(i<=n)
　　{
　　sum=sum+i;
　　i=i+1;
　　}
　　printf("%d\n",sum);
　　}

2) 以逻辑与符号"&&"间隔的多条命令

【例 6.5】 执行命令"ls *.c",若成功,则继续执行命令"./c1",若又成功,则继续执行命令"cat c1.c"。该命令序列为

sfs@ubuntu:~$ <u>ls *.c && ./c1 && cat c1.c</u>　　#命令 cat c1.c 没有执行,因为./c1 被认为没有执行
　　　　　　　　　　　　　　　　　　　　　　　　#成功,其返回值不为 0,执行失败的命令后面的命
　　　　　　　　　　　　　　　　　　　　　　　　#令不再执行

c1.c　Helloworld.c　pc.c　s.c　shmmutexread.c　shmmutexwrite.c

5

15

sfs@ubuntu:~$ <u>./c1</u>

5

15

sfs@ubuntu:~$ <u>echo $?</u>　　　　#查看./c1 执行后的返回值,结果为 4,不为 0,被认为执行不成功

4

【例 6.6】 修改程序 c1.c,在"printf("%d\n",sum);"语句和程序尾部的"}"之间加上语句"return 0;",重新编译和运行,查看./c1 执行后的返回值,若变为 0,则被认为执行成功。相关命令序列及结果为

sfs@ubuntu:~$ <u>gcc c1.c -o c1</u>　　　　　　#编译、链接 c1.c 为可执行程序 c1
sfs@ubuntu:~$ <u>./c1</u>　　　　　　　　　　　#执行 c1

15

sfs@ubuntu:~$ <u>echo $?</u>　　　　　　　　　#修改程序后执行结果返回 0,被认为执行成功

0

sfs@ubuntu:~$ <u>ls *.c && ./c1 && cat c1.c</u>　#再次运行&&连接的三个命令,全部运行

c1.c　Helloworld.c　pc.c　s.c　shmmutexread.c　shmmutexwrite.c

15

#include <stdio.h>
main()

int n;
int sum;
int i;
scanf("%d",&n);
sum=0;
i=1;
while(i<=n)

sum=sum+i;

i=i+1;
}
printf("%d\n",sum);
return 0;
}

3) 以逻辑或符号 "||" 间隔的多条命令

【例 6.7】 执行命令 "ls *.c",若不成功,则继续执行命令 "./c1",若又不成功,则继续执行命令 "cat c1.c"。该命令序列为

  sfs@ubuntu:~$ ls *.c || ./c1 || cat c1.c   #第一条命令 ls *.c 执行成功,不再执行后续命令
  c1.c Helloworld.c pc.c s.c shmmutexread.c shmmutexwrite.c

【例 6.8】 执行命令 "lsa *.c",若不成功,则继续执行命令 "./c11",若又不成功,则继续执行命令 "cat c1.c"。该命令序列为

  sfs@ubuntu:~$ lsa *.c || ./c11 || cat c1.c   #前两条命令均执行失败,所以继续执行第三
                #条命令 cat c1.c

lsa: command not found
bash: ./c11: No such file or directory
#include <stdio.h>
main()
{
int n;
int sum;
int i;
scanf("%d",&n);
sum=0;
i=1;
while(i<=n)
{
sum=sum+i;
i=i+1;
}
printf("%d\n",sum);
return 0;
}

6.2 Shell 编程

  Shell 编程指将一组命令作为程序语句,加上类似程序语言具有的顺序、选择、循环控制结构,或用定义函数、调用函数等模块化机制编写类似程序文件的批处理脚本,运行脚

本就可连续执行其中的各条命令，省去逐条输入命令、执行命令的交互等待时间，利于实现操作自动化。常年连续运行的 Linux 服务器经常处理内容相似的业务，尤其需要无需人工干预、自动连续运行的批处理脚本。

Shell 编程的语法成分包括：变量赋值、引用与清除；数组赋值与引用；变量作用域；命令替换；判断、循环；函数等。

6.2.1 变量赋值(=)

变量赋值的语法格式为
　　变量名=值

或者

　　变量名="值"(值包含空格时采用)

或者

　　变量名 1=$变量名 2

或者

　　变量名 1="$变量名 2"

【例 6.9】 下面为一些变量赋值操作命令：

```
sfs@ubuntu:~$ v1=123              #为变量 v1 赋值 123
sfs@ubuntu:~$ v2="abc 345"        #为变量 v2 赋值"abc 345"
sfs@ubuntu:~$ v3=$v2              #将变量 v2 的值赋给 v3
sfs@ubuntu:~$ v4="$v2"            #将变量 v2 的值赋给 v4
```

6.2.2 变量引用($变量名)

变量引用的语法格式为
　　$变量名

或者

　　${变量名}

【例 6.10】 下面为一些变量引用操作命令：

```
sfs@ubuntu:~$ echo $v1            #显示变量 v1 的值
123
sfs@ubuntu:~$ echo ${v1}          #显示变量 v1 的值
123
sfs@ubuntu:~$ echo $v2            #显示变量 v2 的值
abc 345
sfs@ubuntu:~$ echo ${v2}          #显示变量 v2 的值
abc 345
```

6.2.3 清除变量值(unset)

清除变量值的语法格式为
　　unset 变量名

【例 6.11】 下面的命令清除变量 v1 值，然后查看清除结果。

    sfs@ubuntu:~$ <u>unset v1</u>　　　　　　　#清除变量 v1 的值

    sfs@ubuntu:~$ <u>echo $v1</u>　　　　　　　#显示变量 v1 的值

6.2.4　查看某些环境变量值(echo)

echo 命令可以输出环境变量值，环境变量一般大写。例如：

    echo $HOSTNAME　　　　　　#查看主机名

    echo $HOSTTYPE　　　　　　　#查看主机架构

    echo $MACHTYPE　　　　　　　#查看主机类型的 GNU 标识

    echo $PATH　　　　　　　　　#查看命令搜索路径

【例 6.12】 下面的命令用于查看一些环境变量值。

    sfs@ubuntu:~$ <u>echo $HOSTNAME</u>　　　　#查看主机名

ubuntu

    sfs@ubuntu:~$ <u>echo $HOSTTYPE</u>　　　　　#查看主机架构

i686

    sfs@ubuntu:~$ <u>echo $MACHTYPE</u>　　　　　#查看主机类型的 GNU 标识

i686-pc-linux-gnu

    sfs@ubuntu:~$ <u>echo $PATH</u>　　　　　　　#查看命令搜索路径

/home/sfs/jdk/jdk1.8.0_144/bin:/usr/lib/lightdm/lightdm:/usr/local/sbin:/usr/local/bin:/usr/sbin:/usr/bin:/sbin:/bin:/usr/games

6.2.5　设置或显示环境变量(export)

export 命令用于设置或显示环境变量。export 可新增、修改或删除环境变量，后续执行的程序可以使用 export 设置的环境变量。

Shell 启动后，其中的环境变量生效。未用 export 定义的变量只是当前 Shell 的局部变量，只对当前 Shell 有效，对其子 Shell 无效，因为该变量无法传递给子 Shell。export 可以将新设置的环境变量传给当前 Shell 的子 Shell，使其在子 Shell 中有效。

【例 6.13】 使用 export 命令将路径/home/sfs/mydir 添加到环境变量 PATH 中，然后显示 PATH 值。接下来，启动子 Shell，查看 export 命令设置的路径/home/sfs/mydir 是否在 PATH 中存在。相关命令及结果为

    sfs@ubuntu:~$ <u>export PATH=/home/sfs/mydir:$PATH</u>　　#将路径/home/sfs/mydir 添加到 PATH 中

                                                  #执行该命令前，要确保该路径已经存在

    sfs@ubuntu:~$ <u>echo $PATH</u>　　　　　　　#显示 PATH 变量值

/home/sfs/mydir:/home/sfs/jdk/jdk1.8.0_144/bin:/usr/lib/lightdm/lightdm:/usr/local/sbin:/usr/local/bin:/usr/sbin:/usr/bin:/sbin:/bin:/usr/games

    sfs@ubuntu:~$ <u>bash</u>　　　　　　　　　　#启动子 Shell

    sfs@ubuntu:~$ <u>echo $PATH</u>

/home/sfs/jdk/jdk1.8.0_144/bin:/home/sfs/mydir:/home/sfs/jdk/jdk1.8.0_144/bin:/usr/lib/lightdm/lightdm:/usr/local/sbin:/usr/local/bin:/usr/sbin:/usr/bin:/sbin:/bin:/usr/games

```
sfs@ubuntu:~$ exit              #结束子 Shell
exit
```

【例 6.14】 在使用 export 命令设置变量 sv 前后,观察父子 Shell 对变量 sv 的可见性。相关命令及结果为

```
sfs@ubuntu:~$ sv=230            #变量 sv 不会传递到接下来启动的子 Shell
sfs@ubuntu:~$ echo $sv
230
sfs@ubuntu:~$ bash              #启动子 Shell
sfs@ubuntu:~$ echo $sv

sfs@ubuntu:~$ exit              #结束子 Shell
exit
sfs@ubuntu:~$ echo $sv
230
sfs@ubuntu:~$ export sv         #变量 sv 能传递到接下来启动的子 Shell
sfs@ubuntu:~$ bash              #启动子 Shell
sfs@ubuntu:~$ echo $sv
230
sfs@ubuntu:~$ exit              #结束子 Shell
exit
```

6.2.6 Shell 脚本程序命令行参数访问

在命令终端上,命令名和命令参数的名字依次为 $0,$1,…,$9,${10},…。通过这些参数名字可以获得命令行上的实际参数。

【例 6.15】 建立文件 spa1.sh,其内容如下:

```
#!/bin/bash
echo "这个脚本的名字是:$0"
echo "命令行上总共有$#个参数"
echo "所有参数列表是:$@"
echo "第一个参数的名字是$1"
echo "第二个参数的名字是$2"
echo "第三个参数的名字是$3"
```

执行如下命令,先查看文件 spa1.sh 的属性,再执行该文件。

(1) 查看文件 spa1.sh 的属性的命令及结果为

```
sfs@ubuntu:~$ ls -l spa1*       #查看文件 spa1.sh 的属性
-rwxrw-r-- 1 sfs sfs 234 Oct 16 07:59 spa1.sh
```

(2) 执行脚本文件 spa1.sh。脚本文件有多种执行方法。

第一种,使用 ./spa1.sh,要求脚本文件 spa1.sh 有执行权限。命令及结果为

```
sfs@ubuntu:~$ ./spa1.sh p1 p2 p3    #执行脚本文件 spa1.sh
```

这个脚本的名字是：./spa1.sh
命令行上总共有 3 个参数
所有参数列表是：p1 p2 p3
第一个参数的名字是 p1
第二个参数的名字是 p2
第三个参数的名字是 p3

第二种，使用 . ./spa1.sh，脚本文件 spa1.sh 可以没有执行权限。命令及结果为

sfs@ubuntu:~$ <u>sudo chmod u-x spa1.sh</u>　　　#删除属主对 spa1.sh 的执行权限
[sudo] password for sfs:
sfs@ubuntu:~$ <u>ls -l spa1*</u>　　　#查看文件 spa1.sh 的属性
-rw-rw-r-- 1 sfs sfs 234 Oct 16 07:59 spa1.sh
sfs@ubuntu:~$ <u>./spa1.sh p1 p2 p3</u>　　　#再次执行脚本文件 spa1.sh 被禁止
bash: ./spa1.sh: Permission denied
sfs@ubuntu:~$ <u>. ./spa1.sh p1 p2 p3</u>　　　#使用 "." 命令执行未设置执行权限脚本文件 spa1.sh
这个脚本的名字是：bash
命令行上总共有 3 个参数
所有参数列表是：p1 p2 p3
第一个参数的名字是 p1
第二个参数的名字是 p2
第三个参数的名字是 p3

第三种，使用 source ./spa1.sh，脚本文件 spa1.sh 可以没有执行权限。命令及结果为

sfs@ubuntu:~$ <u>source ./spa1.sh p1 p2 p3</u>　　　#使用 source 命令执行未设置执行权限脚本
　　　　　　　　　　　　　　　　　　　　　　#文件 spa1.sh

这个脚本的名字是：bash
命令行上总共有 3 个参数
所有参数列表是：p1 p2 p3
第一个参数的名字是 p1
第二个参数的名字是 p2
第三个参数的名字是 p3

第四种，使用 bash ./spa1.sh，脚本文件 spa1.sh 可以没有执行权限。命令及结果为

sfs@ubuntu:~$ <u>bash spa1.sh p1 p2 p3</u>　　　#使用 bash 命令执行未设置执行权限脚本文件 spa1.sh
这个脚本的名字是：spa1.sh
命令行上总共有 3 个参数
所有参数列表是：p1 p2 p3
第一个参数的名字是 p1
第二个参数的名字是 p2
第三个参数的名字是 p3

注："."命令、source 命令和 bash 命令可用于执行脚本文件，但不能执行二进制程序。

【例 6.16】 尝试采用 "." 命令、source 命令和 bash 命令执行二进制程序，观察错误

现象。相关命令及结果为

```
sfs@ubuntu:~$ ./c1              #执行程序 c1
5
15
sfs@ubuntu:~$ ls -l c1          #查看当前用户(属主)对 c1 的权限
-rwxrwxr-x 1 sfs sfs 7204 Jan    2 05:30 c1
sfs@ubuntu:~$ sudo chmod u-x c1 #删除属主对程序 c1 的执行权限
[sudo] password for sfs:
sfs@ubuntu:~$ ls -l c1
-rw-rwxr-x 1 sfs sfs 7204 Jan    2 05:30 c1
sfs@ubuntu:~$ ./c1              #再次执行程序 c1 被禁止
bash: ./c1: Permission denied
sfs@ubuntu:~$ source c1         #不能用 source 命令执行二进制程序
bash: source: c1: cannot execute binary file
sfs@ubuntu:~$ . ./c1            #不能用 "." 命令执行二进制程序
bash: .: ./c1: cannot execute binary file
sfs@ubuntu:~$ bash ./c1         #不能用 bash 命令执行二进制程序
./c1: ./c1: cannot execute binary file
```

6.2.7 查看命令返回值($?)

执行完一条命令后，可以使用 echo $?查看刚刚执行完的命令返回值。若返回值为 0，则表示命令成功执行；否则，表示命令执行失败。

【例 6.17】 使用 echo $?观察程序执行返回值。相关命令及结果为

```
sfs@ubuntu:~$ sudo chmod u+x c1  #赋予属主对程序 c1 的执行权限
[sudo] password for sfs:
sfs@ubuntu:~$ echo $?            #查看刚刚执行完的命令返回值
0
sfs@ubuntu:~$ c1
c1: command not found
sfs@ubuntu:~$ echo $?            #查看刚刚执行完的命令返回值，127 表示没找到命令
127
```

6.2.8 数组赋值、引用、操作

1. 数组赋值

数组赋值有几种不同的方式，数组整体全部赋值的语法格式为

数组名=(值 1 或'值 1' 值 2 或'值 2' …)

数组元素单个赋值的语法格式为

数组名[0]=值 1 或'值 1'

数组名[1]=值 2 或'值 2'
    …
数组个别元素赋值的语法格式为
    数组名=([下标 i]=值 i 或'值 i' [下标 j]=值 j 或'值 j' …)

【例 6.18】 尝试数组赋值的不同方式。相关命令及结果为

```
sfs@ubuntu:~$ name=('s1' 's2' 1 2 3)      #数组整体全部赋值
sfs@ubuntu:~$ a[0]=1                       #数组元素单个赋值
sfs@ubuntu:~$ a[1]=s1
sfs@ubuntu:~$ a[2]=2
sfs@ubuntu:~$ a[3]=s2
sfs@ubuntu:~$ sc=([3]=30 [5]=50 [7]=70)    #数组个别元素赋值
```

2. 数组引用

数组引用有不同的方式，数组整体引用的语法格式为
    ${数组名[@]}
或数组整体引用语法格式 2
    ${数组名[*]}
数组元素引用的语法格式为
    ${数组名[下标]}

【例 6.19】 尝试数组引用的不同方式。相关命令及结果为

```
sfs@ubuntu:~$ echo ${name[@]}       #显示数组 name 全部元素值
s1 s2 1 2 3
sfs@ubuntu:~$ echo ${name[1]}       #显示下标为 1 的数组 name 元素值
s2
sfs@ubuntu:~$ echo ${name[3]}       #显示下标为 3 的数组 name 元素值
2
sfs@ubuntu:~$ echo ${a[3]}          #显示下标为 3 的数组 a 元素值
s2
sfs@ubuntu:~$ echo ${sc[@]}         #显示数组 sc 全部元素值
30 50 70
sfs@ubuntu:~$ echo ${sc[2]}         #显示下标为 2 的数组 sc 元素值，不存在该下标元素

sfs@ubuntu:~$ echo ${sc[5]}         #显示下标为 5 的数组 sc 元素值，存在该下标元素
50
sfs@ubuntu:~$ echo ${sc[*]}         #显示数组 sc 全部元素值
30 50 70
sfs@ubuntu:~$ echo ${name[*]}       #显示数组 name 全部元素值
s1 s2 1 2 3
sfs@ubuntu:~$ echo ${a[*]}          #显示数组 a 全部元素值
```

1 s1 2 s2

3. 获取数组长度

数组长度指数组中包含的元素数目。数组长度的表示形式为

  ${#数组名[@]}

或

  ${#数组名[*]}

【例 6.20】 尝试获取数组长度。相关命令及结果为

  sfs@ubuntu:~$ echo ${#name[@]}　　　　#获取数组 name 的长度
5
  sfs@ubuntu:~$ echo ${#sc[*]}　　　　　　#获取数组 sc 的长度
3
  sfs@ubuntu:~$ echo ${#a[*]}　　　　　　#获取数组 a 的长度
4

4. 获取数组元素长度

数组元素长度指数组元素中包含的字符数目。数组元素长度的表示形式为

  ${#数组名[下标]}

【例 6.21】 尝试获取数组元素长度。相关命令及结果为

  sfs@ubuntu:~$ echo ${#name[1]}　　　　#name[1]='s2'，长度为 2
2
  sfs@ubuntu:~$ echo ${#sc[3]}　　　　　#sc[3]=30，长度为 2
2
  sfs@ubuntu:~$ echo ${#a[1]}　　　　　#a[1]=s1，长度为 2
2

5. 获取数组中自某个下标位置起的若干个元素

数组中自某个下标位置起的若干个元素的表示形式为

  ${数组名[@]:起始下标:元素数目}

【例 6.22】 尝试获取数组中若干个位置相邻的元素。相关命令及结果为

  sfs@ubuntu:~$ echo ${name[@]:0:3}　　　#获取 name 数组自下标 0 起的连续三个元素值
s1 s2 1
  sfs@ubuntu:~$ echo ${name[@]:1:3}　　　#获取数组 name 自下标 1 起的连续三个元素值
s2 1 2
  sfs@ubuntu:~$ echo ${sc[@]:0:3}　　　　#获取数组 sc 自下标 0 起的连续三个元素值
30 50 70

6. 获取数组元素自某个下标位置起的若干个字符

数组元素自某个下标位置起的若干个字符的表示形式为

  ${#数组名[元素下标]:元素内起始下标:元素内字符数目}

【例 6.23】 尝试获取数组元素中位置相邻的若干个字符。相关命令及结果为

```
sfs@ubuntu:~$ name[3]="abc 456"        #对数组元素 name[3]重新赋值
sfs@ubuntu:~$ echo ${name[@]}          #显示数组 name 全部元素值
s1 s2 1 abc 456 3
sfs@ubuntu:~$ echo ${#name[@]}         #显示数组 name 长度
5
sfs@ubuntu:~$ echo ${name[3]:1:4}      #显示 name 数组元素 name[3]自下标 1 起的连续 4 个字符
bc 4
```

7. 连接数组

连接数组即将两个或多个数组合并为一个数组，其表示形式为

(${数组名 1[@]} ${数组名 2[@]})

【例 6.24】 连接数组，并查看结果。相关命令及结果为

```
sfs@ubuntu:~$ ab=(${name[@]}${sc[@]})     #连接数组 name 和 sc，将结果赋给 ab
sfs@ubuntu:~$ echo ${ab[@]}               #显示数组 ab 全部元素值
s1 s2 1 abc 456 330 50 70
sfs@ubuntu:~$ echo ${#ab[@]}              #显示数组 ab 长度
8
sfs@ubuntu:~$ ab2=(${name[@]} ${sc[@]})   #连接数组 name 和 sc，将结果赋给 ab2
sfs@ubuntu:~$ echo ${ab2[@]}              #显示数组 ab2 全部元素值
s1 s2 1 abc 456 3 30 50 70
sfs@ubuntu:~$ echo ${#ab2[@]}             #显示数组 ab2 长度
9
```

8. 数组元素替换

数组元素替换指将数组元素的值替换为另一个值，其表示形式为

(${数组名[@]/元素值/元素新值})

【例 6.25】 将数组元素替换，并查看替换结果。相关命令及结果为

```
sfs@ubuntu:~$ ab2=(${ab2[@]/abc/os})         #将数组 ab2 中的元素值 abc 替换为 os，并将
                                             #替换后的数组赋给 ab2
sfs@ubuntu:~$ echo ${ab2[@]}                 #显示数组 ab2
s1 s2 1 os 456 3 30 50 70
sfs@ubuntu:~$ ab2=(${ab2[@]/os/operat sys})  #将数组 ab2 中的元素值 os 替换为 operat sys
sfs@ubuntu:~$ echo ${ab2[@]}                 #显示数组 ab2 的元素值
s1 s2 1 operat sys 456 3 30 50 70
sfs@ubuntu:~$ echo ${#ab2[@]}                #显示数组 ab2 的长度
10
```

9. 取消数组或元素

取消数组或元素时，其中的值不再存在。

取消数组元素的命令形式为

unset 数组名[下标]

取消数组的命令形式为：

unset 数组名[@]

【例 6.26】 取消数组元素及数组，并查看取消结果。相关命令及结果为

  sfs@ubuntu:~$ <u>unset ab2[3]</u>   #取消数组元素 ab2[3]

  sfs@ubuntu:~$ <u>echo ${ab2[@]}</u>   #显示数组 ab2

  s1 s2 1 sys 456 3 30 50 70

  sfs@ubuntu:~$ <u>unset ab2</u>   #取消数组 ab2

  sfs@ubuntu:~$ <u>echo ${ab2[@]}</u>   #显示数组 ab2

6.2.9 变量作用域：全局变量与局部变量

变量作用域即变量的作用范围或者其可见性。变量使用的范围有 Shell 脚本文件范围、函数范围。

1．不同 Shell 脚本文件中名称相同的变量是不同的变量

【例 6.27】 建立两个文件 Namespace1.sh 和 Namespace2.sh，且它们包含同名变量 v1。Namespace1.sh 的内容为

  #!/bin/bash

  v1=100

  echo v1 in $0:$v1

Namespace2.sh 的内容为

  #!/bin/bash

  v1=200

  echo v1 in $0:$v1

则两个文件中的同名变量 v1 是不同的变量，运行情况如下：

  sfs@ubuntu:~$ <u>./Namespace1.sh</u>

  v1 in bash:100

  sfs@ubuntu:~$ <u>./Namespace2.sh</u>

  v1 in bash:200

2．函数中与函数外的变量作用域规则

规则 1. Shell 脚本中函数外部定义的变量是全局(global)的，其作用域从被定义的地方开始，到 Shell 结束或被显式删除的地方为止。

【例 6.28】 在函数中使用函数外定义的全部变量。建立文件 Namespace3.sh，其内容为

  #!/bin/bash

  function ch_var(){

    echo 在函数中修改前 v1 的值:$v1

    v1=200

  }

  v1=100

                echo 调用函数 ch_var 前 v1 的值:$v1
                ch_var
                echo 调用函数 ch_var 后 v1 的值:$v1
执行情况如下：
        sfs@ubuntu:~$ ../Namespace3.sh
        调用函数 ch_var 前 v1 的值:100
        在函数中修改前 v1 的值:100
        调用函数 ch_var 后 v1 的值:200

说明：脚本 Namespace3.sh 函数中和函数外使用的变量 v1 为同一变量。脚本变量 v1 的作用域从被定义的地方开始，到 Shell 结束。调用函数 ch_var 的地方在变量 v1 的作用域内，所以能够访问并修改变量 v1。

规则 2. Shell 函数定义的变量默认是全局的，其作用域从"函数被调用时执行变量定义的地方"开始，到 Shell 结束或被显式删除的地方为止。

【例 6.29】 在函数外使用函数中定义的全部变量。建立文件 Namespace4.sh，其内容为
        #!/bin/bash
        function ch_var(){
            v2=200   #v2 默认是 global 类型
        }
        echo 尚未调用函数时 v2 的值:$v2
        ch_var
        echo 调用函数 ch_var 后 v2 的值:$v2

执行情况如下：
        sfs@ubuntu:~$ unset v2   #取消 v2
        sfs@ubuntu:~$ echo $v2

        sfs@ubuntu:~$ ../Namespace4.sh
        尚未调用函数时 v2 的值:
        调用函数 ch_var 后 v2 的值:200
        sfs@ubuntu:~$ echo $v2   #在脚本中定义的变量 v2 在脚本执行结束时依然有效
        200

说明：函数变量 v2 默认是 global 类型的，其作用域从"函数被调用时执行变量定义的地方"开始，到 Shell 结束为止。注意，不是从定义函数的地方开始，而是从调用函数的地方开始。

规则 3. 函数中的变量可以定义成 local 类型的，其作用域局限于函数内。

【例 6.30】 在函数中定义 local 变量。建立文件 Namespace5.sh，其内容为
        #!/bin/bash
        function ch_var(){
            local v3=200   #v3 定义为 local 类型
            echo 在函数中执行时 v3 的值:$v3

```
        echo 尚未调用函数时 v3 的值:$v3
        ch_var
        echo 调用函数 ch_var 后 v3 的值:$v3
```
执行情况如下：
```
sfs@ubuntu:~$ ../Namespace5.sh
尚未调用函数时 v3 的值:
在函数中执行时 v3 的值:200
调用函数 ch_var 后 v3 的值:
sfs@ubuntu:~$ echo $v3        #变量 v3 仅在函数 ch_var 中有效，在脚本中的函数外或者脚本执行
                              #结束后均无效
```
规则 4. 函数的位置参数是 local 类型的。脚本命令行参数是 global 类型的。

【例 6.31】 使用函数的位置参数。建立文件 Namespace6.sh，其内容为
```
#!/bin/bash
sfunc()
{
        echo "输出函数调用参数: $@"
}
sfunc 1 3 a b
echo 输出脚本命令行参数:$@
```
执行情况如下：
```
sfs@ubuntu:~$ ../Namespace6.sh p1 23 p3 4a
输出函数调用参数: 1 3 a b
输出脚本命令行参数:p1 23 p3 4a
```
说明：在函数 sfunc 中和函数外均可引用位置参数，例如$@，但函数中的位置参数指向函数调用参数，函数外的位置参数指向 Shell 脚本命令行参数。

规则 5. 同名 local 变量屏蔽 global 变量。

【例 6.32】 建立文件 Namespace7.sh，其内容为
```
#!/bin/bash
sfunc()
{
        echo 在函数中输出全局变量 v4 的值: $v4        #行 1
        local v4=200abc                              #行 2
        echo 在函数中输出局部变量 v4 的值: $v4        #行 3
}
v4=100                                               #行 4
sfunc
echo 在函数外输出全局变量 v4 的值: $v4               #行 5
```
执行情况如下：

```
@ubuntu:~$ ../Namespace7.sh
在函数中输出全局变量v4 的值: 100
在函数中输出局部变量v4 的值: 200abc
在函数外输出全局变量v4 的值: 100
sfs@ubuntu:~$ echo $v4
100
```

说明：函数 sfunc 中的行 1 引用行 4 定义的全局变量 v4，行 3 引用行 2 定义的局部变量 v4，行 5 引用行 4 定义的全局变量 v4。

6.2.10 转义

输出系统预定义功能字符时需用转义符号"\"。

【例 6.33】 输出"$"以及"'"的命令以及结果为

```
sfs@ubuntu:~$ echo \$Dollar            #输出字符串"$Dollar"，而不是变量 Dollar 的值
$Dollar
sfs@ubuntu:~$ echo China\'s panda      #输出字符串"China's panda"，"\'"表示"'"，如果
                                       #不加"\"，则系统等待输入另一个"'"
China's panda
```

6.2.11 引用

引用指将字符串用引用符号括起来，引用符号主要有：一对单引号"'"、一对双引号""""、一对反引号"`"以及反斜线。Shell 对采用不同引用符号括起来的字符串以及其中的特殊字符有不同的解释。它们的意义如表 6-1 所示。

表 6-1 引用符号及其名称和意义

符号	名称	意　　义
" "	双引号	忽略除美元符号($)、反引号(`)和反斜线(\)之外的所有字符
' '	单引号	忽略所有特殊字符
` `	反引号	Shell 将反引号中的内容解释为系统命令
\	反斜线	转义符，屏蔽下一个字符的特殊意义

单引号的作用可以概括为所见即所得，即将单引号内的内容原样输出，即单引号里面看见的是什么，就会输出什么。

双引号的作用可以概括为解释代换输出，即在输出双引号中的内容时，如果其中有命令、变量等，则先解析变量、命令的结果，然后输出最终内容。如果字符串中无空格，则双引号有时可省略。

双引号内命令或变量的写法为`命令或变量`或$(命令或变量)。

【例 6.34】 单引号及双引号的用法。相关命令及结果为

```
sfs@ubuntu:~$ sv=abc 123              #将包含空格的字符串赋给变量时需加引号
123: command not found
sfs@ubuntu:~$ sv='abc 123'
```

```
sfs@ubuntu:~$ echo '$sv'              #原样输出单引号中的内容
$sv
sfs@ubuntu:~$ echo "$sv ++++加上另一些字符！"    #将双引号中的$sv 替换为变量值，其他
                                       #字符原样输出
abc 123 ++++加上另一些字符！
sfs@ubuntu:~$ "ls"                    #"ls"等同于 ls 命令
a1.txt      foruser.sh    Namespace5.sh    sh14.sh~    shmmutexread.c
sfs@ubuntu:~$ 'ls'                    #'ls'等同于 ls 命令
a1.txt      foruser.sh    Namespace5.sh    sh14.sh~    shmmutexread.c
sfs@ubuntu:~$ ab='ls'
sfs@ubuntu:~$ ab                      #ab 不等同于 ls 命令
The program 'ab' is currently not installed.    You can install it by typing:
sudo apt-get install apache2-utils
sfs@ubuntu:~$ $ab                     #$ab 等同于 ls 命令
a1.txt      foruser.sh    Namespace5.sh    sh14.sh~    shmmutexread.c
sfs@ubuntu:~$ '$ab'                   #$ab 被解释为自身，即字符串$ab
No command '$ab' found
sfs@ubuntu:~$ "$ab"                   #"$ab"等同于 ls 命令
a1.txt      foruser.sh    Namespace5.sh    sh14.sh~    shmmutexread.c
sfs@ubuntu:~$ echo "This is ${ab}"    #${ab}用变量 ab 的值"ls"来替换
This is ls
sfs@ubuntu:~$ echo "This is $ab"      #$ab 用变量 ab 的值"ls"来替换
This is ls
sfs@ubuntu:~$ echo "This is $(ab)"    #系统将 ab 理解为一条命令，这条命令不
                                       #存在，因而报错
The program 'ab' is currently not installed.
sfs@ubuntu:~$ echo "a string..." $($ab)    #系统将$ab 替换为变量 ab 的值"ls"，并执行命令 ls
a string... a1.txt a1.txt~ abc.txt baichuanc c c1 c1.c c1r
sfs@ubuntu:~$ echo "a string... $($ab)"    #系统将$ab 替换为变量 ab 的值"ls"，并执行命令 ls
a string... a1.txt
a1.txt~
abc.txt
baichuanc
c
c1
c1.c
c1r
sfs@ubuntu:~$ echo "This is $(ls)"    #系统执行命令 ls
This is a1.txt
```

a1.txt~

abc.txt

baichuanc

c

c1

c1.c

sfs@ubuntu:~$ echo "a string..." $(ls)　　　　#系统执行命令 ls

a string... a1.txt a1.txt~ abc.txt baichuanc c c1 c1.c c1r

sfs@ubuntu:~$ echo "a string... $(./c1)"　　　#系统执行程序 c1

5

a string... 15

sfs@ubuntu:~$ echo 'It'\'' s a dog'　　　　　#使用"\'"输出一对单引号中的"'"

It' s a dog

sfs@ubuntu:~$ echo "It's a dog"　　　　　　#使用双引号输出其中的单引号

It's a dog

6.2.12 命令替换

命令替换指以命令执行的结果替换命令。命令替换的形式有两种：

　　`命令`　　　　　　#为反引号，一般位于键盘左上角第 2 行第 1 个键位

或

　　$(命令)

【例 6.35】 尝试命令替换的用法。相关命令及结果为

sfs@ubuntu:~$ date1=`date`　　　　　　　#将命令 date 执行结果赋予变量 date1

sfs@ubuntu:~$ date2=$(date)　　　　　　　#将命令 date 执行结果赋予变量 date2

sfs@ubuntu:~$ echo "这是命令替换形式 1...$date1"　#将$date1 替换为变量 date1 值

这是命令替换形式 1...Fri Jan 12 19:48:52 PST 2018

sfs@ubuntu:~$ echo $date2　　　　　　　　#显示$date2 变量值

Fri Jan 12 19:49:02 PST 2018

sfs@ubuntu:~$ echo $date1

Fri Jan 12 19:48:52 PST 2018

sfs@ubuntu:~$ date

Fri Jan 12 19:57:53 PST 2018

sfs@ubuntu:~$ ls1=`ls -l`

sfs@ubuntu:~$ echo $ls1

total 1836 -rw-rw-r-- 1 sfs sfs 21 Jan 4 20:02 a1.txt -rw-rw-r-- 1 sfs sfs 12 Jan 4 19:59 a1.txt~ -rw-rw-r-- 1 sfs sfs 18 Sep 29 02:41 abc.txt drwxrwxr-x 2 sfs

sfs@ubuntu:~$ echo "$ls1"

total 1836

-rw-rw-r-- 1 sfs　　sfs　　　　　21 Jan　 4 20:02 a1.txt

```
-rw-rw-r-- 1 sfs      sfs           12 Jan   4 19:59 a1.txt~
-rw-rw-r-- 1 sfs      sfs           18 Sep 29 02:41 abc.txt
drwxrwxr-x 2 sfs     sfs          4096 Oct   1 06:22 baichuanc
drwxrwxr-x 2 sfs     sfs          4096 Dec   5 05:47 c
sfs@ubuntu:~$ echo "执行程序 c1... $(./c1)"        #将$(./c1)替换为变量程序 c1 的执行结果
5
执行程序 c1... 15
sfs@ubuntu:~$ echo "执行程序 c1... `./c1`"         #将`./c1`替换为变量程序 c1 的执行结果
5
执行程序 c1... 15
sfs@ubuntu:~$ wv1=$(wc $(ls | sed -n '1p'))        #计算 ls 命令列出的第一个文件的行数
sfs@ubuntu:~$ echo $wv1
1 2 21 a1.txt
sfs@ubuntu:~$ i=2
sfs@ubuntu:~$ echo $((3*(i+4)))
18
sfs@ubuntu:~$ k=$((3*(i+4)))
sfs@ubuntu:~$ echo $k
18
sfs@ubuntu:~$ ls -l `find prg/*.c`                 #等价于 ls -l prg/*.c
-rw-rw-r-- 1 nus1 sfsug1 137 Jan   2 05:29 prg/c1.c
sfs@ubuntu:~$ ls -l prg/*.c
-rw-rw-r-- 1 nus1 sfsug1 137 Jan   2 05:29 prg/c1.c
```

6.2.13 测试

测试命令用于判断表达式真假，判断对象包括：逻辑表达式、文件、数字、字符串等。测试命令格式有两种：

格式 1：test 表达式

格式 2：[表达式]

"表达式"由操作符和操作对象组成，表示对特定的操作对象执行相应的操作。常用的操作有判断对象是否存在、是否为空、对象大小等。操作对象有文件、字符串、整数及其他表达式。测试命令可以测试文件是否存在，是否具有某种属性；比较字符串，比较整数，逻辑运算等。

(1) 文件测试。

文件测试采用"操作符 文件"的形式表示对文件执行相应操作。文件测试操作类型如下：

-b<文件>：如果文件为一个块特殊文件，则为真。

-c<文件>：如果文件为一个字符特殊文件，则为真。

-d<文件>：如果文件为一个目录，则为真。

-e<文件>：如果文件存在，则为真。
-f<文件>：如果文件为一个普通文件，则为真。
-g<文件>：如果设置了文件的 SGID 位，则为真。
-G<文件>：如果文件存在且归该组所有，则为真。
-k<文件>：如果设置了文件的粘着位，则为真。
-O<文件>：如果文件存在并且归该用户所有，则为真。
-p<文件>：如果文件为一个命名管道，则为真。
-r<文件>：如果文件可读，则为真。
-s<文件>：如果文件的长度不为零，则为真。
-S<文件>：如果文件为一个套接字特殊文件，则为真。
-u<文件>：如果设置了文件的 SUID 位，则为真。
-w<文件>：如果文件可写，则为真。
-x<文件>：如果文件可执行，则为真。

【例 6.36】 使用不同格式测试文件是否存在。相关命令及结果为

    sfs@ubuntu:~$ test -e c/thread.c   #测试文件 c/thread.c 是否存在
    sfs@ubuntu:~$ echo $?   #返回值为 0 表示文件存在，否则不存在
    0
    sfs@ubuntu:~$ test -e c/thread0.c
    sfs@ubuntu:~$ echo $?
    1
    sfs@ubuntu:~$ [-e c/thread.c]   #测试文件 c/thread.c 是否存在
    sfs@ubuntu:~$ echo $?   #返回值为 0 表示文件存在，否则不存在
    0
    sfs@ubuntu:~$ [-e c/thread2.c]
    sfs@ubuntu:~$ echo $?
    1

【例 6.37】 编写如下 Shell 脚本文件 testrwx.sh，对文件拥有的属性进行判断：

```
#!/bin/bash
read -p "你想测试哪个文件？" filename
if [ ! -e "$filename" ]; then
    echo "这个文件不存在。"
fi
if [ -r "$filename" ]; then
    echo "$filename 是可读的。"
fi
if [ -w "$filename" ]; then
    echo "$filename 是可写的。"
fi
if [ -x "$filename" ]; then
```

```
        echo "$filename 是可执行的。"
    fi
```

执行情况如下:

  sfs@ubuntu:~$ <u>ls -l c/thread.c</u> #计划测试文件 c/thread.c 属性，先看一下该文件是否存在，
             具有哪些属性

-rw-rw-r-- 1 sfs sfs 744 Oct 22 05:49 c/thread.c

  sfs@ubuntu:~$ <u>./testrwx.sh</u>

你想测试哪个文件？<u>c/thread.c</u>

c/thread.c 是可读的。

c/thread.c 是可写的。

(2) 测试字符串。

字符串测试类型主要有:

test -n 字符串   #测试字符串的长度是否非零
test -z 字符串   #测试字符串的长度是否为零
test 字符串 1 = 字符串 2 #测试字符串是否相等，若相等返回 true
test 字符串 1 != 字符串 2 #测试字符串是否不等，若不等返回 false

【例 6.38】 测试字符串，观察测试结果。相关命令及结果为

  sfs@ubuntu:~$ <u>str1=""</u>

  sfs@ubuntu:~$ <u>test -z "$str1"</u> #测试字符串 str1 是否为空，为空则返回 0

  sfs@ubuntu:~$ <u>echo $?</u>

0

  sfs@ubuntu:~$ <u>test -n "$str1"</u> #测试字符串 str1 是否为空，非空则返回 0，为空返回非 0

  sfs@ubuntu:~$ <u>echo $?</u>

1

  sfs@ubuntu:~$ <u>str2="lake"</u>

  sfs@ubuntu:~$ <u>[-z "$str2"]</u> #测试字符串 str2 是否为空，为空则返回 0，非空则返回非 0

  sfs@ubuntu:~$ <u>echo $?</u>

1

  sfs@ubuntu:~$ <u>[-n "$str2"]</u>

  sfs@ubuntu:~$ <u>echo $?</u>

0

  sfs@ubuntu:~$ <u>["$str1" = "$str2"]</u> #比较 str1 与 str2 是否相同，相同则返回 0，否则返回非 0

  sfs@ubuntu:~$ <u>echo $?</u>

1

  sfs@ubuntu:~$ <u>["$str1" != "$str2"]</u> #比较 str1 与 str2 是否不同，不同则返回 0

  sfs@ubuntu:~$ <u>echo $?</u>

0

  sfs@ubuntu:~$ <u>["$str1" \> "$str2"]</u> #比较 str1 与 str2 的大小

  sfs@ubuntu:~$ <u>echo $?</u>

```
1
sfs@ubuntu:~$ [ "$str1" \< "$str2" ]      #比较 str1 与 str2 的大小
sfs@ubuntu:~$ echo $?
0
```

(3) 整数比较。

整数比较操作类型主要有：

```
test 整数1   -eq   整数2         #若整数相等，则返回真
test 整数1   -ge   整数2         #若整数1大于等于整数2，则返回真
test 整数1   -gt   整数2         #若整数1大于整数2，则返回真
test 整数1   -le   整数2         #若整数1小于等于整数2，则返回真
test 整数1   -lt   整数2         #若整数1小于整数2，则返回真
test 整数1   -ne   整数2         #若整数1不等于整数2，则返回真
```

【例 6.39】建立如下文件 comint.sh，进行整数比较：

```
#!/bin/sh
a=10
b=20
if [ $a -eq $b ]
then
        echo "$a -eq $b : a is equal to b"
else
        echo "$a -eq $b: a is not equal to b"
fi
if [ $a -ne $b ]
then
        echo "$a -ne $b: a is not equal to b"
else
        echo "$a -ne $b : a is equal to b"
fi
if [ $a -gt $b ]
then
        echo "$a -gt $b: a is greater than b"
else
        echo "$a -gt $b: a is not greater than b"
fi
if [ $a -lt $b ]
then
        echo "$a -lt $b: a is less than b"
else
        echo "$a -lt $b: a is not less than b"
```

```
        fi
        if [ $a -ge $b ]
        then
                echo "$a -ge $b: a is greater or  equal to b"
        else
                echo "$a -ge $b: a is not greater or equal to b"
        fi
        if [ $a -le $b ]
        then
                echo "$a -le $b: a is less or  equal to b"
        else
                echo "$a -le $b: a is not less or equal to b"
        fi
```
执行情况如下：

```
sfs@ubuntu:~$ ./comint.sh
10 -eq 20: a is not equal to b
10 -ne 20: a is not equal to b
10 -gt 20: a is not greater than b
10 -lt 20: a is less than b
10 -ge 20: a is not greater or equal to b
10 -le 20: a is less or equal to b
```

(4) 逻辑运算。

逻辑运算符有与"-a"、或"-o"、非"!"，语法形式如下：

test 表达式1 -a 表达式2	#两个表达式都为真，则返回真
test 表达式1 -o 表达式2	#两个表达式一个为真，则返回真
test ! 表达式	#求反

【例6.40】 建立如下文件 log.sh，进行逻辑运算：

```
#!bin/sh
iv=15
if [ ! "$iv" -lt 5 -o "$iv" -gt 30 ];then
        echo "$iv 不小于 5 或大于 30"
fi


if [ "$iv" -lt 20 -a "$iv" -gt 10 ];then
        echo "$iv 小于 20 且大于 10"
fi
```

执行情况如下：

```
sfs@ubuntu:~$ ./log.sh
15 不小于 5 或大于 30
```

15 小于 20 且大于 10

6.2.14 if/else 判断

if/else 判断类似程序设计语言中的两分支判断，可以完成单分支、两分支、嵌套的多分支判断；语法上包括 if 判断、if/else 判断以及 if/elif/else 判断等不同的语法形式。

1) if 判断

if 判断语法格式为

  if [表达式];then
    命令
  fi

【例 6.41】 建立如下文件 score.sh，使用 if 进行成绩等级的判断：

```
#!/bin/bash
echo -n "请输入一个分数："
read score
if [ "$score" -lt 60 ];then
    echo "$score 分属于不及格"
fi
if [ "$score" -lt 70 -a "$score" -ge 60 ];then
    echo "$score 分属于及格"
fi
if [ "$score" -lt 80 -a "$score" -ge 70 ];then
    echo "$score 分属于中等"
fi
if [ "$score" -lt 90 -a "$score" -ge 80 ];then
    echo "$score 分属于良好"
fi
if [ "$score" -le 100 -a "$score" -ge 90 ];then
    echo "$score 分属于优秀"
fi
```

执行情况如下：

```
sfs@ubuntu:~$ ./score.sh
请输入一个分数：93
93 分属于优秀
sfs@ubuntu:~$ ./score.sh
请输入一个分数：45
45 分属于不及格
sfs@ubuntu:~$ ./score.sh
请输入一个分数：100
100 分属于优秀
```

2) if/else 判断

if/else 判断语法格式为

```
if [ 表达式 ];then
    命令
else
    命令
fi
```

【例 6.42】 建立如下文件 check_file.sh，判断某个文件是否存在：

```
#!/bin/bash
echo -n "请输入一个文件名及路径： "
read FILE
if [ -e $FILE ];then
    echo "$FILE 存在"
else
    echo "$FILE 不存在"
fi
```

执行情况如下：

sfs@ubuntu:~$ ../check_file.sh
请输入一个文件名及路径：<u>score.sh</u>
score.sh 存在
sfs@ubuntu:~$ ../check_file.sh
请输入一个文件名及路径：<u>c/pc</u>
c/pc 存在
sfs@ubuntu:~$ ../check_file.sh
请输入一个文件名及路径：<u>c/pca</u>
c/pca 不存在

3) if/elif/else 判断

if/elif/else 判断语法格式为

```
if [ 表达式 ];then
    命令
elif [ 表达式 ];then
    命令
elif [ 表达式 ];then
    命令
    …
else
    命令
fi
```

【例 6.43】 建立如下文件 ifelif.sh，对成绩等级进行判断：

```
#!/bin/bash
echo -n "请输入一个分数： "
read score
if [ "$score" -lt 60 ];then
    echo "$score 分属于不及格"
elif [ "$score" -lt 70 -a "$score" -ge 60 ];then
    echo "$score 分属于及格"
elif [ "$score" -lt 80 -a "$score" -ge 70 ];then
    echo "$score 分属于中等"
elif [ "$score" -lt 90 -a "$score" -ge 80 ];then
    echo "$score 分属于良好"
else   echo "$score 分属于优秀"
fi
```

执行情况如下：

@ubuntu:~$ ./ifelif.sh
请输入一个分数：97
97 分属于优秀
sfs@ubuntu:~$ ./ifelif.sh
请输入一个分数：45
45 分属于不及格

6.2.15 case 判断

case 判断用于完成多分支判断。

case 判断语法格式为

```
case 变量 in
变量值 1) 命令
        命令
        …
        命令;;
变量值 2) 命令
        命令
        …
        命令;;
…
*)      命令
        命令
        …
        命令;;
```

esac

【例 6.44】 建立如下文件 OS_Type.sh，判断本机操作系统类型：

```
#!/bin/bash
OS=`uname -s`                    #注意：这里是反引号，不是单引号
case "$OS" in
FreeBSD) echo "这是 FreeBSD";;
CYGWIN_NT-5.1) echo "这是 Cygwin";;
SunOS) echo "这是 Solaris";;
Darwin) echo "这是 Mac OSX";;
AIX) echo "这是 AIX";;
Minix) echo "这是 Minix";;
Linux) echo "这是 Linux";;
*) echo "无法识别这种操作系统";;
esac
```

执行情况如下：

sfs@ubuntu:~$ ./OS_Type.sh

这是 Linux

【例 6.45】 建立如下文件 case_score.sh，对成绩等级进行判断：

```
#!/bin/bash
echo -n "请输入一个分数："
read score
lev=$(echo $score/10|bc)
if [ "$lev" -lt 6 ];then
lev=5
fi
if [ "$lev" -eq 10 ];then
lev=9
fi
case "$lev" in
5) echo "$score 分属于不及格";;
6) echo "$score 分属于及格";;
7) echo "$score 分属于中等";;
8) echo "$score 分属于良好";;
9) echo "$score 分属于优秀";;
*) echo "分值不合法";;
esac
```

执行情况如下：

sfs@ubuntu:~$ ./case_score.sh

请输入一个分数：87

87 分属于良好
sfs@ubuntu:~$ ./case_score.sh
请输入一个分数：<u>100</u>
100 分属于优秀
sfs@ubuntu:~$ ./case_score.sh
请输入一个分数：<u>43</u>
43 分属于不及格

6.2.16 for 循环

循环用于脚本命令的重复处理。Shell 循环结构有 for 循环、while 循环、until 循环以及 select 循环。

for 循环语法格式为

```
for 变量 in 列表
do
    命令
    ...
    命令
done
```

【例 6.46】 建立如下文件 for.sh，对水果类型进行判断：

```
#!/bin/bash
for FRUIT in apple orange banana pear
do
    echo "当前水果是$FRUIT。"
done
echo "不再有其他水果。"
```

执行情况如下：

sfs@ubuntu:~$ ./for.sh
当前水果是 apple。
当前水果是 orange。
当前水果是 banana。
当前水果是 pear。
不再有其他水果。

【例 6.47】 改写 for.sh 为文件 for2.sh，在 in 后使用新的循环列表形式${变量}：

```
#!/bin/bash
fruits="apple orange banana pear"
for FRUIT in ${fruits}
do
    echo "当前水果是$FRUIT。"
done
```

```
        echo "不再有其他水果。"
```
执行情况如下:

```
sfs@ubuntu:~$ ./for2.sh
当前水果是 apple。
当前水果是 orange。
当前水果是 banana。
当前水果是 pear。
不再有其他水果。
```

【例 6.48】 建立文件 for3.sh,使用枚举的、简略的循环列表形式输出当前循环变量值:

```
#!/bin/bash
i="1 2 3 4 5"
for vi in ${i}
do
     echo "当前循环变量值=$vi。"
done
for vi in 1 2 3 4 5
do
     echo "当前循环变量值=$vi。"
done
for vi in {1..5}
do
     echo "当前循环变量值=$vi。"
done
```

执行情况如下:

```
sfs@ubuntu:~$ ./for3.sh
当前循环变量值=1。
当前循环变量值=2。
当前循环变量值=3。
当前循环变量值=4。
当前循环变量值=5。
当前循环变量值=1。
…
```

【例 6.49】 使用命令替换作为循环列表。例如,建立文件 for4.sh,实现循环累加 1 到 100 的自然数序列之和:

```
#!/bin/bash
sum=0
for VAR in `seq 1 100`          #求 1 到 100 的自然数序列之和
do
```

```
                let "sum+=VAR"
        done
        echo "Total: $sum"
```
执行情况如下：
```
        sfs@ubuntu:~$ ../for4.sh
        Total: 5050
```

【例 6.50】 建立文件 for5.sh，循环计算 1 到 100 间隔为 2 的自然数序列之和：
```
        #!/bin/bash
        sum=0
        for VAR in $(seq 1 2 100)        #求 1 到 100 间隔为 2 的自然数序列之和
        do
                let "sum+=VAR"
        done
        echo "Total: $sum"
```
执行情况如下：
```
        sfs@ubuntu:~$ ../for5.sh
        Total: 2500
```

【例 6.51】 建立文件 for6.sh，逐个查看目录中每个文件的属性：
```
        #!/bin/bash
        cd c
        for VAR in $(ls)
        do
                ls -l $VAR
        done
        cd
```
执行情况如下：
```
        sfs@ubuntu:~$ ../for6.sh
        -rwxrwxr-x 1 sfs sfs 7280 Oct 21 08:42 parent-child-fork
        -rw-rw-r-- 1 sfs sfs 615 Oct 21 08:42 parent-child-fork.c
        -rw-rw-r-- 1 sfs sfs 621 Oct 21 08:41 parent-child-fork.c~
        -rwxrwxr-x 1 sfs sfs 12306 Nov  1 04:13 pc
        -rw------- 1 sfs sfs 15600 Nov  1 04:14 pc.c
```

【例 6.52】 从命令行上获得循环列表。例如，建立文件 for7.sh，输出命令行上的参数值：
```
        #!/bin/bash
        for VAR
        do
                echo -n "$VAR "
        done
```

        echo

执行情况如下:

  sfs@ubuntu:~$ ../for7.sh 1 2 3 4

  1 2 3 4

【例 6.53】 建立文件 for8.sh,输出命令行上的参数值:

  #!/bin/bash
  for VAR in $@
  do
    echo -n "$VAR "
  done
  echo

执行情况如下:

  sfs@ubuntu:~$ ../for8.sh 1 2 3 4

  1 2 3 4

【例 6.54】 使用 c 语言格式的 for 循环。例如,建立文件 for9.sh,输出循环变量值:

  #!/bin/bash
  for ((i=1;i<=10;i++))
  do
    echo -n "$i "
  done
  echo

执行情况如下:

  sfs@ubuntu:~$ ../for9.sh

  1 2 3 4 5 6 7 8 9 10

注:"echo -n"表示不换行输出。

【例 6.55】 建立文件 for10.sh,输出两个循环变量值:

  #!/bin/bash
  for ((i=1,j=100;i<=10;i++,j--))
  do
    echo "i=$i j=$j "
  done
  echo

执行情况如下:

  sfs@ubuntu:~$ ../for10.sh

  i=1 j=100

  i=2 j=99

  i=3 j=98

  i=4 j=97

  i=5 j=96

i=6 j=95
i=7 j=94
i=8 j=93
i=9 j=92
i=10 j=91

【例 6.56】 建立文件 for11.sh，分别计算 1 到 100 的自然数序列之和及 1 到 100 间隔为 2 的序列之和：

```
#!/bin/bash
sumi=0
sumj=0
for ((i=1,j=1;i<=100;i++,j+=2))
do
    let "sumi+=i"
    if [ $j -lt 100 ];then
        let "sumj+=j"
    fi
done
echo "sumi=$sumi"
echo "sumj=$sumj"
```

执行情况如下：

```
sfs@ubuntu:~$ . ./for11.sh
```
sumi=5050
sumj=2500

【例 6.57】 执行无限循环。例如，建立文件 for12.sh，执行无限循环：

```
#!/bin/bash
for ((i=0;i<1;i+=0))
do
    echo "无限循环"
done
```

执行情况如下：

```
sfs@ubuntu:~$ . ./for12.sh
```
无限循环
无限循环
无限循环
无限循环
^C

【例 6.58】 建立文件 for13.sh，执行无限循环：

```
#!/bin/bash
for ((;1;))
```

                do
                        echo "无限循环"
            done
执行情况如下：
        sfs@ubuntu:~$ ../for13.sh
        无限循环
        无限循环
        无限循环
        无限循环
        ^C

6.2.17 while 循环

while 循环语法格式为
            while 表达式
            do
                    命令
                    ...
                    命令
            done

【例 6.59】 建立文件 while0.sh，输出循环变量值：
        #!/bin/bash
        COUNTER=5
        while [[$COUNTER -gt 0]]
        do
                echo -n "$COUNTER "
                let "COUNTER-=1"
        done
        echo
执行情况如下：
        sfs@ubuntu:~$ ../while0.sh
        5 4 3 2 1

【例 6.60】 建立如下文件 while.sh，实现累加和：
        #!/bin/bash
        sumi=0
        sumj=0
        while [["$i" -le "100"]]
        do
                let "sumi+=i"
                let "j=i%2"

```
            if [ $j -ne 0 ];then
                    let "sumj+=i"
            fi
            let "i+=1"
    done
    echo "sumi=$sumi"
    echo "sumj=$sumj"
```

执行情况如下：

```
sfs@ubuntu:~$ ../while.sh
sumi=5050
sumj=2500
```

【例 6.61】 建立如下文件 while2.sh，实现输入和判断：

```
#!/bin/bash
gNUM=8
echo "请输入 1 到 10 之间的数"
while read GUESS
do
        if [[ $GUESS -eq $gNUM ]];then
                echo "你猜中了"
                break
        else
                echo "错误，重试"
        fi
done
```

执行情况如下：

```
sfs@ubuntu:~$ ../while2.sh
请输入 1 到 10 之间的数
5
错误，重试
6
错误，重试
7
错误，重试
8
你猜中了
```

【例 6.62】 建立如下文件 while3.sh，循环读取文件内容并处理：

```
#!/bin/bash
while read LINE
do
```

```
            NAME=`echo $LINE | awk '{print $1}'`
            AGE=`echo $LINE | awk '{print $2}'`
            SEX=`echo $LINE | awk '{print $3}'`
            echo "我的名字是$NAME，今年$AGE 岁，我是$SEX 士。"
        done < student.txt
```

student.txt 内容如下：

```
S1   19   女
S2   20   男
S3   21   男
```

执行情况如下：

```
sfs@ubuntu:~$ ./while3.sh
```
我的名字是S1，今年19 岁，我是女士。
我的名字是S2，今年20 岁，我是男士。
我的名字是S3，今年21 岁，我是男士。

【例 6.63】 建立如下文件 while4.sh，处理文件 student.txt：

```
#!/bin/bash
cat student.txt | while read LINE
do
            NAME=`echo $LINE | awk '{print $1}'`
            AGE=`echo $LINE | awk '{print $2}'`
            SEX=`echo $LINE | awk '{print $3}'`
            echo "我的名字是$NAME，今年$AGE 岁，我是$SEX 士。"
done
```

执行情况如下：

```
sfs@ubuntu:~$ ./while4.sh
```
我的名字是S1，今年19 岁，我是女士。
我的名字是S2，今年20 岁，我是男士。
我的名字是S3，今年21 岁，我是男士。

【例 6.64】 无限循环。例如，建立如下文件 while5.sh：

```
#!/bin/bash
while ((1))
do
            echo "无限循环..."
done
```

执行情况如下：

```
sfs@ubuntu:~$ ./while5.sh
```
无限循环...
无限循环...
无限循环...

^C

【例 6.65】 建立如下文件 while6.sh，实现无限循环：
```
#!/bin/bash
while true
do
    echo "无限循环..."
done
```
执行情况如下：
```
sfs@ubuntu:~$ ./while6.sh
无限循环...
无限循环...
无限循环...
^C
```

【例 6.66】 建立如下文件 while7.sh，实现无限循环：
```
#!/bin/bash
while :
do
    echo "无限循环..."
done
```
执行情况如下：
```
sfs@ubuntu:~$ ./while7.sh
无限循环...
无限循环...
无限循环...
^C
```

6.2.18 until 循环

until 循环语法格式为
```
until 表达式
do
    命令
    ...
    命令
done
```

【例 6.67】 建立文件 Until.sh，实现累加和：
```
#!/bin/bash
sum01=0
sum02=0
i=1
```

```
until [ $i -gt 100 ]
do
    let "sum01+=i"
    let "j=i%2"
    if [ $j -ne 0 ];then
        let "sum02+=i"
    fi
    let "i+=1"
done
echo $sum01
echo $sum02
```

执行情况如下：

```
sfs@ubuntu:~$ ../Until.sh
5050
2500
```

【例 6.68】 无限循环。例如，建立如下文件 Until2.sh，实现无限循环：

```
#!/bin/bash
until[0  -lt  0]
do
    echo "无限循环..."
done
```

执行情况如下：

```
sfs@ubuntu:~$ ../Until2.sh
无限循环...
无限循环...
无限循环...
^C
```

【例 6.69】 建立如下文件 Until3.sh，实现无限循环：

```
#!/bin/bash
until false
do
    echo "无限循环..."
done
```

执行情况如下：

```
sfs@ubuntu:~$ ../Until3.sh
无限循环...
无限循环...
无限循环...
^C
```

6.2.19 select 循环

select 循环可以给出一个选项菜单供用户选择，一旦选择，则执行相应选项的处理程序。
select 循环语法格式为

```
select 变量 in 列表
do
    命令
    …
    break
done
```

【例 6.70】 建立文件 select.sh，给出操作系统类型菜单供用户选择：

```
#!/bin/bash
echo "你选择哪种操作系统？"
select OS in Linux Windows UNIX AIX
do
    break
done
echo "你选择了$OS"
```

执行情况如下：

```
sfs@ubuntu:~$ ./select.sh
你选择哪种操作系统？
1) Linux
2) Windows
3) UNIX
4) AIX
#?
1) Linux
2) Windows
3) UNIX
4) AIX
#? 1
你选择了Linux
```

【例 6.71】 建立文件 select2.sh，显示星期数供用户选择：

```
#!/bin/bash
echo "今天星期几？"
select DAY in 星期一 星期二 星期三 星期四 星期五 星期六 星期日
do
    case $DAY in
    星期一) echo "今天星期一";;
```

```
            星期二) echo "今天星期二";;
            星期三) echo "今天星期三";;
            星期四) echo "今天星期四";;
            星期五) echo "今天星期五";;
            星期六|星期日) echo "今天双休日";;
            *) echo "未知输入,程序退出" && break;;
        esac
done
```

执行情况如下:

```
sfs@ubuntu:~$ ./select2.sh
今天星期几?
1) 星期一
2) 星期二
3) 星期三
4) 星期四
5) 星期五
6) 星期六
7) 星期日
#? 6
今天双休日
#? 3
今天星期三
#?
1) 星期一
2) 星期二
3) 星期三
4) 星期四
5) 星期五
6) 星期六
7) 星期日
#? 9
未知输入,程序退出
```

【例 6.72】 综合实例:多重循环。使用多重循环打印乘法表。建立文件 nestlp.sh,其内容如下:

```
#!/bin/bash
for ((i=1;i<=9;i++))
do
    for ((j=1;j<=i;j++))
    do
```

```
            let "multi = $j * $i"
            echo -n "$j * $i = $multi   "
        done
        echo
    done
```

执行情况如下：

```
sfs@ubuntu:~$ ./nestlp.sh
1 * 1 = 1
1 * 2 = 2  2 * 2 = 4
1 * 3 = 3  2 * 3 = 6   3 * 3 = 9
1 * 4 = 4  2 * 4 = 8   3 * 4 = 12  4 * 4 = 16
1 * 5 = 5  2 * 5 = 10  3 * 5 = 15  4 * 5 = 20  5 * 5 = 25
1 * 6 = 6  2 * 6 = 12  3 * 6 = 18  4 * 6 = 24  5 * 6 = 30  6 * 6 = 36
1 * 7 = 7  2 * 7 = 14  3 * 7 = 21  4 * 7 = 28  5 * 7 = 35  6 * 7 = 42  7 * 7 = 49
1 * 8 = 8  2 * 8 = 16  3 * 8 = 24  4 * 8 = 32  5 * 8 = 40  6 * 8 = 48  7 * 8 = 56  8 * 8 = 64
1 * 9 = 9  2 * 9 = 18  3 * 9 = 27  4 * 9 = 36  5 * 9 = 45  6 * 9 = 54  7 * 9 = 63  8 * 9 = 72  9 * 9 = 81
```

【例 6.73】 建立文件 nestlp2.sh，输出乘法表：

```
#!/bin/bash
i=1
while [ "$i" -le "9" ]
do
    j=1
    while [ "$j" -le "$i" ]
    do
        let "multi = $j * $i"
        echo -n "$j * $i = $multi   "
        let "j+=1"
    done
    echo
    let "i+=1"
done
```

执行情况如下：

```
sfs@ubuntu:~$ ./nestlp2.sh
1 * 1 = 1
1 * 2 = 2  2 * 2 = 4
1 * 3 = 3  2 * 3 = 6   3 * 3 = 9
1 * 4 = 4  2 * 4 = 8   3 * 4 = 12  4 * 4 = 16
1 * 5 = 5  2 * 5 = 10  3 * 5 = 15  4 * 5 = 20  5 * 5 = 25
1 * 6 = 6  2 * 6 = 12  3 * 6 = 18  4 * 6 = 24  5 * 6 = 30  6 * 6 = 36
```

1 * 7 = 7   2 * 7 = 14   3 * 7 = 21   4 * 7 = 28   5 * 7 = 35   6 * 7 = 42   7 * 7 = 49
1 * 8 = 8   2 * 8 = 16   3 * 8 = 24   4 * 8 = 32   5 * 8 = 40   6 * 8 = 48   7 * 8 = 56   8 * 8 = 64
1 * 9 = 9   2 * 9 = 18   3 * 9 = 27   4 * 9 = 36   5 * 9 = 45   6 * 9 = 54   7 * 9 = 63   8 * 9 = 72   9 * 9 = 81

6.2.20 函数

函数是 Shell 中的命令模块。
函数定义的语法格式为

  函数名()
  {
    命令
    …
    命令
  }

函数调用格式为

  函数名　可选的参数列表

【例 6.74】 建立文件 func1.sh，示范函数定义与调用：

```
#!/bin/bash
f(){
    echo "这是一个简单的 shell 函数"
}
echo "下面调用 shell 函数 f"
f
```

执行情况如下：

```
sfs@ubuntu:~$ ./func1.sh
下面调用 shell 函数 f
这是一个简单的 shell 函数
```

【例 6.75】 建立文件 func2.sh，输出文件内容各行及行数：

```
#!/bin/bash
echo -n "请输入一个文件名及路径："
read FILE
statisfile(){
    local i=0
    while read line
    do
        let i++
        echo "$i    $line"
    done < $FILE
    echo "$FILE 有 $i 行"
}
```

echo "调用 shell 函数 statisfile()"
statisfile

执行情况如下：

```
sfs@ubuntu:~$ ./func2.sh
请输入一个文件名及路径：func2.sh
调用 shell 函数 statisfile()
    #!/bin/bash
    echo -n "请输入一个文件名及路径："
    read FILE
    statisfile(){
    local i=0
    while read line
    do
    let i++
    echo "$i   $line"
    done < $FILE
    echo "$FILE 有$i 行"
    }
    echo "调用 shell 函数 statisfile()"
    statisfile
func2.sh 有 14 行
```

【例 6.76】 判断文件是否存在。建立文件 func3.sh，其内容如下：

```
#!/bin/bash
echo -n "请输入一个文件名及路径："
read FILE
checkfileexist(){
     if [ -f $FILE ];then
          return 0
     else
          return 1
     fi
}
echo "调用 shell 函数 checkfileexist()"
checkfileexist
if [ $? -eq 0 ];then
     echo "$FILE 存在"
else
     echo "$FILE 不存在"
fi
```

执行情况如下：

```
sfs@ubuntu:~$ ./func3.sh
请输入一个文件名及路径：func3.sh
调用 shell 函数 checkfileexist()
func3.sh 存在
sfs@ubuntu:~$ ./func3.sh
请输入一个文件名及路径：/etc/passwd
调用 shell 函数 checkfileexist()
/etc/passwd 存在
sfs@ubuntu:~$ ./func3.sh
请输入一个文件名及路径：func
调用 shell 函数 checkfileexist()
func 不存在
```

【例 6.77】 建立文件 func4.sh，判断文件是否存在：

```
#!/bin/bash
checkfileexist(){
    if [ -f $FILE ];then
        return 0
    else
        return 1
    fi
}
echo "调用 shell 函数 checkfileexist()"
echo "$#"
if [ $#-lt 1 ];then
    echo -n "请输入一个文件名及路径："
    read FILE
else
    FILE=$1
fi
checkfileexist $FILE
if [ $? -eq 0 ];then
    echo "$FILE 存在"
else
    echo "$FILE 不存在"
fi
```

执行情况如下：

```
sfs@ubuntu:~$ ./func4.sh func4.sh
调用 shell 函数 checkfileexist()
```

1

请输入一个文件名及路径：*f*

f 不存在

sfs@ubuntu:~$ ./func4.sh

调用 shell 函数 checkfileexist()

0

请输入一个文件名及路径：*/etc/passwd*

/etc/passwd 存在

【例 6.78】 建立文件 func5.sh，计算阶乘：

```
#!/bin/bash
power(){
    p=1
    i=0
    while [ "$i" -lt $2 ]
    do
        let "p=p*$1"
        let "i=i+1"
    done
    echo "$1 ^ $2 = $p"
}
power $1 $2
```

执行情况如下：

sfs@ubuntu:~$ ./func5.sh 2 3

2 ^ 3 = 8

6.2.21 指定位置参数值

Shell 脚本运行时，在命令行上给出的参数为位置参数。这些参数值可以使用 set 命令重新设置。

【例 6.79】 建立文件 set1.sh，其内容如下：

```
#!/bin/bash
echo "重新设置位置参数值前各位置参数的值："
cnt=1
for i in $@
do
    echo "\$$cnt=$i"
    let "cnt++"
done
set 1 2 Linux Windows
echo "重新设置位置参数值后各位置参数的值："
```

```
cnt=1
for i in $@
do
    echo "\$$cnt=$i"
    let "cnt++"
done
```

执行情况如下：

```
sfs@ubuntu:~$ ./set1.sh a b c d 1 2
```
重新设置位置参数值前各位置参数的值：

$1=a

$2=b

$3=c

$4=d

$5=1

$6=2

重新设置位置参数值后各位置参数的值：

$1=1

$2=2

$3=Linux

$4=Windows

6.2.22 移动位置参数

在 Shell 中使用 shift 命令可以移动位置参数。

【例 6.80】 建立文件 shift1.sh，其内容为

```
#!/bin/bash
until [ $# -eq 0 ]
do
    echo "\$1=$1，参数总数=$#"
    shift
done
```

执行情况如下：

```
sfs@ubuntu:~$ ./shift1.sh 1 2 s1 s2
```
$1=1，参数总数=4

$1=2，参数总数=3

$1=s1，参数总数=2

$1=s2，参数总数=1

【例 6.81】 建立文件 shift2.sh，其内容为

```
#!/bin/bash
until [ $# -le 1 ]
```

```
    do
        echo "\$1=$1,参数总数=$#"
        shift 2
    done
```
执行情况如下:

```
sfs@ubuntu:~$ ./shift2.sh 1 2 s1 s2
$1=1,参数总数=4
$1=s1,参数总数=2
sfs@ubuntu:~$ ./shift2.sh 1 2 s1 s2 s3
$1=1,参数总数=5
$1=s1,参数总数=3
```

【例 6.82】 建立文件 shift3.sh,其内容为

```
#!/bin/bash
Total=0
expstr=""
until [ $#-eq 0 ]
do
    let "Total=Total+$1"
    if [ "$expstr" = "" ];then
        expstr=$1
    else
        expstr=$expstr"+$1"
    fi
    shift
done
echo $expstr"="$Total
```

执行情况如下:

```
sfs@ubuntu:~$ ./shift3.sh 3 4 5 6
3+4+5+6=18
```

6.2.23 自定义函数库

可以将函数放在一个 .sh 函数库文件中,然后使用命令 source 加载库文件,即可使用其中定义的函数。

【例 6.83】 建立库函数文件 lib1.sh,其中存在两个函数 checkfileexist 和 power:

```
#!/bin/bash
checkfileexist(){
    if [ -f $1 ];then
        echo "$1 存在"
    else
```

```
                echo "$1 不存在"
            fi
        }
        power(){
            p=1
            i=0
            while [ "$i" -lt $2 ]
            do
                let "p=p*$1"
                let "i=i+1"
            done
            echo "$1 ^ $2 = $p"
        }
```

建立调用库函数文件 lib1.sh 的脚本文件 funclib1.sh：

```
#!/bin/bash
source ./lib1.sh
checkfileexist func4.sh
checkfileexist /etc/passwd
checkfileexist /etc/pass
power 2 4
```

执行情况如下：

  sfs@ubuntu:~$ . ./funclib1.sh
  func4.sh 存在
  /etc/passwd 存在
  /etc/pass 不存在
  2 ^ 4 = 16

6.2.24 递归函数

递归就是函数的自我调用。

【例 6.84】 建立递归函数文件 recur1.sh，求阶乘：

```
#!/bin/bash
fac(){
    local n=$1
    if [[ $n -le 0 ]];then
        f=1
    else
        fac $((n-1))
        t=$f
        n=$n
```

```
            f=$((n*t))
        fi
    }
    fac $1
    echo "$1!=$f"
```

执行情况如下：

```
sfs@ubuntu:~$ ./recur1.sh 4
4!=24
```

【例 6.85】 建立递归函数文件 hanoi.sh，求汉诺塔问题：

```
#!/bin/bash
hanoi(){
    local n=$1
    if [[ $n -eq 1 ]];then
        echo "Move:$2----->$4"
    else
        hanoi $((n-1)) $2 $4 $3
        echo "Move:$2----->$4"
        hanoi $((n-1)) $3 $2 $4
    fi
}
hanoi 4 A B C
```

执行情况如下：

```
sfs@ubuntu:~$ ./hanoi.sh 4 A B C
```

Move:A----->B

Move:A----->C

Move:B----->C

Move:A----->B

Move:C----->A

Move:C----->B

Move:A----->B

Move:A----->C

Move:B----->C

Move:B----->A

Move:C----->A

Move:B----->C

Move:A----->B

Move:A----->C

Move:B----->C

6.2.25 非编辑器环境文本创建

非编辑器环境文本创建指在不使用编辑器的情况下，在命令终端编写建立文本文件。

【例 6.86】 在命令行终端创建文件 smp.txt，并输出其内容。相关命令及结果为

```
sfs@ubuntu:~$ cat >> smp.txt << END        #建立文件 smp.txt
>未使用编辑器编写的一个文件，
>在不具备使用编辑器的条件下可以以最节约资源、要求最少的条件创建文件，
>该文件以输入 END 结束。
>END
sfs@ubuntu:~$ cat smp.txt
未使用编辑器编写的一个文件，
在不具备使用编辑器的条件下可以以最节约资源、要求最少的条件创建文件，
该文件以输入 END 结束。
```

6.2.26 脚本范例

Shell 脚本可以大大减少人工干预计算机运行的工作量，减轻管理员的工作负担。

【例 6.87】 如果有一批学生需要上机，就需要创建很多用户账号，逐个创建无疑是费时耗力的，采用 Shell 脚本批量创建用户账号可以节约大量时间，减轻管理员、操作员的负担。

1) 批量创建用户账号

假设需要批量创建的用户账号和预设口令保存在文件 userlist.txt 中：

```
u001 p001
u002 p002
u003 p003
u004 p004
```

则批量创建用户的 Shell 脚本文件 foruseradd2.sh 内容如下：

```
#!/bin/bash
Userfile=/home/sfs/userlist.txt
Useradd=/usr/sbin/useradd
Passwd=/usr/bin/passwd
Cut=/usr/bin/cut
while read LINE
do
    Username=`echo $LINE | cut -f1 -d' '`
    Password=`echo $LINE | cut -f2 -d' '`
    echo $Username $Password
    sudo $Useradd $Username
    if [ $? -ne 0 ];then
        echo "$Username 已经存在，跳过密码设置"
```

```
        else
            echo "$Username:$Password" | sudo chpasswd
        fi
    done < $Userfile
```

执行情况如下：

```
sfs@ubuntu:~$ ../foruseradd2.sh
u001 p001
[sudo] password for sfs:
u002 p002
u003 p003
u004 p004
sfs@ubuntu:~$ ../foruseradd2.sh        #再次运行
u001 p001
[sudo] password for sfs:
useradd: user 'u001' already exists
u001 已经存在，跳过密码设置
u002 p002
useradd: user 'u002' already exists
u002 已经存在，跳过密码设置
u003 p003
useradd: user 'u003' already exists
u003 已经存在，跳过密码设置
u004 p004
useradd: user 'u004' already exists
u004 已经存在，跳过密码设置
```

2) 批量删除用户账号

如果学生已经毕业，需要删除他们的用户账号，逐个删除同样费时耗力，使用 Shell 脚本可以快速批量删除不需要的用户账号。

编写 Shell 脚本文件，将上一范例创建的用户账号删除，脚本文件 foruserdel.sh 内容如下：

```
#!/bin/bash
Userfile=/home/sfs/userlist.txt
Userdel=/usr/sbin/userdel
Passwd=/usr/bin/passwd
Cut=/usr/bin/cut
while read LINE
do
    Username=`echo $LINE | cut -f1 -d' '`
    Password=`echo $LINE | cut -f2 -d' '`
```

```
        echo $Username $Password
        sudo $Userdel $Username
        if [ $? -ne 0 ];then
                echo "$Username 不存在,无法删除"
        fi
done < $Userfile
```

执行情况如下：

sfs@ubuntu:~$ ./foruserdel.sh

u001 p001

u002 p002

u003 p003

u004 p004

sfs@ubuntu:~$ ./foruserdel.sh   #再次运行

u001 p001

userdel: user 'u001' does not exist

u001 不存在,无法删除

u002 p002

userdel: user 'u002' does not exist

u002 不存在,无法删除

u003 p003

userdel: user 'u003' does not exist

u003 不存在,无法删除

u004 p004

userdel: user 'u004' does not exist

u004 不存在,无法删除

上 机 操 作 6

1. Shell 内部命令

(1) 判断命令为内部命令还是外部命令。

(2) 为命令取别名。

(3) 取消命令别名。

(4) 执行以分号;间隔的多条命令。

(5) 执行以逻辑与符号"&&"间隔的多条命令。

(6) 执行以逻辑或符号||间隔的多条命令。

2. Shell 编程

(1) 变量赋值。

(2) 变量引用。

(3) 编写一个 Shell 脚本，运行时输出命令行参数的个数、各个参数的值。

(4) 编写一个 Shell 脚本，其中有输出信息，运行时命令行上有输出重定向、输入重定向或管道操作符，输出命令行参数的个数、各个参数的值。

(5) 查看命令返回值。

(6) 在一行上执行多条命令，查看每个命令的返回值。

(7) 数组赋值。

(8) 输出数组。

(9) 输出数组长度。

(10) 输出数组元素长度。

(11) 输出数组中自某个下标位置起的若干个元素。

(12) 输出数组元素自某个下标位置起的若干个字符。

(13) 数组连接。

(14) 将数组元素的值替换为另一个值。

(15) 在 Shell 脚本中函数外部定义变量并赋值，在函数中和函数外输出该变量的值。

(16) 在 Shell 脚本中函数内部定义变量并赋值，在函数中和函数外输出该变量的值。

(17) 编写一个包含函数定义和函数调用的 Shell 脚本，运行时输出函数的位置参数值和 Shell 脚本命令行参数值。

(18) 观察如下操作执行结果：

  ab='ls'

  $ab

  '$ab'

  "$ab"

  ab=ls

  $ab

(19) 将命令执行结果赋给变量。

(20) 将命令执行结果保存到文件。

(21) 编写 Shell 脚本，使用 if 语句判断文件是否为目录、是否存在、是否为普通文件、是否可读、是否可写、是否可执行。

(22) 编写 Shell 脚本，输入两个字符串，比较它们的大小。

(23) 编写 Shell 脚本，输入两个数，比较它们的大小。

(24) 编写 Shell 脚本，判断文件是否可读、可写且可执行，是否可读、可写或可执行。

(25) 编写 Shell 脚本对用户输入的不同文件名类型进行处理。如果该文件为目录，则对该目录执行 ls 命令；如果该文件为可执行文件，则执行该文件；其他情况，则使用命令 cat 尝试打开该文件；如果打开失败，则提示打开失败，否则提示打开成功。

(26) 编写 Shell 脚本，使用 if-else、case、各种循环、函数对用户输入的学生成绩进行判定和统计，输出优、良、中、及格、不及格人数分别有多少。

第 7 章 sed 非交互式文本处理器

7.1 sed 原理与基本语法

7.1.1 sed 工作原理

sed(stream editor)即流编辑器,以命令行的操作方式以行为单位对文件进行添加、插入、查找替换、删除、从其他文件读入数据等编辑处理。sed 命令也可以集中写入文件,供 sed 以批处理方式执行 sed 命令文件,对目标文件进行编辑处理。当文件较大,功能类似的编辑操作较多时, sed 的程序化操作将为自动、高效处理文档提供极大方便。与传统的交互式编辑器不同,sed 是非交互式的,即用户可以编写命令表示各种编辑操作,一旦编写好命令文本并开始执行,用户无需值守现场。系统不必等待用户点击鼠标或键盘输入,sed 实现的是用户脱机编辑,将用户从盯守状态解放出来,实现系统的无人化运行。

sed 从文本或标准输入中读取文本行到缓冲区,该缓冲区称为模式空间。然后执行命令行或命令脚本中的编辑命令对缓冲区文本行进行编辑,编辑结果输出到屏幕,文件本身并不改变。

总结:(1) sed 以行为单位处理输入文本;(2) sed 处理的不是原文件,而是原文件的拷贝。

7.1.2 sed 命令的执行方式

sed 命令有三种调用方式,在 Shell 命令行输入 sed 命令的格式为
  sed [选项] 'sed 命令' 输入文件
建立 sed 命令文件(脚本文件),然后在 sed 命令中调用命令文件的格式为
  sed [选项] -f sed 命令文件 输入文件
建立 sed 命令文件(脚本文件),然后直接执行命令文件的格式为
  ./sed 命令文件 输入文件

7.1.3 sed 命令选项

sed 命令选项及其意义如表 7-1 所示。

表 7-1 sed 命令选项及其意义

选项	意　　义
-n	只在终端显示经过 sed 处理的那一行
-e	对输入行应用多条 sed 命令
-f	指定 sed 脚本的文件名

7.1.4 sed 编辑命令

sed 命令的组成结构包括两个部分：行指定和编辑命令。行指定给出欲处理的文本行，编辑命令则对给出的文本行执行编辑处理。编辑操作类型不同，编辑命令出现的位置有所不同。编辑命令可能出现在 sed 命令的开头、中间和结尾三个位置。

sed 编辑命令及其意义如下：

a\：在当前行下面插入文本。

i\：在当前行上面插入文本。

c\：把选定的行改为新的文本。

d：删除选择的行。

D：删除模板块的第一行。

s：替换指定字符。

h：拷贝模板块的内容到内存中的缓冲区。

H：追加模板块的内容到内存中的缓冲区。

g：获得内存缓冲区的内容，并替代当前模板块中的文本。

G：获得内存缓冲区的内容，并追加到当前模板块文本的后面。

l：列表不能打印字符的清单。

n：读取下一个输入行，用下一个命令处理新的行而不是用第一个命令。

N：追加下一个输入行到模板块后面并在二者间嵌入一个新行，改变当前行号码。

p：打印模板块的行。

P(大写)：打印模板块的第一行。

q：退出 sed。

b lable：跳转到 lable 标签后的语句。如果 lable 标签不存在则跳转到脚本末尾。

r file：从 file 中读行。

t label：如果最后一个 t 或者 T 命令之前的替换操作(s///)成功，则跳转到 label。如果 lable 标签不存在，则跳转到脚本末尾。

T label：如果最后一个 t 或者 T 命令之前的替换操作(s///)未成功执行，则跳转到 label。如果 lable 标签不存在，则跳转到脚本末尾。

w file：写并追加模板块到 file 末尾。

W file：写并追加模板块的第一行到 file 末尾。

!：表示后面的命令对所有没有被选定的行发生作用。

=：打印当前行号码。

#：把注释扩展到下一个换行符以前。

7.1.5 文本行的指定方式

sed 需要指定要处理的文本行，指定方法有两种：使用行号指定一行或指定行号范围；使用正则表达式。

在 sed 命令中指定文本行的具体方法如表 7-2 所示。

表 7-2 在 sed 命令中指定文本行的方法

行号表达式	意 义
x	x 为指定行号
x,y	指定从 x 到 y 的行号范围
/模式/	查询包含模式的行
/模式/模式/	查询包含 2 个模式的行
/模式/,x	指定从与模式匹配的行到 x 行之间的行
x,/模式/	指定从 x 行到与模式匹配的行之间的行
x,y!	指定的行不包括 x 行和 y 行

"模式"是符合某种规律的字符串。简单的模式字符串可以仅使用字符串本身表示。复杂的模式字符串需要借助于正则表达式表示。正则表达式采用字符串结合特殊字符表示特征更加复杂的模式字符串。这些特殊字符也称为元字符。

7.1.6 sed 元字符

sed 命令中用来表示模式字符串的部分元字符如下：

^：匹配行开始，如：/^sed/匹配所有以 sed 开头的行。

$：匹配行结束，如：/sed$/匹配所有以 sed 结尾的行。

.：匹配一个非换行符的任意字符，如：/s.d/匹配 s 后接一个任意字符，最后是 d 的字符串。

*：匹配 0 到多个字符，如：/r*t/匹配 0 到多个 r 后紧跟 t 的行。

[]：匹配一个指定范围内的字符，如：/[Ss]ed/匹配 sed 和 Sed。

[^]：匹配指定范围外的任意单个字符，如：/[^A-RT-Z]ed/匹配不以 A-R、T-Z 的一个字母开头、紧跟 ed 的行。

\(..\)：匹配子串，保留匹配的字符，如：s/\(love\)able/\1rs 表示查找 loveable，将其中的 able 替换为 rs，即将 loveable 替换成 lovers。\1 表示 love。

&：引用搜索字符，如：s/love/**&**/将 love 替换为**love**，&引用搜索字符串 love。

\<：匹配单词的开始，如：/\<love/匹配以 love 开头的单词所在的行。

\>：匹配单词的结束，如：/love\>/匹配以 love 结尾的单词所在的行。

x\{m\}：字符 x 重复 m 次，如：/0\{5\}/匹配包含 5 个 0 的行。

x\{m,\}：字符 x 重复至少 m 次，如：/0\{5,\}/匹配至少有 5 个 0 的行。

x\{m,n\}：字符 x 重复至少 m 次，不多于 n 次，如：/0\{5,10\}/匹配 5~10 个 0 的行。

sed 提供的显示命令(p)、插入命令(a、i)、删除命令(d)、字符串替换命令(s)、整行替换命令(c)、字符替换命令(y)、读文件命令(r)、写文件命令(w)等编辑命令可以完成最常见的文本增加、删除、修改、查询、读、写等典型操作。

7.2 文本编辑命令

7.2.1 文本显示命令(p、n)

1) 显示磁盘文件内容(不用-n 选项、不指定行号)

显示磁盘文件内容的命令格式为

  sed '' 文件名

【例 7.1】 显示文件 c2.c 的内容的命令及结果为

  sfs@ubuntu:~$ sed '' c2.c   #显示文件 c2.c。sed 后面''中未给出命令选项及作用行号,则显示整
              #个文件内容

  #include <stdio.h>

  main( )

  {

  int n;

  int sum;

  int i;

  printf("请输入一个整数,计算从 1 到该整数的和:");

  scanf("%d",&n);

  sum=0;

  i=1;

  while(i<=n)

  {

  sum=sum+i;

  printf("i=%d 的和:%d\n",i,sum);

  i=i+1;

  }

  //return 0;

  }

2) 从键盘输入内容

从键盘输入内容的命令格式为

  sed ''

【例 7.2】 从终端输入内容,sed 显示该内容的命令及结果为

  sfs@ubuntu:~$ sed ''   #从终端输入内容,sed 显示该内容

  <u>12 ab c</u>   #从键盘输入 12 ab c

  12 ab c   #系统显示 12 ab c

    sd 34 ad   #从键盘输入 sd 34 ad
    sd 34 ad   #系统显示 sd 34 ad
    <Ctrl>+d   #输入结束

3) 使用 -n 选项显示指定行

使用 -n 选项显示指定行的命令格式为

  sed -n '行号 p' 文件名

【例 7.3】 显示文件 c2.c 第 1 行的命令及结果为

    sfs@ubuntu:~$ <u>sed -n '1p' c2.c</u> #显示文件 c2.c 第 1 行,"p"表示打印
    #include <stdio.h>

4) 不用-n 显示一行及文件全部内容

不使用-n 选项,则除了显示指定行,还显示整个文件。

【例 7.4】 显示文件 c2.c 第 1 行和整个文件的命令及结果为

    sfs@ubuntu:~$ <u>sed '1p' c2.c</u> #显示文件 c2.c 第 1 行和整个文件
    #include <stdio.h>
    #include <stdio.h>
    main()
    {
    int n;
    int sum;
    int i;
    printf("请输入一个整数,计算从 1 到该整数的和: ");
    scanf("%d",&n);
    sum=0;
    i=1;
    while(i<=n)
    {
    sum=sum+i;
    printf("i=%d 的和:%d\n",i,sum);
    i=i+1;
    }
    //return 0;
    }

5) 显示一定范围的文本行

显示一定范围文本行的命令格式为

  sed -n '起始行号,结束行号 p' 文件名

【例 7.5】 显示文件 c2.c 第 3~6 行的命令及结果为

    sfs@ubuntu:~$ <u>sed -n '3,6p' c2.c</u>   #显示文件 c2.c 第 3~6 行
    {

　　　　　int n;

　　　　　int sum;

　　　　　int i;

6) 显示包含特定字符串的行

显示包含特定字符串的行的命令格式为

　　sed -n '/字符串/p' 文件名

【例7.6】 显示文件 c2.c 中包含字符串"printf"的行的命令及结果为

　　sfs@ubuntu:~$ <u>sed -n '/printf/p' c2.c</u>　　　　#显示文件 c2.c 中包含字符串"printf"的行

　　printf("请输入一个整数，计算从 1 到该整数的和：");

　　printf("i=%d 的和:%d\n",i,sum);

7) 使用=命令显示匹配行号

显示匹配行号的命令格式为

　　sed -n '/字符串/=' 文件名

【例7.7】 显示文件 c2.c 中包含字符串"printf"的行的行号的命令及结果为

　　sfs@ubuntu:~$ <u>sed -n '/printf/=' c2.c</u>　　　　#显示文件 c2.c 中包含字符串"printf"的行的行号

　　7

　　14

8) 显示匹配一个字符串的行到匹配另一个字符串的行之间的行

显示文件中匹配一个字符串的行到匹配另一个字符串的行之间的行命令格式为

　　sed -n '/字符串 1/,/字符串 2/p' 文件名

【例7.8】显示文件 c2.c 中包含字符串 scanf 的行到包含字符串 printf 的行之间的行的命令及结果为

　　sfs@ubuntu:~$ <u>sed -n '/scanf/,/printf/p' c2.c</u>　　#显示包含字符串 scanf 的行到包含字符串 printf 的
　　　　　　　　　　　　　　　　　　　　　　　　　　　　#行之间的行

　　scanf("%d",&n);

　　sum=0;

　　i=1;

　　while(i<=n)

　　{

　　sum=sum+i;

　　printf("i=%d 的和:%d\n",i,sum);

【例7.9】 显示文件 c2.c 中字符串"int"所在行到字符串"i="所在行之间的行的命令及结果为

　　sfs@ubuntu:~$ <u>sed -n '/int/,/i=/p' c2.c</u>　　#显示字符串"int"所在行到字符串"i="所在行之间的行

　　int n;

　　int sum;

　　int i;

　　printf("请输入一个整数，计算从 1 到该整数的和：");

```
scanf("%d",&n);
sum=0;
i=1;
printf("i=%d 的和:%d\n",i,sum);
i=i+1;
```

【例 7.10】 显示字符串"int"所在行到字符串"printf"所在行之间的行的命令及结果为

```
sfs@ubuntu:~$ sed -n '/int/,/printf/p' c2.c    #显示字符串"int"所在行到字符串"printf"所在
                                                #行之间的行
int n;
int sum;
int i;
printf("请输入一个整数,计算从 1 到该整数的和:");
printf("i=%d 的和:%d\n",i,sum);
i=i+1;
}
//return 0;
}
```

9) 使用相对行号偏移

使用相对行号偏移的命令格式为

  sed -n '起始行号,+偏移 p' 文件名

该命令表示显示文件自"起始行号"行起的"偏移"行,其中的"+"不能替换为"−"。

【例 7.11】 显示文件 c2.c 自第 2 行起的 4 行的命令及结果为

```
sfs@ubuntu:~$ sed -n '2,+4p' c2.c       #显示文件 c2.c 自第 2 行起的 4 行
main()
{
int n;
int sum;
int i;
```

10) 输出文件最后一行

命令"sed -n '$p' 文件名"表示输出文件最后一行。

【例 7.12】 输出文件 c2.c 最后一行的命令及结果为

```
sfs@ubuntu:~$ sed -n '$p' c2.c          #输出文件 c2.c 最后一行
}
```

11) 输出文件指定行到最后一行

输出文件指定行到最后一行的命令格式为

  sed -n '起始行号,$p' 文件名

该命令输出文件"起始行号"行到最后一行的内容。

【例 7.13】 输出文件 c2.c 第 10 行到最后一行的命令及结果为

sfs@ubuntu:~$ <u>sed -n '10,$p' c2.c</u>　　#输出文件 c2.c 第 10 行到最后一行
i=1;
while(i<=n)
{
sum=sum+i;
printf("i=%d 的和:%d\n",i,sum);
i=i+1;
}
//return 0;
}

12) 同时显示匹配多个字符串的行

输出文件中包含字符串 1 或者字符串 2 的行的命令为

　　sed -n '/字符串 1\|字符串 2/p' 文件名

或者

　　sed -n '/字符串 1/p;/字符串 2/p' 文件名

【例 7.14】 显示文件 c2.c 中包含 scanf 或 printf 的行的命令及结果为

sfs@ubuntu:~$ <u>sed -n '/scanf\|printf/p' c2.c</u>　　#显示文件 c2.c 包含 scanf 或 printf 的行
printf("请输入一个整数，计算从 1 到该整数的和：");
scanf("%d",&n);
printf("i=%d 的和:%d\n",i,sum);
sfs@ubuntu:~$ <u>sed -n '/scanf/p;/printf/p' c2.c</u>　　#显示包含 scanf 或 printf 的行
printf("请输入一个整数，计算从 1 到该整数的和：");
scanf("%d",&n);
printf("i=%d 的和:%d\n",i,sum);

7.2.2　文本插入命令(i)

i 命令用于在匹配行之前插入文本。其基本用法格式为

　　sed '指定行 i 插入的文本' 文件名

行的指定有不同方法，如给出行号、给出特定字符串所在行等。

1) 在指定行号前插入文本

在指定行号前插入文本的命令格式为

　　sed '行号 i 插入的文本' 文件名

【例 7.15】 在 c2.c 文件第 2 行插入文本"插入的文本"的命令及结果为

sfs@ubuntu:~$ <u>sed '2i 插入的文本' c2.c</u>　　#在 c2.c 文件第 2 行插入文本"插入的文本"
#include <stdio.h>
插入的文本
main()

{
int n;
int sum;
int i;
printf("请输入一个整数，计算从 1 到该整数的和：");
scanf("%d",&n);
sum=0;
i=1;
while(i<=n)
{
sum=sum+i;
printf("i=%d 的和:%d\n",i,sum);
i=i+1;
}
//return 0;
}

2) 在某字符串所在行前插入文本

在某字符串所在行前插入文本的命令格式为

sed '/字符串/i 插入的文本' 文件名

【例 7.16】 在文件 c2.c 中"printf"开头所在行之前插入"插入 printf 开头的行"的命令及结果为

```
sfs@ubuntu:~$ sed '/^printf/i 插入 printf 开头的行' c2.c    #在文件 c2.c 中 printf 开头所在行之
                                                          #前插入"插入 printf 开头的行"，也
                                                          #可略去"^"
```

#include <stdio.h>
main()
{
int n;
int sum;
int i;
插入 printf 开头的行
printf("请输入一个整数，计算从 1 到该整数的和：");
scanf("%d",&n);
sum=0;
i=1;
while(i<=n)
{
sum=sum+i;
插入 printf 开头的行

```
    printf("i=%d 的和:%d\n",i,sum);
    i=i+1;
    }
    //return 0;
    }
```

【例 7.17】 在文件 c2.c 中字符 "p" 所在行前插入一行字符串 "--**" 的命令及结果为

sfs@ubuntu:~$ <u>sed -e '/p/i--**' c2.c</u>   #在文件 c2.c 中字符"p"所在行前插入一行字符串"--**",
                                             #可略去"-e"

```
#include <stdio.h>
main()
{
int n;
int sum;
int i;
--**
printf("请输入一个整数，计算从 1 到该整数的和："); 
scanf("%d",&n);
sum=0;
i=1;
while( i<=n )
{
sum=sum+i;
--**
printf("i=%d 的和:%d\n",i,sum);
i=i+1;
}
//return 0;
}
```

7.2.3 文本追加命令(a)

a 命令用于在匹配行之后插入文本。其基本用法格式为

  sed 指定行 a\插入的文本 文件名

行可以通过行号或特定字符串所在行来指定。

1) 在指定行行号后面添加字符串

在指定行行号后面添加字符串的命令格式为

  sed 行号 a\插入的文本 文件名

【例 7.18】 在文件 c2.c 第 4 行后添加字符串 "9999" 的命令及结果为

sfs@ubuntu:~$ <u>sed -e 4a\9999 c2.c</u>   #在文件 c2.c 第 4 行后添加字符串 9999，可略去"-e"

#include <stdio.h>

```
main()
{
int n;
9999
int sum;
int i;
printf("请输入一个整数,计算从1到该整数的和: ");
scanf("%d",&n);
sum=0;
i=1;
while( i<=n )
{
sum=sum+i;
printf("i=%d 的和:%d\n",i,sum);
i=i+1;
}
//return 0;
}
```

【例7.19】 在文件 c2.c 第 2 行后添加字符串 "--333--"的命令及结果为

```
sfs@ubuntu:~$ sed '2a --333--' c2.c      #在文件c2.c第2行后添加字符串--333--
#include <stdio.h>
main()
--333--
{
int n;
int sum;
int i;
printf("请输入一个整数,计算从1到该整数的和: ");
scanf("%d",&n);
sum=0;
i=1;
while( i<=n )
{
sum=sum+i;
printf("i=%d 的和:%d\n",i,sum);
i=i+1;
}
//return 0;
}
```

2) 在某个字符串所在行后面添加字符串

在某个字符串所在行后面添加字符串的命令格式为

  sed '/字符串/a/插入的文本' 文件名

【例 7.20】 在文件 c2.c 字符串"sum"所在行后面添加字符串"---****"的命令及结果为

```
sfs@ubuntu:~$ sed -e '/sum/a/---****' c2.c    #在文件 c2.c 字符串"sum"所在行后面添加字符串
                                              #"---****","-e"可略去
#include <stdio.h>
main()
{
int n;
int sum;
---****
int i;
printf("请输入一个整数,计算从 1 到该整数的和:");
scanf("%d",&n);
sum=0;
---****
i=1;
while( i<=n )
{
sum=sum+i;
---****
printf("i=%d 的和:%d\n",i,sum);
---****
i=i+1;
}
//return 0;
}
```

7.2.4 文本删除命令(d)

d 命令用于删除某一行或者某个范围的行。

1) 删除某一行

删除文本某一行的命令格式为

  sed '行号 d' 文件名

【例 7.21】 删除文件 c2.c 第 2 行的命令及结果为

```
sfs@ubuntu:~$ sed '2d' c2.c        #删除 c2.c 文件第 2 行
#include <stdio.h>
```

```
{
int n;
int sum;
int i;
printf("请输入一个整数，计算从 1 到该整数的和：");
scanf("%d",&n);
sum=0;
i=1;
while( i<=n )
{
sum=sum+i;
printf("i=%d 的和:%d\n",i,sum);
i=i+1;
}
//return 0;
}
```

2) 删除指定行号范围的几行

删除指定行号范围的几行命令的格式为

  sed '起始行号,终止行号 d' 文件名

【例 7.22】 删除文件 c2.c 第 2 行到第 5 行的命令及结果为

```
sfs@ubuntu:~$ sed '2,5d' c2.c          #删除 c2.c 文件第 2 到第 5 行
#include <stdio.h>
int i;
printf("请输入一个整数，计算从 1 到该整数的和：");
scanf("%d",&n);
sum=0;
i=1;
while( i<=n )
{
sum=sum+i;
printf("i=%d 的和:%d\n",i,sum);
i=i+1;
}
//return 0;
}
```

3) 删除包含某个字符串的行

删除文件中包含某个字符串的行的命令格式为

  sed '/字符串/d' 文件名

【例 7.23】 删除文件 c2.c 中包含字符串"printf"的行的命令及结果为

```
sfs@ubuntu:~$ sed '/printf/d' c2.c        #删除包含字符串"printf"的行
#include <stdio.h>
main()
{
int n;
int sum;
int i;
scanf("%d",&n);
sum=0;
i=1;
while( i<=n )
{
sum=sum+i;
i=i+1;
}
//return 0;
}
```

【例 7.24】 删除文件 c2.c 中包含字符串"int"的行的命令及结果为

```
sfs@ubuntu:~$ sed -e '/int/d' c2.c        #删除文件 c2.c 包含字符串"int"的行,"-e"可略去
#include <stdio.h>
main()
{
scanf("%d",&n);
sum=0;
i=1;
while( i<=n )
{
sum=sum+i;
i=i+1;
}
//return 0;
}
```

4) 删除包含两个字符串的行之间的行

删除文件中包含两个字符串的行之间的行的命令格式为

  sed '/起始字符串/,/终止字符串/d' 文件名

【例 7.25】 删除文件 c2.c 中包含"scanf"的行到包含"printf"的行之间的行的命令及结果为

```
sfs@ubuntu:~$ sed '/scanf/,/printf/d' c2.c        #删除文件 c2.c 中包含"scanf"的行到包含
```

#"printf"的行之间的行
```
#include <stdio.h>
main()
{
int n;
int sum;
int i;
printf("请输入一个整数，计算从 1 到该整数的和：");
i=i+1;
}
//return 0;
}
```

5) 删除包含某个字符串的行到指定行号的行之间的行

删除文件中包含某个字符串的行到指定行号的行之间的行的命令格式为

  sed '/起始字符串/,终止行号 d' 文件名

【例 7.26】 删除文件 c2.c 中包含"printf"的行到第 10 行的内容的命令及结果为

  sfs@ubuntu:~$ <u>sed '/printf/,10d' c2.c</u>   #删除文件 c2.c 中包含"printf"的行到第 10 行的内容
```
#include <stdio.h>
main()
{
int n;
int sum;
int i;
while( i<=n )
{
sum=sum+i;
i=i+1;
}
//return 0;
}
```

6) 删除某一行到末行之间的行

删除文件中某一行到末行之间的行的命令格式为

  sed '起始行号,$d' 文件名

【例 7.27】 删除文件 c2.c 中第 2 行到末尾所有行的命令及结果为

  sfs@ubuntu:~$ <u>sed '2,$d' c2.c</u>   #删除 c2.c 文件的第 2 行到末尾所有行
  #include <stdio.h>

7) 删除文件最后一行

删除文件最后一行的命令格式为

sed '$d' 文件名

【例 7.28】 删除 c2.c 文件最后一行的命令及结果为

```
sfs@ubuntu:~$ sed '$d' c2.c              #删除 c2.c 文件最后一行
#include <stdio.h>
main()
{
int n;
int sum;
int i;
printf("请输入一个整数，计算从 1 到该整数的和："); 
scanf("%d",&n);
sum=0;
i=1;
while( i<=n )
{
sum=sum+i;
printf("i=%d 的和:%d\n",i,sum);
i=i+1;
}
//return 0;
```

8) 删除不包含某个字符串的行

删除文件中不包含某个字符串的行的命令格式为

sed '/字符串/!d' 文件名

【例 7.29】 删除文件 c2.c 中不包含字符串"printf"的行的命令及结果为

```
sfs@ubuntu:~$ sed '/printf/!d' c2.c        #删除文件 c2.c 中不包含字符串 printf 的行
printf("请输入一个整数，计算从 1 到该整数的和："); 
printf("i=%d 的和:%d\n",i,sum);
```

9) 删除包含某个单词的行

删除文件中包含某个单词的行的命令格式为

sed '/\<单词\>/d' 文件名

单词与字符串不同，字符串是单词的组成部分。执行该命令，包含单词的字符串所在行不会被删除。

【例 7.30】 删除文件 c2.c 中包含单词"int"的行的命令及结果为

```
sfs@ubuntu:~$ sed -e '/\<int\>/d' c2.c     #删除文件 c2.c 包含单词 int 的行，"-e"可略去
#include <stdio.h>
main()
{
printf("请输入一个整数，计算从 1 到该整数的和：");
```

```
scanf("%d",&n);
sum=0;
i=1;
while( i<=n )
{
sum=sum+i;
printf("i=%d 的和:%d\n",i,sum);
i=i+1;
}
//return 0;
}
```

7.2.5 文本替换命令(s)

s 命令用于将目标字符串替换为源字符串,需要指定源字符串和目标字符串。

1) 将文件中的某个字符串替换为另一个字符串

将文件中的某个字符串替换为另一个字符串的命令格式为

sed 's/源字符串/目标字符串/g' 文件名

"g"表示在整行范围内操作,如果没有"g"标记,则只有每行第一个匹配的源字符串被替换成目标字符串。

【例 7.31】 在文件 c2.c 中整行范围内把"printf"替换为"****"的命令及结果为

```
sfs@ubuntu:~$ sed 's/printf/****/g' c2.c
#在文件 c2.c 中整行范围内把 printf 替换为****。g 表示在整行范围内操作
#如果没有 g 标记,则只有每行第一个匹配的 printf 被替换成****
#include <stdio.h>
main()
{
int n;
int sum;
int i;
****("请输入一个整数,计算从 1 到该整数的和: ");
scanf("%d",&n);
sum=0;
i=1;
while( i<=n )
{
sum=sum+i;
****("i=%d 的和:%d\n",i,sum);
i=i+1;
}
```

```
//return 0;
}
```

2) 只显示替换行

在替换命令中使用"-n"选项，则命令只输出替换行。

【例7.32】 将文件c2.c中"printf"替换为"****"，并且只显示替换行的命令及结果为

```
sfs@ubuntu:~$ sed -n 's/printf/****/p' c2.c    #将文件c2.c中printf替换为****，并且只显示替换行
****("请输入一个整数，计算从1到该整数的和：");
****("i=%d 的和:%d\n",i,sum);
```

3) 替换某个单词(不是字符串)

替换文件中某个单词(不是字符串)的命令格式为

  sed 's/\<单词\>/目标字符串/g' 文件名

【例7.33】 将文件c2.c中的单词i替换为viii的命令及结果为

```
sfs@ubuntu:~$ sed 's/\<i\>/viii/g' c2.c        #将文件c2.c中的单词i替换为viii
#include <stdio.h>
main()
{
int n;
int sum;
int viii;
printf("请输入一个整数，计算从1到该整数的和：");
scanf("%d",&n);
sum=0;
viii=1;
while( viii<=n )
{
sum=sum+viii;
printf("viii=%d 的和:%d\n",viii,sum);
viii=viii+1;
}
//return 0;
}
```

4) 在选定行末尾添加字符串

在选定行末尾添加字符串的命令格式为

  sed '指定行 s/$/目标字符串/' 文件名

【例7.34】 将文件c2.c中从包含字符串"scanf"的行到包含字符串"printf"的行之间的行的末尾添加字符串"*$$$*"的命令及结果为

```
sfs@ubuntu:~$ sed '/scanf/,/printf/s/$/*$$$*/' c2.c
```

#将文件c2.c从包含字符串scanf的行到包含字符串printf的行之间的行的末尾添加字符串*$$$*
#include <stdio.h>
main()
{
int n;
int sum;
int i;
printf("请输入一个整数，计算从1到该整数的和：");
scanf("%d",&n);*$$$*
sum=0;*$$$*
i=1;*$$$*
while(i<=n)*$$$*
{*$$$*
sum=sum+i;*$$$*
printf("i=%d 的和:%d\n",i,sum);*$$$*
i=i+1;
}
//return 0;
}

【例7.35】 将文件c2.c中第2行到第4行的末尾添加字符串"*$$$*"的命令及结果为

sfs@ubuntu:~$ <u>sed '2,4s/$/*$$$*/' c2.c</u> #将文件c2.c中第2行到第4行的末尾添加字符串"*$$$*"
#include <stdio.h>
main()*$$$*
{*$$$*
int n;*$$$*
int sum;
int i;
printf("请输入一个整数，计算从1到该整数的和：");
scanf("%d",&n);
sum=0;
i=1;
while(i<=n)
{
sum=sum+i;
printf("i=%d 的和:%d\n",i,sum);
i=i+1;
}
//return 0;
}

5) 使用 -e 执行多条命令

使用 -e 执行多条命令的命令格式为

  sed -e '命令 1' -e '命令 2'... -e '命令 n' 文件名

"命令 i"与前述编辑命令中的格式相同。

【例 7.36】 删除文件 c2.c 中第 1 行到第 5 行,并将单词 i 替换为 viii 的命令及结果为

  sfs@ubuntu:~$ sed -e '1,5d' -e 's/\<i\>/viii/g' c2.c   #删除文件 c2.c 中第 1 到第 5 行,并将
                        #单词 i 替换为 viii

  int viii;

  printf("请输入一个整数,计算从 1 到该整数的和: ");

  scanf("%d",&n);

  sum=0;

  viii=1;

  while(viii<=n)

  {

  sum=sum+viii;

  printf("viii=%d 的和:%d\n",viii,sum);

  viii=viii+1;

  }

  //return 0;

  }

6) 将字符串替换为该字符串和另一个字符串的连接

将字符串替换为该字符串和另一个字符串的连接的命令格式为

  sed 's/源字符串/&目标字符串/' 文件名

【例 7.37】 将文件 c2.c 中字符串"printf"替换为该字符串和"---printf----"的连接的命令及结果为

  sfs@ubuntu:~$ sed 's/printf/& ---printf----/' c2.c   #将文件 c2.c 中字符串"printf"替换为该字符
                        #串和"---printf----"的连接

  #include <stdio.h>

  main()

  {

  int n;

  int sum;

  int i;

  printf ---printf----("请输入一个整数,计算从 1 到该整数的和: ");

  scanf("%d",&n);

  sum=0;

  i=1;

  while(i<=n)

```
{
sum=sum+i;
printf ---printf----("i=%d 的和:%d\n",i,sum);
i=i+1;
}
//return 0;
}
```

7) 匹配行中多个指定字符串，并分别替换

【例 7.38】 将"aabbccddeeffgghh"替换为"aa:bb:cc:dd"的命令及结果为

sfs@ubuntu:~$ echo aabbccddeeffgghh|sed 's/^\(..\)\(..\)\(..\)\(..\).*$/\1:\2:\3:\4/'
#将"aabbccddeeffgghh"替换为"aa:bb:cc:dd"。^表示从一行的开头匹配
#第一个\(..\)表示匹配任意 2 个字符，即匹配"aa"，后面的\1 代表用匹配的结果"aa"替代\1
#所在位置。
#同理，第 2 个\(..\)匹配"bb"，以匹配结果"bb"替换\2 所在位置，第 3 个\(..\)匹配"cc"，替
#换\3
#第 4 个\(..\)匹配"dd"替换\4
#剩下的 eeffgghh 匹配 .*$，其中.*表示匹配任意个字符，$匹配到末尾，这些字符串被抛弃
aa:bb:cc:dd

【例 7.39】 将字符串"a/b/c"中的/改为"a#b#c"的命令及结果为

sfs@ubuntu:~$ echo "a/b/c" | sed "s/:/:#:g"   #将字符串"a/b/c"中的/改为："a#b#c"
a#b#c
sfs@ubuntu:~$ echo "a/b/c" | sed "s/\//#/g"   #将字符串"a/b/c"中的/改为："a#b#c"
a#b#c

【例 7.40】 将"word"添加".doc"，输出 word.doc 的命令及结果为

sfs@ubuntu:~$ echo "word" | sed -e 's/$/.doc/g'   #将"word"添加".doc"，输出 word.doc
word.doc

8) 匹配行中多个指定字符串，并且分别替换到新的位置

匹配行中多个指定字符串，并且分别替换到新的位置的命令格式为

    sed 's/\(字符串 1\)\(字符串 2\)\(字符串 3\)\(字符串 4\)/\序号 1\序号 2\序号 3\序号 4/' 文件名

该命令表示将 4 个字符串以序号 1、序号 2、序号 3、序号 4 的顺序重新排列。字符串数和序号数可变，但两者的数目相同。

【例 7.41】 将文件 c2.c 中"sum=0;"所在行改写为"0=sum;"的命令及结果为

sfs@ubuntu:~$ sed 's/^\(sum\)\(=\)\(0\)\(.*$\)/\3\2\1\4/' c2.c
#从行首开始匹配，依次找到 4 个字符串："sum"、"="和"0"以及剩余到行尾的字符串
#\1、\2、\3、\4 分别代表这 4 个字符串，按照\3、\2、\1、\4 的顺序重新排列这 4 个字符串
#即将"sum=0;"改写为"0=sum;"
#include <stdio.h>

```
main()
{
int n;
int sum;
int i;
printf("请输入一个整数,计算从 1 到该整数的和:");
scanf("%d",&n);
0=sum;
i=1;
while( i<=n )
{
sum=sum+i;
printf("i=%d 的和:%d\n",i,sum);
i=i+1;
}
//return 0;
}
```

9) 替换行内第 m 个匹配字符串

替换行内第 m 个匹配字符串的命令格式为

    sed 's/源字符串/目标字符串/序号 m' 文件名

该命令将文件中第 m 个源字符串替换为目标字符串。

【例 7.42】将文件 c2.c 中行内第 3 个字符串"i"替换为"+++ i ---"的命令及结果为

    sfs@ubuntu:~$ <u>sed -e 's/i/+++ & ---/3' c2.c</u>   #将文件 c2.c 行内第 3 个字符串"i"替换为

                                                                "+++ i ---","-e"可略

```
#include <stdio.h>
main()
{
int n;
int sum;
int i;
printf("请输入一个整数,计算从 1 到该整数的和:");
scanf("%d",&n);
sum=0;
i=1;
while( i<=n )
{
sum=sum+i;
printf("i=%d 的和:%d\n",+++ i ---,sum);
i=i+1;
```

}
//return 0;
}

10) 替换指定行的第 m 个匹配字符串

替换第 k 行的第 m 个匹配字符串的命令格式为

  sed '行号 ks/源字符串/目标字符串/序号' 文件名

【例 7.43】 将文件 c2.c 中第 6 行第 2 个字符串 "i" 替换为 "--viii--" 的命令及结果为

  sfs@ubuntu:~$ <u>sed -e '6s/i/--v&&&--/2' c2.c</u>   #将第 6 行第 2 个字符串 "i" 替换为 "--viii--",
                       # "-e" 可略去

```
#include <stdio.h>
main()
{
int n;
int sum;
int --viii--;
printf("请输入一个整数，计算从 1 到该整数的和: ");
scanf("%d",&n);
sum=0;
i=1;
while( i<=n )
{
sum=sum+i;
printf("i=%d 的和:%d\n",i,sum);
i=i+1;
}
//return 0;
}
```

【例 7.44】 将文件 c2.c 第 6 行第 1 个字符 "i" 替换为 "--viii--" 的命令及结果为

  sfs@ubuntu:~$ <u>sed -e '6s/i/--v&&&--/' c2.c</u>   #将文件 c2.c 第 6 行第 1 个字符 "i" 替换为
                       # "--viii--"

```
#include <stdio.h>
main()
{
int n;
int sum;
--viii--nt i;
printf("请输入一个整数，计算从 1 到该整数的和: ");
scanf("%d",&n);
sum=0;
```

```
i=1;
while( i<=n )
{
sum=sum+i;
printf("i=%d 的和:%d\n",i,sum);
i=i+1;
}
//return 0;
}
```

11) 替换行中第 n 个字符

【例 7.45】 将文件 c2.c 中每一行第 2 个到第 6 个字符替换成"3333"的命令及结果为

sfs@ubuntu:~$ sed -n 's/^\(.\).\{5\}/\13333/gp' c2.c
#将文件 c2.c 每一行第 2 个到第 6 个字符替换成"3333"
"\(.\)"表示一个字符,"\1"表示引用第一个位置上的字符,即引用"\(.\)"表示的字符。
#.\{5\}表示任意 5 个紧邻的字符。"/0\{5\}/"匹配包含 5 个 0 的行
#3333de <stdio.h>
m3333
i3333
i3333m;
i3333
p3333("请输入一个整数,计算从 1 到该整数的和: ");
s3333"%d",&n);
s3333
w3333 i<=n)
s3333m+i;
p3333("i=%d 的和:%d\n",i,sum);
i3333
/3333rn 0;

【例 7.46】 将"He is a loveable man"中的"loveable"替换为"lovers"的命令及结果为

sfs@ubuntu:~$ echo He is a loveable man | sed -n 's/\(love\)able/\1rs/p'
"\1"引用"\(love\)",找到"loveable",保留"love",在其末尾添加"rs",舍弃"able"
He is a lovers man

12) 替换某个字符串所在行中的某个字符串

替换某个字符串所在行中的某个字符串的命令格式为

sed '/限定行的字符串 linestr/s/源字符串 sourcestr/目标字符串 deststr/g' 文件名

该命令将 linestr 所在行中的 sourcestr 字符串替换为 deststr 字符串。

【例 7.47】 将 c2.c 文件中字符串"printf"所在行中的字符"i"替换为字符串"**i**"的命

令及结果为

```
sfs@ubuntu:~$ sed -e '/printf/s/i/**i**/g' c2.c    #将 c2.c 文件中字符串"printf"所在行中的字符
                                                    #"i"替换为字符串"**i**"，"-e"可略去
#include <stdio.h>
main()
{
int n;
int sum;
int i;
pr**i**ntf("请输入一个整数，计算从 1 到该整数的和：");
scanf("%d",&n);
sum=0;
i=1;
while( i<=n )
{
sum=sum+i;
pr**i**ntf("**i**=%d 的和:%d\n",**i**,sum);
i=i+1;
}
//return 0;
}
```

13) 替换某个字符串所在行中的某个单词

替换某个字符串所在行中的某个单词的命令格式为

sed '/限定行的字符串/s/\<单词\>/目标字符串/g' 文件名

【例 7.48】 将 c2.c 文件中字符串"printf"所在行中的单词"i"替换为字符串"**i**"的命令及结果为

```
sfs@ubuntu:~$ sed -e '/printf/s/\<i\>/**i**/g' c2.c    #将 c2.c 文件中字符串"printf"所在行中的
                                                        #单词"i"替换为字符串"**i**"
#include <stdio.h>
main()
{
int n;
int sum;
int i;
printf("请输入一个整数，计算从 1 到该整数的和：");
scanf("%d",&n);
sum=0;
i=1;
while( i<=n )
```

{
sum=sum+i;
printf("**i**=%d 的和:%d\n",**i**,sum);
i=i+1;
}
//return 0;
}

14) 替换指定范围行的字符串

替换指定范围行的字符串的命令格式为

  sed '起始行指定,终止行指定 s/源字符串/目标字符串/g' 文件名

行指定可以以行号也可以以字符串指定。

【例 7.49】将文件 c2.c 中第 6 行到第 7 行中的字符"i"替换为"--i--"的命令及结果为

  sfs@ubuntu:~$ <u>sed -e '6,7 s/i/--&--/g' c2.c</u> #将文件 c2.c 第 6 行到第 7 行中的字符"i"替换为
                  # "--i--"

#include <stdio.h>
main()
{
int n;
int sum;
--i--nt --i--;
pr--i--ntf("请输入一个整数，计算从 1 到该整数的和：");
scanf("%d",&n);
sum=0;
i=1;
while(i<=n)
{
sum=sum+i;
printf("i=%d 的和:%d\n",i,sum);
i=i+1;
}
//return 0;
}

【例 7.50】将文件 c2.c 中第 8 行到字符串"printf"所在行中的单词"i"替换为"--i--"的命令及结果为

  sfs@ubuntu:~$ <u>sed -e '8,/printf/ s/\<i\>/**i**/g' c2.c</u> #将文件 c2.c 第 8 行到字符串"printf"所
                  #在行中的单词"i"替换为"--i--"

#include <stdio.h>
main()

{
int n;
int sum;
int i;
printf("请输入一个整数，计算从 1 到该整数的和：");
scanf("%d",&n);
sum=0;
i=1;
while(**i**<=n)
{
sum=sum+**i**;
printf("**i**=%d 的和:%d\n",**i**,sum);
i=i+1;
}
//return 0;
}

15) 指定待替换多个字符串的起始位置

【例 7.51】 对于"ab12ab34ab56"从字符串"ab"的第 2 次匹配位置开始将其替换为字符串"--AB--"的命令及结果为

  sfs@ubuntu:~$ echo ab12ab34ab56 | sed 's/ab/--AB--/2g'
  #从字符串"ab"的第 2 次匹配位置开始将其替换为字符串"--AB--"，"/2"为位置参数
  ab12--AB--34--AB--56

16) 子串匹配和替换

【例 7.52】 对于"这是数中的数字 7"将"数字 7"替换为 7 的命令及结果为

  sfs@ubuntu:~$ echo 这是数中的数字 7 | sed 's/数字\([0-9]\)/\1/' #将"数字 7"替换为 7
  #将"数字"后跟 0-9 的串替换为 0-9，"\1"引用"\([0-9]\)"
  这是数中的 7

7.2.6 替换整行命令(c)

c 命令用于替换某一行、多行或字符串所在的行等。

1) 替换某一行

替换某一行的命令格式为

  sed '行号 c 目标字符串' 文件名

【例 7.53】 将文件 c2.c 中第 2 行替换为"替换第 2 行"的命令及结果为

  sfs@ubuntu:~$ sed '2c 替换第 2 行' c2.c #将文件 c2.c 第 2 行替换为"替换第 2 行"
  #include <stdio.h>
  替换第 2 行
  {

```
int n;
int sum;
int i;
printf("请输入一个整数，计算从 1 到该整数的和：");
scanf("%d",&n);
sum=0;
i=1;
while( i<=n )
{
sum=sum+i;
printf("i=%d 的和:%d\n",i,sum);
i=i+1;
}
//return 0;
}
```

2) 替换多行

替换多行的命令格式为

　　sed '起始行指定,终止行指定 c 目标字符串' 文件名

【例 7.54】将文件 c2.c 中第 1 行到第 10 行替换为"替换第 1 行到第 10 行\n---33333-----"的命令及结果为

```
sfs@ubuntu:~$ sed '1,10c 替换第 1 行到第 10 行\n---33333-----' c2.c
#将文件 c2.c 中第 1 行到第 10 行替换为 "替换第 1 行到第 10 行\n---33333-----"
替换第 1 行到第 10 行
---33333-----
while( i<=n )
{
sum=sum+i;
printf("i=%d 的和:%d\n",i,sum);
i=i+1;
}
//return 0;
}
```

3) 替换字符串所在行

替换字符串所在行的命令格式为

　　sed '/定行字符串/c 目标字符串' 文件名

【例 7.55】将文件 c2.c 中字符串"printf"所在行替换为"-----"的命令及结果为

```
sfs@ubuntu:~$ sed -e '/printf/c -----' c2.c     #将文件 c2.c 中字符串 "printf" 所在行替换为 "-----"
#include <stdio.h>
```

```
main()
{
int n;
int sum;
int i;
-----
scanf("%d",&n);
sum=0;
i=1;
while( i<=n )
{
sum=sum+i;
-----
i=i+1;
}
//return 0;
}
```

7.2.7 处理匹配行的下一行命令(n)

处理匹配行的下一行命令的基本格式为

sed '/匹配行指定字符串 matestr/{ n; s/源字符串 sourcestr/目标字符串 deststr/; }' 文件名

该命令将 matestr 所在行的下一行的 sourcestr 替换为 deststr。

【例 7.56】 将文件 c2.c 中字符串 "int" 所在行的下一行中的字符 "i" 替换为 "--**" 的命令及结果为

```
sfs@ubuntu:~$ sed '/int/{ n; s/i/--**/; }' c2.c        #将文件 c2.c 中字符串 "int" 所在行的下一
                                                        #行中的字符 "i" 替换为 "--**"
#include <stdio.h>
main()
{
int n;
--**nt sum;
int i;
pr--**ntf("请输入一个整数,计算从 1 到该整数的和:");
scanf("%d",&n);
sum=0;
i=1;
while( i<=n )
{
```

  sum=sum+i;
  printf("i=%d 的和:%d\n",i,sum);
  --**=i+1;
 }
 //return 0;
}

【例 7.57】 将 echo 输出的 "sfs" 字符串所在行的下一行的字符串 "aa" 替换为 "bb" 的命令及结果为

  sfs@ubuntu:~$ <u>echo -e '第 1 行 sfs......\n 第 2 行：1234aa5678' | sed '/sfs/{ n; s/aa/bb/; }'</u>
  第 1 行 sfs......
  第 2 行：1234bb5678

7.2.8 字元替换命令(y)

字元替换即单个字符替换，该命令格式为

  sed 'y/源字符序列 sourcecharlist../目标字符序列 destcharlist../' 文件名

y 命令用于将源字符序列 sourcecharlist 中的第 i 个字符替换为目标字符序列 destcharlist 中的第 i 个字符。

【例 7.58】 将文件 c2.c 中的 i 字符替换为 1，n 字符替换为 2，t 字符替换为 3 的命令及结果为

  sfs@ubuntu:~$ <u>sed -e 'y/int../123../' c2.c</u> #将文件中的 i 字符替换为 1，n 字符替换为 2，
                    #t 字符替换为 3
  #12clude <s3d1o.h>
  ma12()
  {
  123 2;
  123 sum;
  123 1;
  pr123f("请输入一个整数，计算从 1 到该整数的和：");
  sca2f("%d",&2);
  sum=0;
  1=1;
  wh1le(1<=2)
  {
  sum=sum+1;
  pr123f("1=%d 的和:%d\2",1,sum);
  1=1+1;
  }
  //re3ur2 0;
  }

【例 7.59】 将文件 c2.c 中的 i 字符替换为 I，n 字符替换为 N，t 字符替换为 T 的命令及结果为

```
sfs@ubuntu:~$ sed -e 'y/int../INT../' c2.c    #将文件中的 i 字符替换为 I，n 字符替换为 N，
                                              #t 字符替换为 T
#INclude <sTdIo.h>
maIN()
{
INT N;
INT sum;
INT I;
prINTf("请输入一个整数，计算从 1 到该整数的和：");
scaNf("%d",&N);
sum=0;
I=1;
whIle( I<=N )
{
sum=sum+I;
prINTf("I=%d 的和:%dN",I,sum);
I=I+1;
}
//reTurN 0;
}
```

7.3 文件读/写命令

7.3.1 读文件命令(r)

读文件的命令格式为

    sed '指定行 r 待插入文件 insfile' 文件名 file

该命令将文件 insfile 内容插入到输出的文件 file 指定行后面。

【例 7.60】 文件 a1.txt 内容为

```
---
123
456
abc
def
+++
```

执行下面命令,读取文件 a1.txt 的内容显示在输出的文件 c2.c 字符串"int"所在行下面:

```
sfs@ubuntu:~$ sed '/int/r a1.txt' c2.c     #读取文件 a1.txt 的内容显示在输出的文件 c2.c 的字符串
                                           # "int" 所在行的下面
#include <stdio.h>
main()
{
int n;
---
123
456
abc
def
+++
int sum;
---
123
456
abc
def
+++
int i;
---
123
456
abc
def
+++
printf("请输入一个整数,计算从 1 到该整数的和: ");
---
123
456
abc
def
+++
scanf("%d",&n);
sum=0;
i=1;
while( i<=n )
{
```

```
sum=sum+i;
printf("i=%d 的和:%d\n",i,sum);
---
123
456
abc
def
+++
i=i+1;
}
//return 0;
}
```

【例 7.61】 读取文件 a1.txt 的内容显示在输出的文件 c2.c 第 2 行下面的命令及结果为

```
sfs@ubuntu:~$ sed '2r a1.txt' c2.c   #读取文件 a1.txt 的内容显示在输出的文件 c2.c 第 2 行下面
#include <stdio.h>
main()
---
123
456
abc
def
+++
{
int n;
int sum;
int i;
printf("请输入一个整数，计算从 1 到该整数的和： ");
scanf("%d",&n);
sum=0;
i=1;
while( i<=n )
{
sum=sum+i;
printf("i=%d 的和:%d\n",i,sum);
i=i+1;
}
//return 0;
}
```

7.3.2 写文件命令(w)

写文件命令的格式为

    sed -n '指定行 w 待写入文件 wfile' 文件名 file

该命令将文件 file 指定行写入文件 wfile。

【例 7.62】 将文件 c2.c 中字符串 "int" 所在行写入文件 a2.txt 的命令及结果为

    sfs@ubuntu:~$ sed -n '/int/w a2.txt' c2.c   #将文件 c2.c 中字符串 "int" 所在行写入文件 a2.txt

    sfs@ubuntu:~$ cat a2.txt   #查看写入结果

    int n;

    int sum;

    int i;

    *printf("请输入一个整数，计算从 1 到该整数的和："); *

    printf("i=%d 的和:%d\n",i,sum);

【例 7.63】 将文件 c2.c 第 6 行第 1 个字符 "i" 替换为 "--viii--"，并将替换后的该行写入文件 f.txt，文件 f.txt 中的原有内容将被新内容替换。相关命令及结果为

    sfs@ubuntu:~$ sed -e '6s/i/--v&&&--/w f.txt' c2.c

    #将第 6 行第 1 个字符 "i" 替换为 "--viii--"，并将替换后的该行写入文件 f.txt，文件 f.txt 中的

    #原有内容将被新内容替换

    #include <stdio.h>

    main()

    {

    int n;

    int sum;

    --viii--nt i;

    printf("请输入一个整数，计算从 1 到该整数的和：");

    scanf("%d",&n);

    sum=0;

    i=1;

    while(i<=n)

    {

    sum=sum+i;

    printf("i=%d 的和:%d\n",i,sum);

    i=i+1;

    }

    //return 0;

    }

    sfs@ubuntu:~$ cat f.txt   #查看写入结果

    --viii--nt i;

【例 7.64】 将文件 c2.c 每一行第 2 个到第 6 个字符替换成 "3333"，并将替换后的所

有行写入文件 f.txt，文件 f.txt 中的原有内容将被新内容替换。相关命令及结果为

sfs@ubuntu:~$ <u>sed -n 's/^\(.\).\{5\}/\13333/gp w f.txt' c2.c</u>
#将文件 c2.c 每一行第 2 到第 6 个字符替换成"3333"，并将替换后的所有行写入文件 f.txt，
#文件 f.txt 中的原有内容将被新内容替换
#3333de <stdio.h>
m3333
i3333
i3333m;
i3333
p3333("请输入一个整数，计算从 1 到该整数的和：");
s3333"%d",&n);
s3333
w3333 i<=n)
s3333m+i;
p3333("i=%d 的和:%d\n",i,sum);
i3333
/3333rn 0;
sfs@ubuntu:~$ <u>cat f.txt</u>   #查看写入结果
#3333de <stdio.h>
m3333
i3333
i3333m;
i3333
p3333("请输入一个整数，计算从 1 到该整数的和：");
s3333"%d",&n);
s3333
w3333 i<=n)
s3333m+i;
p3333("i=%d 的和:%d\n",i,sum);
i3333
/3333rn 0;

7.4 引用变量

在 sed 命令中可以使用变量表示操作的字符串。

【例 7.65】 令 test=How，将"$test do"中的"$test"替换为"Do you"的命令及结果为

sfs@ubuntu:~$ <u>test=How</u>

sfs@ubuntu:~$ echo $test do | sed "s/$test/Do you/"   #将"How do"中的"How"替换为"Do you"
Do you do

7.5 多命令执行(e、;)

一次执行多个命令的方式有两种：
第 1 种：sed '命令 1; 命令 2;...; 命令 n' 文件名
第 2 种：sed -e '命令 1' -e '命令 2'... -e '命令 n' 文件名

【例 7.66】 使用-e 执行多个命令，删除文件 c2.c 第 1 行、第 2 行和第 5 行的命令及结果为

sfs@ubuntu:~$ sed -e '1d' -e '2d' -e '5d' c2.c   #使用-e 执行多个命令，删除第 1 行、
                                                      #第 2 行和第 5 行

{
int n;
int i;
printf("请输入一个整数，计算从 1 到该整数的和：");
scanf("%d",&n);
sum=0;
i=1;
while(i<=n)
{
sum=sum+i;
printf("i=%d 的和:%d\n",i,sum);
i=i+1;
}
//return 0;
}

【例 7.67】 使用-e 执行多个命令，显示文件 c2.c 中包含字符串"printf"的行号及行内容的命令及结果为

sfs@ubuntu:~$ sed -n -e '/printf/=' -e '/printf/p' c2.c
#使用-e 执行多个命令，显示文件 c2.c 中包含字符串"printf"的行号及行内容
#两个-e 指定两项编辑操作，即查找和显示匹配行的行号、查找和显示匹配行内容
7
printf("请输入一个整数，计算从 1 到该整数的和：");
14
printf("i=%d 的和:%d\n",i,sum);

【例 7.68】 删除文件 c2.c 第 1、2、5 行的命令及结果为
sfs@ubuntu:~$ sed -e '1d;2d;5d' c2.c

{
int n;
int i;
printf("请输入一个整数，计算从 1 到该整数的和：");
scanf("%d",&n);
sum=0;
i=1;
while(i<=n)
{
sum=sum+i;
printf("i=%d 的和:%d\n",i,sum);
i=i+1;
}
//return 0;
}

【例 7.69】 使用;执行多个命令，删除文件 c2.c 第 1 行、第 2 行和第 5 行的命令及结果为

  sfs@ubuntu:~$ sed '1d;2d;5d' c2.c   #使用;执行多个命令，删除第 1 行、第 2 行和第 5 行
{
int n;
int i;
printf("请输入一个整数，计算从 1 到该整数的和：");
scanf("%d",&n);
sum=0;
i=1;
while(i<=n)
{
sum=sum+i;
printf("i=%d 的和:%d\n",i,sum);
i=i+1;
}
//return 0;
}

【例 7.70】 使用;执行多个命令，显示文件 c2.c 中包含字符串"printf"的行号及行内容的命令及结果为

  sfs@ubuntu:~$ sed -n '/printf/=;/printf/p' c2.c
  #使用;执行多个命令，显示文件 c2.c 中包含字符串"printf"的行号及行内容
  #；连接两项编辑操作，即查找和显示匹配行的行号、查找和显示匹配行内容

```
printf("请输入一个整数,计算从 1 到该整数的和: ");
14
printf("i=%d 的和:%d\n",i,sum);
```

7.6 sed 命令脚本文件(f)

可以将 sed 命令写入文件,形成 sed 命令脚本文件,然后在 sed 命令行中使用-f 选项执行该文件。

【例 7.71】创建 sed 命令脚本文件 sedc.txt。相关命令及结果为

```
sfs@ubuntu:~$ echo -e "1d\n2d\n5d" > sedc.txt      #创建 sed 命令脚本文件 sedc.txt
sfs@ubuntu:~$ cat sedc.txt                          #查看 sed 命令脚本文件 sedc.txt 内容
1d
2d
5d
```

执行 sed 命令脚本文件 sedc.txt,删除文件 c2.c 第 1、2、5 行。相关命令及结果为

```
sfs@ubuntu:~$ sed -f sedc.txt c2.c                  #执行 sed 命令脚本文件 sedc.txt 处理文件 c2.c
{
int n;
int i;
printf("请输入一个整数,计算从 1 到该整数的和: ");
scanf("%d",&n);
sum=0;
i=1;
while( i<=n )
{
sum=sum+i;
printf("i=%d 的和:%d\n",i,sum);
i=i+1;
}
//return 0;
}
```

7.7 保持空间操作命令(h、H、g、G、x)

保持空间是不同于模式空间的另一个缓冲区,用来暂存模式空间中处理过的文本行。sed 提供在模式空间与保持空间转移、交换文本行的命令,这些命令有 h、H、g、G、x。它们的作用如下:

h:将模式空间的内容复制到保持空间。

H：将模式空间的内容追加到保持空间。

g：将保持空间的内容复制到模式空间。

G：将保持空间的内容追加到模式空间。

x：交换模式空间和保持空间的内容。

【例 7.72】 将字符串"printf"所在行存入模式空间，再将其复制到保持空间。处理完最后一行后，将保持空间的文本行追加到模式空间中的行尾，即追加到文件最后一行。相关命令及结果为

sfs@ubuntu:~$ sed -e '/printf/h' -e '$G' c2.c

#第1个命令的作用：字符串"printf"所在行被找到后存入模式空间，h 命令将其复制到保持空间。

#第2个命令的作用：处理完最后一行后，G 命令将保持空间的文本行追加到模式空间中的行尾，

#即追加到文件最后一行。

#include <stdio.h>

main()

{

int n;

int sum;

int i;

*printf("请输入一个整数，计算从 1 到该整数的和："); *

scanf("%d",&n);

sum=0;

i=1;

while(i<=n)

{

sum=sum+i;

printf("i=%d 的和:%d\n",i,sum);

i=i+1;

}

//return 0;

}

printf("i=%d 的和:%d\n",i,sum);

【例 7.73】 将字符串"printf"所在行存入模式空间，再将其追加到保持空间。处理完最后一行后，将保持空间的文本行追加到模式空间中的行尾，即将"printf"所在行追加到文件末尾。相关命令及结果为

sfs@ubuntu:~$ sed -e '/printf/H' -e '$G' c2.c

#第1个命令的作用：字符串"printf"所在行被找到后存入模式空间，H 命令将其追加到保持

#空间。

#第2个命令的作用：处理完最后一行后，G 命令将保持空间的文本行追加到模式空间中的行尾，

#即将"printf"所在行追加到文件末尾。

#include <stdio.h>

```
main()
{
int n;
int sum;
int i;
printf("请输入一个整数，计算从 1 到该整数的和：");
scanf("%d",&n);
sum=0;
i=1;
while( i<=n )
{
sum=sum+i;
printf("i=%d 的和:%d\n",i,sum);
i=i+1;
}
//return 0;
}


        printf("请输入一个整数，计算从 1 到该整数的和：");
        printf("i=%d 的和:%d\n",i,sum);
```

【例 7.74】 将字符串"printf"所在行由模式空间复制到保持空间，然后将保持空间中的"printf"所在行与模式空间中的字符串"while"所在行交换，即用"printf"所在行替换"while"所在行。相关命令及结果为

```
sfs@ubuntu:~$ sed -e '/printf/h' -e '/while/x' c2.c
#将字符串"printf"所在行由模式空间复制到保持空间，
#然后将保持空间中的"printf"所在行与模式空间中的字符串"while"所在行进行交换，
#即用"printf"所在行替换"while"所在行
#include <stdio.h>
main()
{
int n;
int sum;
int i;
printf("请输入一个整数，计算从 1 到该整数的和：");
scanf("%d",&n);
sum=0;
i=1;
printf("请输入一个整数，计算从 1 到该整数的和：");
{
```

```
sum=sum+i;
printf("i=%d 的和:%d\n",i,sum);
i=i+1;
}
//return 0;
}
```

上 机 操 作 7

1. 文本编辑
(1) 显示文件内容。
(2) 显示文件指定行。
(3) 显示一定范围的文本行。
(4) 显示包含特定字符串的行。
(5) 显示包含某个单词的行。
(6) 显示匹配一个字符串的行到匹配另一个字符串的行之间的行。
(7) 输出文件最后一行。
(8) 输出文件指定行到最后一行。
(9) 同时显示匹配多个字符串的行。
(10) 在指定行号前插入文本。
(11) 在某字符串所在行前插入文本。
(12) 在指定行行号后面添加字符串。
(13) 在某个字符串所在行后面添加字符串。
(14) 删除某一行。
(15) 删除指定行号范围的几行。
(16) 删除包含某个字符串的行。
(17) 删除包含两个字符串的行之间的行。
(18) 删除包含某个字符串的行到指定行号的行之间的行。
(19) 删除某一行到末行之间的行。
(20) 删除文件最后一行。
(21) 删除不包含某个字符串的行。
(22) 删除包含某个单词的行。
(23) 将文件中的某个字符串替换为另一个字符串。
(24) 替换某个单词。
(25) 在选定行末尾添加字符串。
(26) 使用-e 选项执行多条命令。
(27) 将字符串替换为该字符串和另一个字符串的连接。
(28) 匹配行中多个指定字符串,并分别替换。

(29) 匹配行中多个指定字符串,并且分别替换到新的位置。
(30) 替换行内第 m 个匹配字符串。
(31) 替换指定行的第 m 个匹配字符串。
(32) 替换行中第 n 个字符。
(33) 替换某个字符串所在行中的某个字符串。
(34) 替换某个字符串所在行中的某个单词。
(35) 替换指定范围行的字符串。
(36) 指定待替换多个字符串的起始位置。
(37) 子串匹配和替换。
(38) 替换某一行。
(39) 替换多行。
(40) 替换字符串所在行。
(41) 处理匹配行的下一行。
(42) 将文件中的某些字符一一对应替换为另外的字符。

2. 文件读写
(1) 读取文件的内容显示在另一个文件某个字符串所在行下面。
(2) 将文件中某个字符串所在行写入另一个文件。
(3) 编写 sed 命令脚本,实现对文件的增加、删除、修改、查询、读、写操作。

第 8 章 awk 非交互式文本处理器

8.1 awk 工作原理

awk 是一种非交互式文本编辑处理工具。awk 不仅是 linux 系统中的一个命令,也是一种编程语言。awk 将命令、程序脚本等不同操作接口集成于一体,能够灵活、高效地完成各种复杂的文本匹配和处理操作。awk 可以输出格式化的文本报表,执行数值计算、字符串操作等。

8.1.1 awk 处理的输入文件结构

awk 将文本文件看做由行组成,每行称为一条记录。行(记录)由字段(域)组成,字段是由间隔符号分开的字符串。每行的域从左到右开始编号,$1 表示第 1 个域,$2 表示第 2 个域,…,第 i 个域表示为$i。$0 表示全域。awk 对行或域执行查找、输出、替换、保存等操作。

8.1.2 awk 工作流程

awk 的工作流程包括顺序执行的三个部分:开始部分、循环部分和结束部分。

开始部分主要完成变量初始化工作。循环部分从文本文件第 1 行一直循环到最后一行,反复执行该部分给出的编辑操作指令,并完成统计性工作。结束部分在文件最后一行处理完毕后执行,可以输出统计性变量值。

循环部分的处理流程如下:
(1) awk 从输入流(文件、管道或者标准输入)中读入一行到内存;
(2) 针对读入到内存的当前文本行执行 awk 命令语句中的编辑操作指令;
(3) 如果该行不是文件最后一行,则转步骤(1);否则转结束部分处理。

8.1.3 awk 的执行方式

awk 的执行方式有命令行方式和脚本文件方式。
命令行方式的完整语法格式为

awk [选项] 'BEGIN{ commands } [pattern] { commands } END{ commands }' 输入文件

其中,"BEGIN{ commands }"即 awk 工作流程的开始部分,"[pattern]{ commands }"即 awk 工作流程的循环部分,"END{ commands }"即 awk 工作流程的结束部分。这些部分以及其中的某些项目是可选的,不一定完整地出现在每一个 awk 命令中。

常用选项及意义如下:

-F 输入分隔符:说明域的分隔符。

-v awk 变量=外部变量:awk 程序变量接收外部变量(Shell 变量)的值。

pattern 部分一般为字符串/单词匹配表达式、条件选择类表达式,用来选择符合条件的域。pattern 部分是可选的,省略则对全行、全域进行处理。

commands 为 awk 程序语句。程序语句包括运算类语句和输出类语句。运算类语句由各类运算表达式组成,如赋值表达式、算术表达式、关系表达式、逻辑表达式等。输出类语句将域值、变量、常量值输出。输出类语句的语法格式为

print 输出项 1, 输出项 2, …,输出项 n

每个输出项可以为"$域序号"、变量或者常量。常量有字符串常量、数值常量。

脚本文件方式的语法格式为

awk [选项] -f awk 脚本文件 var=value 输入文件

选项意义同命令行语法意义。脚本文件由原来输入在命令行的语句块 'BEGIN{commands} [pattern] { commands } END{ commands }'组成。

8.1.4 awk 的内置变量(预定义变量)

变量是 awk 程序语句中的一种操作数。awk 变量包括用户自定义变量和 awk 预定义变量,后者也称为内置变量。用户自定义变量无需声明即可赋值使用。变量可赋予字符串或者数值。根据赋予变量的值的类型进行合适的运算,如进行算术、关系、逻辑运算等。awk 变量的使用方法与其他程序语言,如 c 语言等类似。

awk 内置变量是系统预定义的变量,其中某些变量可能预置了某些值,即缺省值。某些内置变量会随着程序的运行、文本行的处理进度而动态变化,记录当前处理过的记录数、域数等信息。内置变量可隐式或显式引用或重新赋值。隐式引用时,即使未在程序语句中明确引用这些内置变量名,系统也会根据隐含的约定使用某些内置变量中的值。显式引用即在程序语句或者表达式中出现内置变量。

awk 的内置变量名称及用途如下:

$n:当前记录的第 n 个字段。

$0:指当前行的文本内容。

ARGC:命令行参数的数目。

ARGIND:命令行中当前文件的位置(从 0 开始算)。

ARGV:包含命令行参数的数组。

CONVFMT:数字转换格式(默认值为%.6g)。

ENVIRON:环境变量关联数组。

ERRNO:最后一个系统错误的描述。

FIELDWIDTHS：字段宽度列表(用空格键分隔)。
FILENAME：当前输入文件的名字。
FNR：同 NR，但相对于当前文件。
FS：输入字段分隔符(默认是任何空格)。
IGNORECASE：如果为真，则忽略大小写的匹配。
NF：当前行的字段数。
NR：当前行的行号。
OFMT：数字的输出格式(默认值是%.6g)。
OFS：输出字段分隔符(默认值是一个空格)。
ORS：输出记录分隔符(默认值是一个换行符)。
RS：记录分隔符(默认是一个换行符)。
RSTART：由 match 函数所匹配的字符串的第一个位置。
RLENGTH：由 match 函数所匹配的字符串的长度。
SUBSEP：数组下标分隔符(默认值是 34)。

8.1.5　awk 的运算符

awk 提供算术运算符、赋值运算符、关系运算符、逻辑运算符、正则运算符以及其他运算符。

(1) 算术运算符。

算术运算符及其含义如下：

+、-：加，减。

*、/、%：乘，除与求余。

+、-：一元加，减。

^ ***：求幂。

++、--：增加或减少，作为前缀或后缀。

(2) 赋值运算符。

赋值运算符包括=、+=、-=、*=、/=、%=、^=、**=。

(3) 关系运算符。

关系运算符包括<、<=、>、>=、!=、==。

(4) 逻辑运算符。

逻辑运算符包括：

!：逻辑非。

&&：逻辑与。

||：逻辑或。

(5) 正则运算符。

正则运算符包括：

~ ：匹配正则表达式。

~! ：不匹配正则表达式。

(6) 其他运算符。

其他运算符包括:
$：字段引用。
空格：字符串连接符。
?:：C 条件表达式。
in：数组中是否存在某键值。

8.1.6 awk 的控制结构

awk 具有类似 C 语言的顺序、选择、循环控制结构。若干条顺序语句以";"间隔。选择结构由 if-else 语句实现。循环控制结构由 for 循环、while 循环或 do-while 循环语句实现。awk 的三种控制结构与 C 语言的三种控制结构语法类似。

在循环体中可以使用 break 语句跳出当前层循环，使用 continue 语句终止当前次循环，提前进入下次循环。

exit 语句使主输入循环退出并将控制转移到 END 语句块(若存在 END 语句块)。如果 END 语句块不存在，或者在 END 语句块中应用 exit 语句，则终止脚本的执行，返回操作系统。

执行 next 语句会跳过当前行，不对当前行执行匹配后的程序语句，程序处理目标移到下一行。

8.1.7 awk 的函数

在 awk 中，用户可以自定义函数，然后调用。awk 也提供了一些内置函数供用户直接调用。

1) awk 的用户自定义函数

用户自定义函数的一般形式为

```
function function_name(argument1, argument2, ...)
{
    function body
}
```

function_name 是用户自定义函数的名称。函数名称遵循变量命名原则，并且不能与 awk 保留的关键字同名。

一旦定义好函数，即可在 BEGIN 语句块、主循环体语句块或者 END 语句块中调用函数。

2) awk 的内置函数

awk 的内置函数有算术函数、字符串函数、其他一般函数、时间函数等。部分函数功能简介如下。

(1) 算术函数。

atan2(y, x)：y/x 的反正切。

cos(x)：余弦；x 是弧度。

sin(x)：正弦；x 是弧度。

exp(x)：幂函数。
log(x)：自然对数。
sqrt(x)：平方根。
int(x)：截断至整数的值。
rand()：返回任意数字 n，其中 $0 \leq n < 1$。
srand([x])：将 rand 函数的种子值设置为 x 的值。如果省略 x 则使用某天的时间。
(2) 字符串函数。
gsub(被替换字符串,目标字符串, [范围])：在整个文档或指定域范围内以"目标字符串"替换所有"被替换字符串"。如果省略"范围"，则在整个文档范围内替换。
sub(被替换字符串，目标字符串,[范围])：在文档或域范围内以"目标字符串"替换第一个"被替换字符串"。省略"范围"则在全文中替换。
index(母串,子串)：返回"子串"在"母串"中出现的第一个位置。若"母串"未出现"子串"，则返回 0。
length([字符串])：返回"字符串"的长度。若未给出"字符串"，则返回整个记录的长度($0 记录变量)。
blength([字符串])：返回"字符串"的长度(以字节为单位)。若未给出"字符串"，则返回整个记录的长度($0 记录变量)。
substr(字符串,开始位置,[长度])：返回"字符串"中从"开始位置"开始长度为"长度"的后缀部分。若未指定"长度"，则返回从"开始位置"开始的后缀部分。
match(母串,子串)：测试"母串"是否包含"子串"，若包含则返回"子串"位置。
split(待分割字符串,子串数组,分割依据)：以"分割依据"为依据，将"待分割字符串"分割为子串保存在"子串数组"中。"分割依据"为正则表达式或 FS。如果省略"分割依据"，则 FS 被使用。
tolower(字符串)："字符串"中大写字符变小写。
toupper(字符串)："字符串"中小写字符变大写。
sprintf(格式串,表达式 1,表达式 2, ...)：返回经"格式串"格式化后的"表达式 1,表达式 2, ..."。

8.2 文本域打印命令

文本域打印即输出文本行的域(记录)，可以全部输出，也可以部分输出，可以指定域分隔符等。

8.2.1 打印全部域命令($0)

打印全部域($0)的命令格式为
    awk '{print $0}' 文件名 file
或者
    awk '{print}' 文件名 file

或者

    awk '$0'文件名 file

该命令输出文件 file 的全部域。

【例 8.1】 输出文件 ls2 的全部域。首先建立文件 ls2，然后输出其全部域。相关命令及结果为

```
sfs@ubuntu:~$ ls -l>ls2              #利用输出重定向建立一个目录列表文件 ls2
sfs@ubuntu:~$ awk '{print $0}' ls2   #打印文件 ls2 各行各列(字段)，awk '{print}' ls2
                                     #完成相同功能

total 1128
-rw-rw-r-- 1 sfs    sfs      24 Jan 26 00:32 a1.txt
-rw-rw-r-- 1 sfs    sfs      21 Jan  4 20:02 a1.txt~
-rw-rw-r-- 1 sfs    sfs     123 Jan 26 00:52 a2.txt
-rw-rw-r-- 1 sfs    sfs      18 Sep 29 02:41 abc.txt
drwxrwxr-x 2 sfs    sfs    4096 Oct   1 06:22 baichuanc
drwxrwxr-x 2 sfs    sfs    4096 Dec   5 05:47 c
-rwxrwxr-x 1 sfs    sfs    7204 Jan 14 06:24 c1
-rw-rw-r-- 1 sfs    sfs     149 Jan 14 16:48 c1.c
-rw-rw-r-- 1 sfs    sfs     149 Jan 14 06:25 c1.c~
-rw-rw-r-- 1 sfs    sfs       4 Jan  3 19:48 c1r
-rwxrwxr-x 1 sfs    sfs    7204 Jan 14 16:52 c2
-rw-rw-r-- 1 sfs    sfs     229 Jan 24 02:00 c2.c
-rw-rw-r-- 1 sfs    sfs     229 Jan 24 02:00 c2.c~
-rw-rw-r-- 1 sfs    sfs     373 Jan 13 05:15 case_score.sh
-rw-rw-r-- 1 sfs    sfs     384 Jan 13 05:14 case_score.sh~
-rw-rw-r-- 1 sfs    sfs     141 Nov  4 01:28 check_file.sh
```

8.2.2 打印部分域命令($i)

打印域时，主要打印输入文件中的域，也可以打印不在文件中的域。

1) 打印输入文件中的域

打印输入文件中的域可以打印全域，也可以打印部分域。

打印部分域($i)的命令格式为

    awk '{print $域号,$域号,...,$域号}' 文件名 file

"$域号"为欲输出的域的序号，序号的排列顺序是任意的。该命令输出文件 file 各行中指定域号的域内容，并按域号给出的顺序输出各行各域内容。

【例 8.2】 打印文件 ls2 第 2 列、第 1 列、第 4 列、第 3 列的命令及结果为

```
sfs@ubuntu:~$ awk '{print $2,$1,$4,$3}' ls2    #打印文件 ls2 第 2 列、第 1 列、第 4 列、
                                               #第 3 列。命令仅出现"循环部分"编辑指令
                                               #{print $2,$1,$4,$3}

1128 total
```

1 -rw-rw-r-- sfs sfs
1 -rw-rw-r-- sfs sfs
1 -rw-rw-r-- sfs sfs
1 -rw-rw-r-- sfs sfs
2 drwxrwxr-x sfs sfs
2 drwxrwxr-x sfs sfs
1 -rwxrwxr-x sfs sfs
1 -rw-rw-r-- sfs sfs
1 -rw-rw-r-- sfs sfs
1 -rw-rw-r-- sfs sfs

【例 8.3】 使用"开始部分"、"循环部分"和"结束部分"处理文件 ls2。在"开始部分",将欲输出的域号赋值给变量,并输出"---------------",在"循环部分",输出变量中保存的各行指定域值。在"结束部分",输出"**************"。相关命令及结果为

    sfs@ubuntu:~$ awk 'BEGIN{ c1=1;c2=3;c3=5;print "---------------"}{print $(c1),$(c2),$(c3)}END
{ print "**************" }' ls2

    #在 BEGIN 模块中定义变量 c1、c2、c3,并置域号为初值,打印一行"-";
    #在主输入循环模块打印变量 c1、c2、c3 值指定的列。在 END 模块打印一行"*"

    ----
    total
    -rw-rw-r-- sfs 24
    -rw-rw-r-- sfs 21
    -rw-rw-r-- sfs 123
    -rw-rw-r-- sfs 18
    drwxrwxr-x sfs 4096
    drwxrwxr-x sfs 4096
    -rwxrwxr-x sfs 7204
    -rw-rw-r-- sfs 149
    -rw-rw-r-- sfs 149
    -rw-rw-r-- sfs 4
    ****

2) 打印不在输入文件中的域

awk 打印的信息可以来自输入文件,也可以是输入文件以外的信息。

【例 8.4】 打印与文件 stu 无关的信息"OK","123"。stu 有 3 个记录,无关记录也打印 3 行。相关命令及结果为

    sfs@ubuntu:~$ awk '{print "OK","123"}' stu   #打印与文件 stu 无关的信息。stu 有 3 个记录,
                                                                                                                           #无关记录也打印 3 行

    OK 123
    OK 123
    OK 123

8.2.3 域分隔符指定命令

域分隔符分为输入域分隔符和输出域分隔符。输入域分隔符是 awk 命令读取的文本文件中区分各行各域的间隔符号。空格是默认的输入域分隔符。Tab 键被看作连续的空格。处理多个空格字符时忽略多余一个的空格。使用 -F 选项或全局变量 FS 可以重新规定输入域分隔符。输出域分隔符是 awk 命令输出文本域时分割域的符号。输出域分隔符可以使用全局变量 OFS 规定，也可以将其作为一个域值直接输出。

1) 输入域分隔符的规定
(1) 使用 -F 规定输入域分隔符。
使用 -F 规定输入域分隔符的命令格式为

  awk -F "输入域分隔符" '命令' 文件名 file

"输入域分隔符"如果由单个字符组成，则可省略双引号。

【例 8.5】 分隔符规定为"-"，打印文件 ls2 第 1、2、3、4 列的命令及结果为

  sfs@ubuntu:~$ awk -F "-" '{print $1,$2,$3,$4}' ls2   #输入域分隔符规定为"-"，打印第 1、2、
                          #3、4 列

  #该命令也可写为：awk -F- '{print $1,$2,$3,$4}' ls2，即省去"-"的双引号
  #drwxrwxr-x 2 sfs sfs   4096 Oct 1 06:22 baichuanc 行只有一个"-"
  #该行被认为只有两个字段：drwxrwxr 和 x 2 sfs sfs   4096 Oct 1 06:22 baichuanc
  total 1128
   rw rw r
   rw rw r
   rw rw r
   rw rw r
  drwxrwxr x 2 sfs sfs   4096 Oct 1 06:22 baichuanc
  drwxrwxr x 2 sfs sfs   4096 Dec 5 05:47 c
  rwxrwxr x 1 sfs sfs   7204 Jan 14 06:24 c1
   rw rw r
   rw rw r
   rw rw r

【例 8.6】 规定输入域分隔符为":"，打印文件/etc/passwd 第 1 到第 7 个字段的命令及结果为

  sfs@ubuntu:~$ awk -F: '{ print $1,$2,$3,$4,$5,$6,$7}' /etc/passwd #打印文件/etc/passwd 第 1 到
                              #第 7 个字段

  root x 0 0 root /root /bin/bash
  daemon x 1 1 daemon /usr/sbin /bin/sh
  bin x 2 2 bin /bin /bin/sh
  sys x 3 3 sys /dev /bin/sh
  sync x 4 65534 sync /bin /bin/sync
  games x 5 60 games /usr/games /bin/sh

man x 6 12 man /var/cache/man /bin/sh

...

(2) 使用全局变量 FS 规定输入域分隔符。

输入域分隔符可以存放在系统预定义全局变量 FS 中，也可存放在用户自定义变量中供 awk 命令引用。

使用全局变量 FS 设置输入域分隔符的语法格式为

awk 'BEGIN{ FS="输入域分隔符" }{编辑指令}' 输入文件 file

即将全局变量 FS 赋值语句放在开始模块中。"BEGIN{ FS="输入域分隔符" }"等价于命令行 -F 选项。

【例 8.7】 建立文件 stu，内容为

学生 1,学号 001,专业计科,电话 11-2001,科目 K1,89,科目 K2,90

学生 2,学号 002,专业软工,电话 11-2002,科目 K3,80,科目 K4,75,科目 K7,82

学生 3,学号 003,专业电子,电话 11-3003,科目 K5,93,科目 K6,85

使用全局变量 FS 设置输入域分隔符为 "," ，打印文件 stu 全部域的命令及结果为

  sfs@ubuntu:~$ <u>awk 'BEGIN{ FS="," }{ print $0}' stu</u> #输入域分隔符规定为 "," ，打印文件
                               #stu 全部域

学生 1,学号 001, 专业计科, 电话 11-2001,科目 K1,89,科目 K2,90

学生 2,学号 002, 专业软工, 电话 11-2002,科目 K3,80,科目 K4,75,科目 K7,82

学生 3,学号 003, 专业电子, 电话 11-3003,科目 K5,93,科目 K6,85

【例 8.8】 输入域分隔符规定为 ":" ，打印文件/etc/passwd 第 1 到第 7 字段(列)，字段间以空格间隔的命令及结果为

  sfs@ubuntu:~$ <u>awk 'BEGIN{ FS=":" }{ print $1,$2,$3,$4,$5,$6,$7}' /etc/passwd</u>

  #打印文件/etc/passwd 第 1 到第 7 个字段

root x 0 0 root /root /bin/bash

daemon x 1 1 daemon /usr/sbin /bin/sh

bin x 2 2 bin /bin /bin/sh

sys x 3 3 sys /dev /bin/sh

sync x 4 65534 sync /bin /bin/sync

games x 5 60 games /usr/games /bin/sh

man x 6 12 man /var/cache/man /bin/sh

...

使用用户自定义变量设置输入域分隔符的命令格式为

awk -F$用户自定义变量 '命令' 文件名 file

"用户自定义变量"事先已经被赋值。

【例 8.9】 用户自定义变量 sep 设为 "," ，然后在 -F 选项中引用$sep 输出文件 stu 全域的命令及结果为

  sfs@ubuntu:~$ <u>sep=,</u>   #输入域分隔符 "," 设在用户自定义变量 sep 中
  sfs@ubuntu:~$ <u>awk -F$sep '$0' stu</u>   #使用变量 sep 中的值作为分隔符

学生 1,学号 001, 专业计科, 电话 11-2001,科目 K1,89,科目 K2,90

学生2,学号002,专业软工,电话11-2002,科目K3,80,科目K4,75,科目K7,92

学生3,学号003,专业电子,电话11-3003,科目K5,93,科目K6,85

2) 输出域分隔符的规定

输出域分隔符可以存放在系统预定义全局变量 OFS 中，也可将其作为域值直接输出。

(1) 使用系统预定义全局变量 OFS 设置输出域分隔符。

使用全局变量 OFS 设置输出域分隔符的语法格式为

awk 'BEGIN{ OFS="输出域分隔符" }{编辑指令}' 输入文件 file

即将全局变量 OFS 赋值语句放在开始模块中。

【例 8.10】 将输入域分隔符设为 ","，输出域分隔符设为 "|"，输出文件 stu 前 3 个域的命令及结果为

sfs@ubuntu:~$ awk -F, 'BEGIN{ OFS="|" }{ print $1,$2,$3}' stu   #输出域分隔符设为 "|"

学生1|学号001|专业计科

学生2|学号002|专业软工

学生3|学号003|专业电子

(2) 将输出域分隔符作为域值直接输出。

可以将输出域分隔符作为常量值和域一起输出。

【例 8.11】 输入域分隔符规定为 ","，打印第 1、2、3 字段(列)，字段间以"--"间隔的命令及结果为

sfs@ubuntu:~$ awk 'BEGIN{ FS="," }{ print $1,"--",$2,"--",$3}' stu

#输入域分隔符规定为 ","，打印第 1、2、3 字段(列)，字段间以"--"间隔

学生1 -- 学号001 -- 专业计科

学生2 -- 学号002 -- 专业软工

学生3 -- 学号003 -- 专业电子

8.2.4 打印各行行号、域数命令(NR、NF)

各行的域数记录在系统预定义全局变量 NF 中；各行的行号记录在系统预定义全局变量 NR 中。输出全局变量 NF 值可以看到各行字段数；输出全局变量 NR 值可以看到各行的行号。

1) 输出各行的域数

【例 8.12】 以默认间隔符空格作为输入域分隔符输出文件 stu 各行的域数的命令及结果为

sfs@ubuntu:~$ awk '{ print NF}' stu   #以默认间隔符空格作为字段间隔时输出各行字段数

1

1

1

【例 8.13】 以 "," 作为输入域分隔符输出文件 stu 各行的域数的命令及结果为

sfs@ubuntu:~$ awk -F, '{ print NF}' stu   #以 "," 作为字段间隔时输出各行字段数

8

10

8

【例 8.14】 以",”作为输入域分隔符输出文件 stu 各行的域数和各域的值的命令及结果为

sfs@ubuntu:~$ <u>awk -F, '{ print NF,$1,$2,$3,$4,$5,$6,$7,$8,$9}' stu</u>

#以",”作为字段间隔时输出各行字段数,同时输出各行各字段

8 学生1 学号001 专业计科电话11-2001 科目K1 89 科目K2 90

10 学生2 学号002 专业软工电话11-2002 科目K3 80 科目K4 75 科目K7

8 学生3 学号003 专业电子电话11-3003 科目K5 93 科目K6 85

【例 8.15】 以默认间隔符空格作为输入域分隔符输出文件 c2.c 各行的域数的命令及结果为

sfs@ubuntu:~$ <u>awk '{ print NF}' c2.c</u>   #以默认间隔符空格作为字段间隔时输出各行字段数

2

1

1

2

2

2

1

1

3

…

2) 输出各行的行号

【例 8.16】 以",”作为输入域分隔符输出文件 stu 各行行号、域数和每行第 1 个、最后一个域的命令及结果为

sfs@ubuntu:~$ <u>awk -F, '{print NR,NF,$1,$NF}' stu</u>   #输出文件 stu 各行行号、域数和每行

#第 1 个、最后一个域

1 8 学生1 90

2 10 学生2 82

3 8 学生3 85

8.3 筛选符合条件的行、域

awk 不仅可以打印文件所有行,还可以只打印符合条件的行;不仅可以使用域号指定各行输出的域,还可以使用匹配运算符、比较运算符指定符合条件的域。

8.3.1 打印字符串匹配行(~)

匹配运算符"~"用于搜索包含匹配模式字符串的行或域。匹配操作命令格式为
  awk '匹配范围~模式串{编辑指令}' 文件名 file

或者
  awk '模式串{编辑指令}' 文件名 file

或者
  awk '模式串' 文件名 file

匹配范围一般为域号，该命令查找匹配范围内包含模式串的文本行，并执行编辑指令。省略"{编辑指令}"，则输出符合条件的行的各域。仅给出模式串，不指定匹配范围则在全域范围内查找模式串。

【例8.17】打印文件 c2.c 中第 1 个域包含字符串"int"的行的命令及结果为
  sfs@ubuntu:~$ awk '$1~/int/' c2.c #打印文件 c2.c 中第 1 个字段包含字符串"int"的行
  int n;
  int sum;
  int i;
  printf("请输入一个整数，计算从 1 到该整数的和：");
  printf("i=%d 的和:%d\n",i,sum);

或者这样执行：
  sfs@ubuntu:~$ awk '$1~/int/{print $0}' c2.c
  int n;
  int sum;
  int i;
  printf("请输入一个整数，计算从 1 到该整数的和：");
  printf("i=%d 的和:%d\n",i,sum);

【例8.18】打印文件 stu 中第 3 个域包含字符串"电子"的行的前 3 个域的命令及结果为
  sfs@ubuntu:~$ awk -F, '$3~/电子/{print $1,$2,$3}' stu
  学生3 学号003 专业电子

【例8.19】打印文件 c2.c 中任何域包含字符串"int"的行的命令及结果为
  sfs@ubuntu:~$ awk '$0~/int/' c2.c #打印文件 c2.c 中任意字段包含字符串"int"的行
  int n;
  int sum;
  int i;
  printf("请输入一个整数，计算从 1 到该整数的和：");
  printf("i=%d 的和:%d\n",i,sum);

【例8.20】打印命令 ls -l 输出中任何域包含字符串"c1"的行的命令及结果为
  sfs@ubuntu:~$ ls -l|awk '$0~/c1/'
  -rwxrwxr-x 1 sfs sfs 7204 Jan 14 2018 c1

```
drwxrwxr-x 2 sfs    sfs       4096 Jul 17 19:39 c111
-rw-rw-r-- 1 sfs    sfs        149 Jan 14  2018 c1.c
-rw-rw-r-- 1 sfs    sfs        149 Jan 14  2018 c1.c~
-rw-rw-r-- 1 sfs    sfs          4 Jan  3  2018 c1r
-rw-rw-r-- 1 sfs    sfs         94 Nov 20  2017 func1.sh
-rw-rw-r-- 1 sfs    sfs        137 Jan  2  2018 hdlk-c1c
lrwxrwxrwx 1 sfs    sfs          2 Jan  2  2018 lk-c1 -> c1
lrwxrwxrwx 1 sfs    sfs          4 Jan  2  2018 lk-c1c -> c1.c
```

【例 8.21】 打印文件 c2.c 中第 1 个域包含字符串"sum"的行的命令及结果为

sfs@ubuntu:~$ awk '$1~/sum/' c2.c   #打印第 1 个字段包含字符串"sum"的行
sum=0;
sum=sum+i;
printf("i=%d 的和:%d\n",i,sum);

【例 8.22】 打印文件 c2.c 中任意域包含字符串"sum"的行的命令及结果为

sfs@ubuntu:~$ awk '$0~/sum/' c2.c   #打印文件 c2.c 中任意字段包含字符串"sum"的行
int sum;
sum=0;
sum=sum+i;
printf("i=%d 的和:%d\n",i,sum);

【例 8.23】 打印文件 c2.c 中第 2 个域包含字符串"sum"的行的命令及结果为

sfs@ubuntu:~$ awk '$2~/sum/' c2.c   #打印第 2 个字段包含字符串"sum"的行
int sum;

【例 8.24】 打印文件 stu 中任意域包含字符串"200"的行的命令及结果为

sfs@ubuntu:~$ awk -F, '$0~/200/' stu   #打印文件 stu 中任意字段包含字符串"200"的行
学生 1,学号 001,专业计科,电话 11-2001,科目 K1,89,科目 K2,90
学生 2,学号 002,专业软工,电话 11-2002,科目 K3,80,科目 K4,75,科目 K7,82

【例 8.25】 打印文件 c2.c 中包含字符串"sum"的行的命令及结果为

sfs@ubuntu:~$ awk '/sum/' c2.c   #打印文件 c2.c 中包含字符串"sum"的行
int sum;
sum=0;
sum=sum+i;
printf("i=%d 的和:%d\n",i,sum);

【例 8.26】 打印文件 c2.c 中包含字符串"int"的行的命令及结果为

sfs@ubuntu:~$ awk '/int/' c2.c   #打印文件 c2.c 中包含字符串"int"的行
int n;
int sum;
int i;
printf("请输入一个整数，计算从 1 到该整数的和: ");
printf("i=%d 的和:%d\n",i,sum);

【例 8.27】 打印文件 c2.c 中第 1 个域包含单词(而不是字符串)"int"的行的命令及结果为

  sfs@ubuntu:~$ awk '$1~/^int$/' c2.c   #打印文件 c2.c 中第 1 个字段包含单词(而不是字符串)
                  # "int"的行
  int n;
  int sum;
  int i;

8.3.2 打印字符串非匹配行命令(!~)

"!~"命令用于选出非匹配行。

【例 8.28】 打印文件 stu 中任意字段不包含字符串 "200" 的行的命令及结果为
  sfs@ubuntu:~$ awk -F, '$0!~/200/' stu   #打印任意字段不包含字符串 "200" 的行
  学生 3,学号 003,专业电子,电话 11-3003,科目 K5,93,科目 K6,85

8.3.3 使用关系运算符、逻辑运算符以及正则表达式筛选符合条件的行、域命令

使用比较运算符筛选符合条件的行、域的命令格式为
  awk [选项] '关系式以及逻辑表达式' 文件 file
该命令筛选域值符合"关系式以及逻辑表达式"的行输出。关系式是使用关系运算符连接操作数的式子。关系运算符有"<"、"<="、">"、">="、"=="、"!="。逻辑表达式是使用逻辑运算符连接的式子。逻辑运算符有"!"、"&&"、"||"。

【例 8.29】 打印文件 stu 中域 6 小于 90 的行的命令及结果为
  sfs@ubuntu:~$ awk -F, '$6<90' stu   #打印域 6 小于 90 的行
  学生 1,学号 001,专业计科,电话 11-2001,科目 K1,89,科目 K2,90
  学生 2,学号 002,专业软工,电话 11-2002,科目 K3,80,科目 K4,75,科目 K7,82

【例 8.30】 打印文件 stu 中域 6 小于 90 且域 8 大于等于 90 的行的命令及结果为
  sfs@ubuntu:~$ awk -F, '$6<90 && $8>=90' stu   #打印文件 stu 域 6 小于 90 且域 8 大于等于
                           #90 的行
  学生 1,学号 001,专业计科,电话 11-2001,科目 K1,89,科目 K2,90

【例 8.31】 打印文件 stu 中域 3 为"专业软工"的行的命令及结果为
  sfs@ubuntu:~$ awk -F, '$3 == "专业软工"' stu   #打印文件 stu 域 3 为"专业软工"的行
  学生 2,学号 002,专业软工,电话 11-2002,科目 K3,80,科目 K4,75,科目 K7,82

【例 8.32】 打印文件 stu 中域 3 不是"专业软工"的行的命令及结果为
  sfs@ubuntu:~$ awk -F, '$3 != "专业软工"' stu   #打印文件 stu 域 3 不是"专业软工"的行
  学生 1,学号 001,专业计科,电话 11-2001,科目 K1,89,科目 K2,90
  学生 3,学号 003,专业电子,电话 11-3003,科目 K5,93,科目 K6,85

【例 8.33】 打印文件 stu 中包含字符串 "200" 的行的第 1、第 4 个域的命令及结果为
  sfs@ubuntu:~$ awk -F, '/200/ {print $1,$4}' stu   #显示文件 stu 中包含字符串 "200" 的行的
                            #第 1、第 4 个域
  学生 1 电话 11-2001

学生2 电话11-2002

【例8.34】 打印文件 stu 中包含字符串 "200" 的行的命令及结果为
  sfs@ubuntu:~$ <u>awk -F, '/200/' stu</u>   #显示文件 stu 中包含字符串 "200" 的行
  学生1,学号001,专业计科,电话11-2001,科目K1,89,科目K2,90
  学生2,学号002,专业软工,电话11-2002,科目K3,80,科目K4,75,科目K7,82

【例8.35】 打印 ls -l 命令结果中链接数大于1的列表项的命令及结果为
  sfs@ubuntu:~$ <u>ls -l|awk '$2>1'</u>   #显示 ls -l 命令结果中链接数大于1的列表项
  total 1180
  drwxrwxr-x 2 sfs sfs   4096 Oct 1 06:22 baichuanc
  drwxrwxr-x 2 sfs sfs   4096 Dec 5 05:47 c
  drwxr-xr-x 2 sfs sfs   4096 Sep 25 10:06 Pictures
  drwxrwxr-x 4 nus1 sfsug1 4096 Jan 4 05:35 prg
  drwxrwxr-x 3 sfs sfs   4096 Jan 4 06:53 prgtar
  drwxrwxr-x 3 sfs sfs   4096 Jan 4 07:35 ptgz

【例8.36】 使用正则表达式。打印文件 c2.c 中所有以 int 或 scanf 开头的行的命令及结果为
  sfs@ubuntu:~$ <u>awk '/^(int|scanf)/' c2.c</u> #打印所有以 int 或 scanf 开头的行。行开始符^匹配
                   #一行的开始
  int n;
  int sum;
  int i;
  scanf("%d",&n);

【例8.37】 指定打印的行范围。打印文件 c2.c 中以 int 开头的记录到以 scanf 开头的行之间的行的命令及结果为
  sfs@ubuntu:~$ <u>awk '/^int/,/^scanf/' c2.c</u> #打印以 int 开头的记录到以 scanf 开头的行之间的记录
  int n;
  int sum;
  int i;
  printf("请输入一个整数，计算从1到该整数的和：");
  scanf("%d",&n);

【例8.38】 打印文件 c2.c 中以 i 或 s 开头的行的命令及结果为
  sfs@ubuntu:~$ <u>awk '/^[is]/{print $0}' c2.c</u> #打印以 i 或 s 开头的记录
  int n;
  int sum;
  int i;
  scanf("%d",&n);
  sum=0;
  i=1;
  sum=sum+i;

i=i+1;

8.3.4 打印或者修改条件匹配行、域命令(if-else)

使用条件语句 if 可以选择符合要求的行打印或修改其域值，其语法格式为

awk '{ if(条件表达式) 编辑指令}' 输入文件 file

如果"条件表达式"为真，则对为真的行执行编辑指令。

【例 8.39】 打印文件 stu 中字段 6 大于 90 的行的命令及结果为

sfs@ubuntu:~$ awk -F, '{ if($6>90) print $0}' stu   #打印字段 6 大于 90 的行

学生 3,学号 003,专业电子,电话 11-3003,科目 K5,93,科目 K6,85

【例 8.40】 打印文件 stu 中包含字符串"专业软工"的行的命令及结果为

sfs@ubuntu:~$ awk -F, '{ if($0!~/专业软工/) print $0}' stu   #打印包含字符串"专业软工"的行

学生 1,学号 001,专业计科,电话 11-2001,科目 K1,89,科目 K2,90

学生 3,学号 003,专业电子,电话 11-3003,科目 K5,93,科目 K6,85

【例 8.41】 打印文件 stu 中不包含字符串"专业软工"和"专业电子"的行的命令及结果为

sfs@ubuntu:~$ awk -F, '{ if($0!~/专业软工/&&$0!~/专业电子/) print $0}' stu

#打印不包含字符串"专业软工"和"专业电子"的行

学生 1,学号 001,专业计科,电话 11-2001,科目 K1,89,科目 K2,90

【例 8.42】 打印文件 stu 中字段 6 大于 90 或者字段 10 大于 80 的行的命令及结果为

sfs@ubuntu:~$ awk -F, '{ if($6>90||$10>80) print $0}' stu

#打印字段 6 大于 90 或者字段 10 大于 80 的行

学生 2,学号 002,专业软工,电话 11-2002,科目 K3,80,科目 K4,75,科目 K7,82

学生 3,学号 003,专业电子,电话 11-3003,科目 K5,93,科目 K6,85

【例 8.43】 将文件 stu 第 6 个域中的分数改为优、良、中、及格、不及格等级制的命令及结果为

sfs@ubuntu:~$ awk -F, '{if ($6>90) $6="**优秀**";

>else if ($6>80) $6="**良好**";

>else if ($6>70) $6="**中等**";

>else if ($6>60) $6="**及格**";

>else $6="**不及格**";

>print $0}' stu

#将文件 stu 第 6 个域中的分数改为优、良、中、及格、不及格等级制

*学生 1 学号 001 专业计科电话 11-2001 科目 K1 **良好** 科目 K2 90*

*学生 2 学号 002 专业软工电话 11-2002 科目 K3 **中等** 科目 K4 75 科目 K7 82*

*学生 3 学号 003 专业电子电话 11-3003 科目 K5 **优秀** 科目 K6 85*

8.3.5 使用 awk 脚本文件

一系列需要执行的 awk 程序语句可以集中写入一个文件，形成 awk 脚本文件；然后执行该文件即连续自动执行其中各条程序语句。awk 脚本文件与 Shell 脚本文件的编写和执行

相似。

awk 脚本文件的执行方式为

  ./ awk 脚本文件　输入文件 file

或者

  awk -f awk 脚本文件输入文件 file

【例 8.44】 建立如下文件 pint.awk，打印包含字符串"int"的行的行号、域数、记录行内容、第 1 个域和最后一个域值：

  #!/usr/bin/awk -f

  /int/{print NR,NF,$0,$1,$NF}

执行 awk 脚本文件 pint.awk 的过程如下：

① 首先将 awk 脚本文件 pint.awk 设为可执行属性。

  sfs@ubuntu:~$ chmod u+x pint.awk　　　　#设置脚本文件 pint.awk 执行权限

② 然后执行 awk 脚本文件 pint.awk。

  sfs@ubuntu:~$ ./pint.awk c2.c　　　　#执行脚本文件 pint.awk 处理文件 c2.c

  4 2 int n; int n;

  5 2 int sum; int sum;

  6 2 int i; int i;

  7 1 printf("请输入一个整数,计算从 1 到该整数的和："); printf("请输入一个整数,计算从 1 到该整数的和："); printf("请输入一个整数,计算从 1 到该整数的和：");

  14 1 printf("i=%d 的和:%d\n",i,sum); printf("i=%d 的和:%d\n",i,sum); printf("i=%d 的和:%d\n",i,sum);

或者这样执行 awk 脚本文件 pint.awk：

  sfs@ubuntu:~$ awk -f pint.awk c2.c　　　　#执行脚本文件 pint.awk 处理文件 c2.c

  4 2 int n; int n;

  5 2 int sum; int sum;

  6 2 int i; int i;

  7 1 printf("请输入一个整数,计算从 1 到该整数的和："); printf("请输入一个整数,计算从 1 到该整数的和："); printf("请输入一个整数,计算从 1 到该整数的和：");

  14 1 printf("i=%d 的和:%d\n",i,sum); printf("i=%d 的和:%d\n",i,sum); printf("i=%d 的和:%d\n",i,sum);

8.4　写文件命令

写文件将 awk 命令执行结果保存到文件中。可以将单个输入文件的处理结果写入另一个文件，也可以将多个输入文件的处理结果写入到另一个文件。写入文件的方法是使用输出重定向操作符 ">"。

写入文件的命令格式为

  awk '{编辑输出指令>"输出文件　outfile"}' 输入文件　inputfile1　输入文件

inputfile2…

或者

  awk '{编辑输出指令}' 输入文件 inputfile1 输入文件 inputfile2…>"输出文件 outfile"

该命令将若干输入文件的编辑输出结果保存到输出文件 outfile 中。

1) 将一个文件的处理结果写入另一个文件

【例8.45】 将文件 stu 每行单科成绩和总分保存到文件 ststu 中的命令及结果为

  sfs@ubuntu:~$ awk -F, '{total=$6+$8+$10;print "单科： ",$6,$8,$10,"总分： ",total>"ststu"}' stu

  #将文件 stu 每行单科成绩和总分保存到文件 ststu 中

  sfs@ubuntu:~$ cat ststu   #查看处理结果文件 ststu 内容

  单科： 89 90 总分： 179

  单科： 80 75 82 总分： 237

  单科： 93 85 总分： 178

2) 将几个文件的处理结果写入另一个文件

【例8.46】 将 stu、c2.c、abc.txt 三个文件的名字和内容合并到文件 f3 中的命令及结果为

  sfs@ubuntu:~$ awk '{ print FILENAME,$0 }' stu c2.c abc.txt>f3

  #将 stu、c2.c、abc.txt 三个文件的名字和内容合并到文件 f3 中

  sfs@ubuntu:~$ cat f3   #查看合并结果文件

stu 学生1,学号001,专业计科,电话11-2001,科目K1,89,科目K2,90

stu 学生2,学号002,专业软工,电话11-2002,科目K3,80,科目K4,75,科目K7,82

stu 学生3,学号003,专业电子,电话11-3003,科目K5,93,科目K6,85

c2.c #include <stdio.h>

c2.c main()

c2.c {

c2.c int n;

c2.c int sum;

c2.c int i;

c2.c printf("请输入一个整数，计算从1到该整数的和：");

c2.c scanf("%d",&n);

c2.c sum=0;

c2.c i=1;

c2.c while(i<=n)

c2.c {

c2.c sum=sum+i;

c2.c printf("i=%d 的和:%d\n",i,sum);

c2.c i=i+1;

c2.c }

c2.c //return 0;

c2.c }

abc.txt iThis is a vitxt!

8.5 awk 程序设计

对于复杂的文本行、域编辑处理，可以采用顺序、选择、循环等多种控制结构和多条语句构成的过程化的程序段来处理。程序段中可以定义和使用变量。

8.5.1 使用变量表达式统计文本行

1) 记录行统计

在 awk 中可以使用变量完成累积运算操作。

【例 8.47】 统计并输出文件 c2.c 中包含字符串"sum"的行及行号的命令及结果为

sfs@ubuntu:~$ awk '$0~/sum/{print x+=1,":",$0}END{ print "*******一共有",x,"项******" }' c2.c

#统计并输出文件 c2.c 中包含字符串"sum"的行及行号

1 : int sum;

2 : sum=0;

3 : sum=sum+i;

4 : printf("i=%d 的和:%d\n",i,sum);

*******一共有 4 项******

2) 输出附加域

在 awk 中可以使用变量记录行处理累积值并将其作为附加域输出。

【例 8.48】 输出文件 stu 每行单科成绩和总分的命令及结果为

sfs@ubuntu:~$ awk -F, '{total=$6+$8+$10;print "单科： ",$6,$8,$10,"总分： ",total}' stu

#输出文件 stu 每行单科成绩和总分

单科： 89 90 总分： 179

单科： 80 75 82 总分： 237

单科： 93 85 总分： 178

【例 8.49】 计算文件 stu 第 6 域的和，输出第 6 域及当前统计的部分和的命令及结果为

sfs@ubuntu:~$ awk -F, 'BEGIN{total=0}{total+=$6;print $6,"total=",total}END{print total}' stu

#计算文件 stu 第 6 域的和，输出第 6 域及当前统计的部分和

89 total= 89

80 total= 169

93 total= 262

262

8.5.2 使用脚本文件执行程序段

awk 命令和程序段均可集中写入 awk 脚本文件，然后以批处理方式连续自动执行文件

中的各条命令或程序语句。

【例 8.50】 建立 awk 脚本文件 cdis.awk，用来输出 stu 中每行的成绩。awk 脚本文件 cdis.awk 的内容为

```
#!/usr/bin/awk -f
BEGIN {FS=","
ORS=""
i=1
k=6}
{
print "第",i,"个同学成绩:第 1 门=",$k,",第 2 门=",$(k+2)
if (k+4 == NF) print ",第 3 门=",$(k+4)
print "\n"
i++
}
```

赋予 awk 脚本文件 cdis.awk 可执行权限：

  sfs@ubuntu:~$ chmod u+x cdis.awk   #赋予 cdis.awk 脚本执行权限

执行 awk 脚本文件 cdis.awk，结果如下：

  sfs@ubuntu:~$ ./cdis.awk stu   #执行 cdis.awk 脚本，对文件 stu 进行处理
  第 1 个同学成绩:第1 门= 89 ,第2 门= 90
  第 2 个同学成绩:第1 门= 80 ,第2 门= 75,第3 门= 82
  第 3 个同学成绩:第1 门= 93 ,第2 门= 85

8.5.3 使用 printf 函数输出格式化信息项

使用 printf 函数可以实现格式化输出，其语法类似于 C 语言，即

  printf(格式串,变量列表)

【例 8.51】 将脚本文件 cdis.awk 改写为如下文件 pdis.awk，用来输出 stu 中每行的成绩：

```
#!/usr/bin/awk -f
BEGIN {FS=","
i=1
k=6}
{
printf("第%d 个同学成绩:第 1 门=%.1f,第 2 门=%.1f",i,$k,$(k+2))
if (k+4 == NF) printf(",第 3 门=%.1f",$(k+4))
printf("\n")
i++
}
```

赋予 pdis.awk 执行权限并执行，结果如下：

  sfs@ubuntu:~$ chmod u+x pdis.awk   #赋予 pdis.awk 脚本执行权限
  sfs@ubuntu:~$ ./pdis.awk stu   #执行 pdis.awk 脚本，对文件 stu 进行处理

第1个同学成绩:第1门=89.0,第2门=90.0
第2个同学成绩:第1门=80.0,第2门=75.0,第3门=82.0
第3个同学成绩:第1门=93.0,第2门=85.0

8.6 字符串替换

使用赋值语句可以对某个域赋予新值以替代旧值,也可以使用内置函数 gsub 实现字符串替换。

1) 使用赋值语句替换指定域字符串

使用"$域号=字符串"作为编辑指令即可替换"$域号"的域值。

【例 8.52】 将文件 c2.c 第 1 个域值为"int"的记录中该域替换为"float",并打印替换后的记录(使用"=="算符查找域,print 无参数则打印全域)的命令及结果为

sfs@ubuntu:~$ awk '$1=="int" {$1="**float**";print}' c2.c

#将文件 c2.c 第 1 个域值为"int"的记录中该域替换为"float",并打印替换后的记录

float n;

float sum;

float i;

【例 8.53】 将文件 c2.c 第 1 个域值为"int"的记录中该域替换为"float",并打印替换后的记录(使用匹配算符"~"查找匹配域,print 无参数则打印全域)的命令及结果为

sfs@ubuntu:~$ awk '$1~"int" {$1="**float**";print}' c2.c

#将文件 c2.c 第 1 个域值包含"int"的记录中该域替换为"float",并打印替换后的记录

float n;

float sum;

float i;

float

float

【例 8.54】 将文件 c2.c 第 1 个域值包含"int"的记录中该域替换为"float",并打印替换后的记录(print 有参数$0,同样打印全域)的命令及结果为

sfs@ubuntu:~$ awk '$1~"int" {$1="**float**";print $0}' c2.c

#将文件 c2.c 第 1 个域值包含"int"的记录中该域替换为"float",并打印替换后的记录

float n;

float sum;

float i;

float

float

【例 8.55】 将文件 c2.c 第 1 个域值包含"int"的记录中该域替换为"float",并打印替换后的记录(使用正则表达式表示查找串)的命令及结果为

sfs@ubuntu:~$ awk '$1~/int/ {$1="**float**";print}' c2.c

#将文件 c2.c 第 1 个域值包含"int"的记录中该域替换为"float",并打印替换后的记录

float n;

float sum;

float i;

float

float

【例 8.56】 文件 stu 中域 6 的值如果大于 80 小于 90 则替换为"**良**",并打印替换后的记录的命令及结果为

sfs@ubuntu:~$ awk -F, '$6>=80 && $6<90 {$6="**良**"; print}' stu

#文件 stu 中域 6 的值如果大于 80 小于 90 则替换为"**良**",并打印替换后的记录

学生1 学号001 专业计科电话11-2001 科目K1 **良** 科目K2 90

学生2 学号002 专业软工电话11-2002 科目K3 **良** 科目K4 75 科目K7 82

2) 使用内置函数 gsub 替换域值

内置函数 gsub 的语法格式为

gsub(regx,sub,string)

gsub 将字符串 string 中子串 regx 替换为 sub。string 是可选的,默认值为$0,表示在整个输入记录中搜索子串。

【例 8.57】 将文件 stu 第 4 个域中的字符串"00"替换为"***",然后输出替换后的文件内容的命令及结果为

sfs@ubuntu:~$ awk -F, 'gsub(/00/,"***",$4) {print $0}' stu

#将文件 stu 第 4 个域中的字符串"00"替换为"***",然后输出替换后的文件内容

学生1 学号001 专业计科电话11-2***1 科目K1 89 科目K2 90

学生2 学号002 专业软工电话11-2***2 科目K3 80 科目K4 75 科目K7 82

学生3 学号003 专业电子电话11-3***3 科目K5 93 科目K6 85

【例 8.58】 将文件 stu 第 4 个域中的字符串"00"替换为"***",然后输出替换后的文件内容(略去查找范围表示在全域替换字符串)的命令及结果为

sfs@ubuntu:~$ awk -F, 'gsub(/00/,"***") {print $0}' stu

#将文件 stu 各个域中的字符串"00"替换为"***",然后输出替换后的文件内容

学生1,学号***1,专业计科,电话11-2***1,科目K1,89,科目K2,90

学生2,学号***2,专业软工,电话11-2***2,科目K3,80,科目K4,75,科目K7,82

学生3,学号***3,专业电子,电话11-3***3,科目K5,93,科目K6,85

【例 8.59】 删除字符串"   a bc   "中的所有空格(使用 echo 和管道操作符"|")的命令及结果为

sfs@ubuntu:~$ echo "   a bc   " | awk 'gsub(/^ *| *$/,"")'

abc

【例 8.60】 删除字符串" 1 2 3 "中的所有空格(使用输入文件)的命令及结果为

sfs@ubuntu:~$ awk 'BEGIN{str=" 1 2 3 "}{gsub(/^ *| *$/,"",str);print str}' stu

123

123
123

8.7 向 awk 命令传递参数

在 awk 命令行上可以定义变量并赋值,在编辑指令或 awk 脚本中引用该变量。

8.7.1 使用-v 传递命令行参数

使用-v 选项传递命令行参数的语法格式为

awk -v 变量名=值 '{$变量名的引用指令}' 输入文件 file

【例 8.61】 打印文件 stu 第 i 个域,i 由命令行的外部变量 ev 输入。相关命令及结果为

sfs@ubuntu:~$ ev=1
sfs@ubuntu:~$ awk -F, -v i=$ev '{print $i}' stu
#打印文件 stu 第 i 个域,i 由命令行的变量 ev 输入,i=1 即打印第 1 个域

学生 1
学生 2
学生 3

sfs@ubuntu:~$ awk -v i=$ev -F, '{print $i}' stu   #打印第 i 个域,i 由命令行输入,选项顺序
                                                    #可颠倒

学生 1
学生 2
学生 3

【例 8.62】 使用全局变量 OFS 设置文件 stu 行号和行内容之间的输出域分隔符为 "." 的命令及结果为

sfs@ubuntu:~$ awk -F, '{print NR,$0}' OFS="." stu   #输出行号和各行各域

1.学生 1,学号 001,专业计科,电话 11-2001,科目 K1,89,科目 K2,90
2.学生 2,学号 002,专业软工,电话 11-2002,科目 K3,80,科目 K4,75,科目 K7,82
3.学生 3,学号 003,专业电子,电话 11-3003,科目 K5,93,科目 K6,85

【例 8.63】 打印文件 c2.c 中第 1 个域为单词(而不是字符串) "int" 的行,单词 "int" 保存在 Shell 变量 wd 中的命令及结果为

sfs@ubuntu:~$ wd="int"   #变量赋值
sfs@ubuntu:~$ awk '$1~/^'$wd'$/' c2.c   #打印文件 c2.c 中第 1 个字段是单词(而不是
                                                      #字符串) "int" 的行

int n;
int sum;
int i;

【例 8.64】 打印文件 c2.c 中第 1 个域不是单词(而不是字符串) "int" 的行,单词 "int" 保存在 Shell 变量 wd 中的命令及结果为

```
sfs@ubuntu:~$ awk '$1!~/^'$wd'$/' c2.c        #打印文件 c2.c 中第 1 个字段不是单词(而不是字符
                                              #串)"int"的行
#include <stdio.h>
main()
{
    printf("请输入一个整数,计算从 1 到该整数的和:");
    scanf("%d",&n);
    sum=0;
    i=1;
    while( i<=n )
    {
        sum=sum+i;
        printf("i=%d 的和:%d\n",i,sum);
        i=i+1;
    }
    //return 0;
}
```

8.7.2 向 awk 程序脚本文件传递命令行参数

向 awk 程序脚本文件传递命令行参数的语法格式为

  脚本文件 变量名=值输入文件 file

【例 8.65】 编写如下脚本文件 pak.awk,用来输出 stu 文件中三条记录中的各门成绩:

```
#!/usr/bin/awk -f
BEGIN {FS=","
ORS=""
i=1
}
{
    print "第",i,"个同学成绩:第 1 门=",$k,",第 2 门=",$(k+2)
    if (k+4 == NF) print ",第 3 门=",$(k+4)
    print "\n"
    i++
}
```

赋予 pak.awk 可执行权限并执行,结果如下:

```
sfs@ubuntu:~$ chmod u+x pak.awk               #赋予 pak.awk 可执行权限
sfs@ubuntu:~$ ./pak.awk k=6 stu               #打印第 k 个域开始的各门成绩,k 由命令行输入
第 1 个同学成绩:第 1 门= 89,第 2 门= 90
第 2 个同学成绩:第 1 门= 80,第 2 门= 75,第 3 门= 82
第 3 个同学成绩:第 1 门= 93,第 2 门= 85
```

8.8 循　环

像其他编程语言那样，awk 也提供了三种循环控制结构：for 循环、while 循环和 do-while 循环，并且与流行语言 C 语言语法格式相近，执行流程也相近。循环中可使用 break 结束当前层循环；使用 continue 结束当前次循环，进入下一次循环。

8.8.1 for 循环

for 循环的语法格式为

  for (变量初始化语句;循环条件;循环控制变量更新)
    语句

【例 8.66】建立如下文件 cstu.awk，对 stu 中每行的成绩计算总分和平均分：

```
#!/usr/bin/awk -f
BEGIN {FS=","}
{i=6
for (total=0;i<=NF;i+=2)
total=total+$i
avg=total/((i-6)/2)
print "---当前同学总分=",total,",平均分",avg}
```

赋予 cstu.awk 脚本执行权限并执行，结果如下：

```
sfs@ubuntu:~$ chmod u+x cstu.awk          #赋予 cstu.awk 脚本执行权限
sfs@ubuntu:~$ ./cstu.awk stu              #执行 cstu.awk 脚本，对文件 stu 进行处理
---当前同学总分= 179，平均分 89.5
---当前同学总分= 237，平均分 79
---当前同学总分= 178，平均分 89
```

【例 8.67】使用 for 循环逐个输出文件 stu 每个记录的各个域的命令及结果为

```
sfs@ubuntu:~$ awk -F, '{for (i=1;i<=NF;i++) {print $i}}' stu   #使用 for 循环逐个输出文件
                                                               #stu 每个记录的各个域
```

学生 1
学号 001
专业计科
电话 11-2001
科目 K1
89
科目 K2
90
学生 2
学号 002

专业软工
电话 11-2002
科目 K3
80
科目 K4
75
科目 K7
82
学生 3
学号 003
专业电子
电话 11-3003
科目 K5
93
科目 K6
85

【例 8.68】 使用 for 循环打印文件 stu 每个记录中以数字开头和结尾的域的命令及结果为

sfs@ubuntu:~$ awk -F, '{for(i=1;i<=NF;i++) if($i~/^[0-9].*[0-9]$/){print NR,$i}}' stu
#打印文件 stu 每个记录中以数字开头和结尾的域
1 89
1 90
2 80
2 75
2 82
3 93
3 85

8.8.2 while 循环

while 循环的语法格式为

while (循环条件)
    语句

【例 8.69】 使用 while 循环逐个输出文件 stu 每个记录的各个域的命令及结果为

sfs@ubuntu:~$ awk -F, '{ i=1;while(i<=NF) {print "第",NF,"-",i,"个域: ",$i;i++}}' stu
#使用 while 循环逐个输出文件 stu 每个记录的各个域
第 8 - 1 个域：学生 1
第 8 - 2 个域：学号 001
第 8 - 3 个域：专业计科
第 8 - 4 个域：电话 11-2001

第 8 - 5 个域：科目 K1
第 8 - 6 个域： 89
第 8 - 7 个域：科目 K2
第 8 - 8 个域： 90
第 10 - 1 个域：学生 2
第 10 - 2 个域：学号 002
第 10 - 3 个域：专业软工
第 10 - 4 个域：电话 11-2002
第 10 - 5 个域：科目 K3
第 10 - 6 个域： 80
第 10 - 7 个域：科目 K4
第 10 - 8 个域： 75
第 10 - 9 个域：科目 K7
第 10 - 10 个域： 82
第 8 - 1 个域：学生 3
第 8 - 2 个域：学号 003
第 8 - 3 个域：专业电子
第 8 - 4 个域：电话 11-3003
第 8 - 5 个域：科目 K5
第 8 - 6 个域： 93
第 8 - 7 个域：科目 K6
第 8 - 8 个域： 85

8.8.3 do-while 循环

do-while 循环的语法格式为

 do
  语句
 while (循环条件)

【例 8.70】 使用 do-while 循环逐个输出文件 stu 每个记录的各个域的命令及结果为

sfs@ubuntu:~$ awk -F, '{ i=1;do {print "第",NF,"-",i,"个域： ",$i;i++} while(i<=NF)}' stu
#使用 do-while 循环逐个输出文件 stu 每个记录的各个域

结果同上例。

8.9 数　　组

  awk 的数组使用格式类似 Shell 数组。数组元素由数组名和下标表示，可以赋值和引用。数组下标可以使用数字、字符串。下标值不需要连续。数组不需要提前声明大小。数组有一维的、二维的以及多维的。

awk 一维数组的赋值格式为

  array_name[index]=value

其中，array_name 是数组名称，index 是数组下标(索引)，value 为赋给数组元素的值。

二维数组以及多维数组的赋值与一维数组类似。

【例 8.71】 将 "ls -l" 命令输出的列表中的文件名和扩展名对应保存在不同数组中并输出数组值。

(1) 执行 "ls -l" 命令，查看文件名和扩展名的域号。

```
sfs@ubuntu:~$ ls -l
total 1544
-rw-rw-r-- 1 sfs    sfs           24 Jan 26   2018 a1.txt
-rw-rw-r-- 1 sfs    sfs           21 Jan  4   2018 a1.txt~
-rw-rw-r-- 1 sfs    sfs          123 Jan 26   2018 a2.txt
-rw-rw-r-- 1 sfs    sfs           18 Feb  7 06:01 abc.txt
-rw-rw-r-- 1 sfs    sfs            0 Aug  5 08:33 awk
drwxrwxr-x 2 sfs    sfs         4096 Oct  1   2017 baichuanc
drwxrwxr-x 2 sfs    sfs         4096 Aug  2 03:11 c
-rwxrwxr-x 1 sfs    sfs         7204 Jan 14   2018 c1
drwxrwxr-x 2 sfs    sfs         4096 Jul 17 19:39 c111
-rw-rw-r-- 1 sfs    sfs          149 Jan 14   2018 c1.c
-rw-rw-r-- 1 sfs    sfs          149 Jan 14   2018 c1.c~
-rw-rw-r-- 1 sfs    sfs            4 Jan  3   2018 c1r
…
```

观察文件列表，可以发现：以空格作为域分隔符，则文件名和扩展名属于第 9 域。

(2) 提取第 9 域的文件名和扩展名。如果文件名为当前目录 "." 则删除。相关命令及结果为

```
sfs@ubuntu:~$ ls -l|awk '{gsub(/^ *| *$/,"",$9);if($9!="") print $9}'
a1.txt
a1.txt~
a2.txt
abc.txt
awk
baichuanc
c
c1
c111
c1.c
c1.c~
…
```

(3) 以 "." 作为域分隔符分离文件名和扩展名；当前目录 "." 被排除。相关命令及结

果为

```
sfs@ubuntu:~$ ls -l|awk '{gsub(/^ *| *$/,"",$9);if($9!="") print $9}'|awk -F. '{print "域数:",NF,$1,$2}'
```

域数: 2 a1 txt

域数: 2 a1 txt~

域数: 2 a2 txt

域数: 2 abc txt

域数: 1 awk

域数: 1 baichuanc

域数: 1 c

域数: 1 c1

域数: 1 c111

域数: 2 c1 c

域数: 2 c1 c~

域数: 1 c1r

…

(4) 将分离出来的文件名和扩展名保存到数组 filename 和 extname 中。

编写如下 awk 脚本文件 fileclass.awk：

```
#!/usr/bin/awk -f
BEGIN {
    i=1
}
{
gsub(/^ *| *$/,"",$1);
gsub(/^ *| *$/,"",$2);
if($1!="")
    {filename[i]=$1;
    if(NF<2) extname[i]="";
    else extname[i]=$2;
    }
print filename[i],"--",extname[i]
i++
}
```

(5) 执行 awk 脚本文件 fileclass.awk，结果如下：

```
sfs@ubuntu:~$ ls -l|awk '{gsub(/^ *| *$/,"",$9);if($9!="") print $9}'|awk -F. '{print $1,$2}'| awk -f fileclass.awk
```

a1 -- txt

a1 -- txt~

a2 -- txt

abc -- txt

awk --

baichuanc --

c --

c1 --

c111 --

c1 -- c

c1 -- c~

…

【例 8.72】 综合实例，统计"ls –l"命令输出的列表中不同扩展名的文件数目，并分组列出具有相同扩展名的文件列表。

解题思路：提取文件名和扩展名域，分离文件名和扩展名，以扩展名分组文件，统计每组文件数量。

从上例的最后一步开始，将分离出来的文件名和扩展名保存到文件 fnameext 中，然后再做后续处理。

(1) 将分离出来的文件名和扩展名保存到文件 fnameext 中。相关命令及结果为

sfs@ubuntu:~$ <u>ls -l|awk '{gsub(/^ *| *$/,"",$9);if($9!="") print $9}'|awk -F. '{print $1,$2}'>fnameext</u>

sfs@ubuntu:~$ <u>cat fnameext</u>   #验证保存是否正确、成功

a1 txt

a1 txt~

a2 txt

abc txt

awk

baichuanc

c

c1

c111

c1 c

c1 c~

…

(2) 按扩展名分组文件。以某个扩展名作为分组标准，将文件一分为二：具有该扩展名的文件分为一组，不具有该扩展名的文件分为另一组，并另存起来，准备再次一分为二。

首先提取以单词"txt"（不是包含"txt"的扩展名）作为扩展名的文件，并统计文件数目。相关命令及结果为

sfs@ubuntu:~$ <u>awk 'BEGIN{i=0}$2~/^txt$/{++i;print $0}END{print "扩展名为\"txt\" 的文件共计 ",i,"个"}' fnameext</u>

a1 txt

a2 txt

abc txt

f txt

j1 txt

j2 txt

...

ts txt

userlist txt

扩展名为"txt"的文件共计 33 个

其次，提取并保存扩展名不是单词"txt"的文件到文件 fnameext1。相关命令及结果为

sfs@ubuntu:~$ <u>awk '$2!~/^txt$/{print $0>"fnameext1"}' fnameext</u>

sfs@ubuntu:~$ <u>cat fnameext1</u>　　　　　　#验证保存结果

a1 txt~

c1 c

c1 c~

c2 c

c2 c~

case_score sh

case_score sh~

...

(3) 对文件 fnameext1，重复步骤(2)，提取下一类文件和未分类文件，直到未分类文件为空为止。

以上步骤为命令行式的手工步骤，需要重复多次手工步骤。awk 的程序化处理功能以及 Shell 的批处理功能完全可以采用编程及脚本手段将上述手工反复输入命令的执行方式改变为执行一个程序或脚本的方式。将命令行的手工步骤改造成为程序及脚本的步骤分解如下：

(1) 将无扩展名的文件分为一类，这样的文件只有一个文件名域(有扩展名的文件有两个域：文件名域和扩展名域)。统计无扩展名的文件及数量的命令及结果为

sfs@ubuntu:~$ <u>ls -l|awk '{gsub(/^ *| *$/,"",$9);if($9!="") print $9}'|awk -F. 'BEGIN{i=0}{if(NF<2){++i;print $0}}END{print "无扩展名的文件共计",i,"个"}'</u>

awk

baichuanc

c

c1

c111

c1r

c2

Desktop

doc

Documents

Downloads

...

xab

xac

xad

无扩展名的文件共计 82 个

(2) 排除无扩展名的文件，保存有扩展名的文件，这样的文件有两个域：文件名域和扩展名域。相关命令及结果为

  sfs@ubuntu:~$ <u>ls -llawk '{gsub(/^ *| *$/,"",$9);if($9!="") print $9}'|awk -F. '{if(NF>1) print $1,$2>"fnameext"}'</u>

  sfs@ubuntu:~$ <u>cat fnameext</u>   #验看结果

  a1 txt

  a1 txt~

  a2 txt

  abc txt

  c1 c

  c1 c~

  c2 c

  c2 c~

  whileuser sh~

  zzu sh

  zzu sh~

  …

(3) 程序自动读取文件 fnameext 第 1 个记录，提取第 1 个扩展名赋给变量 vext。相关命令及结果为

  sfs@ubuntu:~$ <u>vext=$(awk 'BEGIN{i=1}{if(i==1) {print $2;i++;} else exit;}' fnameext)</u>

  #只提取文件 fnameext 第 1 个记录的扩展名字段赋给变量 Shell 变量 vext，exit 结束循环和 awk #程序

  sfs@ubuntu:~$ <u>echo $vext</u>   #输出变量 vext 值

  txt

(4) 提取以变量 vext 值作为扩展名的文件，并统计文件数目。相关命令及结果为

  sfs@ubuntu:~$ <u>awk -v ext=$vext 'BEGIN{i=0}$2~/^'$vext'$/{++i;print $0}END{print "扩展名为 ",ext,"的文件共计",i,"个"}' fnameext</u>

  a1 txt

  a2 txt

  abc txt

  f txt

  j1 txt

  j2 txt

  …

  ts txt

userlist txt

扩展名为 txt 的文件共计 33 个

若在正则表达式中使用变量 ext 则不会得到正确结果，即

sfs@ubuntu:~$ awk -v ext=$vext 'BEGIN{i=0}$2~/^'ext'$/{++i;print $0}END{print " 扩展名为 ",ext,"的文件共计",i,"个"}' fnameext

扩展名为 txt 的文件共计 0 个

(5) 提取并保存扩展名不是变量 vext 值的其余文件列表到文件 fnameext1。命令及结果为

```
sfs@ubuntu:~$ awk -v ext=$vext '$2!~/^'$vext'$/{print $0>"fnameext1"}' fnameext
sfs@ubuntu:~$ cat fnameext1           #验看保存结果
```

a1 txt~

c1 c

c1 c~

c2 c

c2 c~

case_score sh

case_score sh~

cdis awk

cdis awk~

...

(6) 若文件 fnameext1 不空，则对文件 fnameext1 重复步骤(3)、步骤(4)和步骤(5)。该重复过程可以编写如下 Shell 脚本 fileclassify.sh 实现：

```
#!/bin/bash
cp fnameext fnameext1              #保留原文件一个副本
while [[ -s fnameext1 ]]           #若文件非空则循环
do
    vext=$(awk 'BEGIN{i=1}{if(i==1) {print $2;i++;} else exit;}' fnameext1)
    #取文件第一个记录扩展名到变量 vext 中
    awk -v ext=$vext 'BEGIN{i=0}$2~/^'$vext'$/{++i;print $0}END{print "扩展名为",ext,"的文件共计",i,"个"}' fnameext1
    #提取扩展名为变量 vext 值的文件并统计其数量
    rest=$(awk -v ext=$vext 'BEGIN{i=0}$2!~/^'$vext'$/{++i;print $0>"fnameext0"}END{print i}' fnameext1)
    #将扩展名不是变量 vext 值的文件保存为 fnameext0，并统计其数量
    cp fnameext0 fnameext1          #将文件 fnameext0 复制到 fnameext1
    if [[ "$rest" -eq 0 ]];then     #若剩余文件为空，则结束循环
        break
    fi
done
```

(7) 运行脚本文件，执行情况如下：

sfs@ubuntu:~$ ./fileclassify.sh   #运行脚本文件

a1 txt

a2 txt

abc txt

f txt

...

ts txt

userlist txt

扩展名为 txt 的文件共计 33 个

a1 txt~

j1 txt~

...

tms txt~

ts txt~

扩展名为 txt~ 的文件共计 17 个

c1 c

c2 c

...

t1 c

t2 c

扩展名为 c 的文件共计 10 个

...

扩展名为 java~ 的文件共计 1 个

p pipe

扩展名为 pipe 的文件共计 1 个

prg tar

prg tar

prg tar

扩展名为 tar 的文件共计 3 个

上 机 操 作 8

1. 文本域打印
(1) 输出文件的全部域。
(2) 打印输入文件部分域。
(3) 打印不在输入文件中的域。
(4) 输入域分隔符、输出域分隔符的设置。
(5) 输出各行的域数。

(6) 输出各行的行号。

2. 筛选符合条件的行、域

(1) 打印文件中某个域包含某个字符串的行。
(2) 打印文件中某个域包含某个字符串的行的部分域。
(3) 打印文件中任何域包含某个字符串的行。
(4) 打印命令输出中任何域包含某个字符串的行。
(5) 打印文件中包含某个字符串的行。
(6) 打印文件中某个域包含某个单词的行。
(7) 打印文件中任意字段不包含某个字符串的行。
(8) 打印文件某个域值位于某个范围的行。
(9) 打印文件某个域值为某个字符串的行。
(10) 打印文件某个域值不为某个字符串的行。
(11) 打印文件中包含某个字符串的行的某些域。
(12) 打印文件中所有以字符串 A 或字符串 B 开头的行。
(13) 打印文件中以字符串 A 开头的行到以字符串 B 开头的行之间的行。
(14) 打印文件中以字符 A 或字符 B 开头的行。

3. 替换和保存

(1) 将文件某个域值为字符串 A 的记录中该域替换为字符串 B。
(2) 保存编辑结果到文件。

4. awk 程序设计

(1) 编写 awk 脚本文件，实现对文件的增加、删除、修改、查询、读、写操作。
(2) 统计并输出文件中包含某个字符串的行及行号。
(3) 输出文件中某个域的累积值。
(4) 编写 awk 脚本文件，使用选择、循环等结构对中文段落进行分词，并将分词记入词典。

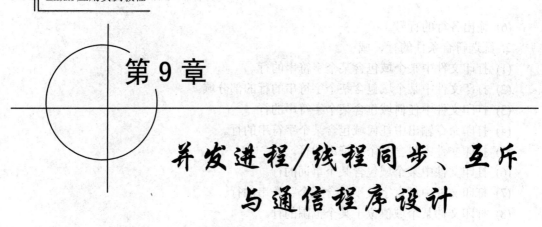

第 9 章

并发进程/线程同步、互斥与通信程序设计

操作系统是一个并发系统,其中存在多个任务(进程/线程)同时(并发)运行。多任务的并发运行能够驱动计算机系统中的处理器、内存储器、输入输出设备、文件等多种资源持续工作,减少等待,提高程序运行效率和资源利用率。Linux 依据公平原则及效率原则调度多个进程/线程并发运行,根据进程/线程状态控制它们的启停,切换资源,实现资源共享。程序员可以设计有交互关系的并发程序(并发进程或者线程),这些并发程序运行时,彼此之间会发送信号或数据,在一定的执行点等待或唤醒对方,实现并发进程/线程之间的同步、互斥与通信。并发进程/线程的同步、互斥与通信是操作系统的典型功能。

同步和互斥使进程/线程顺序访问共享资源。协作进程/线程对共享数据访问的操作类型一般是不同的。例如,一类进程读,一类进程写,它们之间往往存在供需关系。来自不同进程的不同类型的访问操作需要进行同步限制,规定不同类型操作执行的先后次序,这种次序是不可颠倒的。

当多个进程访问相同数据时,无论它们之间是否存在协作关系,一次仅允许一个进程访问共享数据,则进程之间存在互斥关系。互斥只限制进程不能同时访问共享数据,各个进程对共享数据的访问顺序可以是任意的。

在经典的生产者-消费者问题中,消费者消费产品的动作不能先于生产者供给产品的动作,消费者必须等待有产品可供消费时才能取出产品消费。先生产、后消费的约束体现了进程之间的同步关系。生产动作和消费动作都访问共享缓冲区,但能否访问成功不仅与发出访问操作的早晚有关,还与访问操作类型有关。所以,同步的顺序是有次序的顺序,不是随机的顺序。

在围棋游戏中,白子方和黑子方必须交替落子,任何一方不能随机地连续落子。白子方和黑子方不能同时落子,一次仅允许一方落子体现了黑白双方对棋盘的互斥访问关系。白方、黑方交替落子说明落子的顺序不是任意的,一方落完子应该等待对方落子,体现了进程之间的同步关系。

在经典的哲学家进餐问题中,餐具是相邻哲学家共用的,属于共享资源。一套餐具一次仅供一位哲学家使用,因而餐具的使用必须互斥,相邻哲学家之间存在互斥关系,他们不能够同时进餐。但一位哲学家进餐完毕之后,不必一定要将餐具礼让给相邻哲学家,即哲学家进餐不必交替。只要餐具可用,刚刚释放餐具的哲学家可以再次拿起餐具。哲学家进餐的顺序并不受限制。没有礼让义务的哲学家之间没有配合、协作，自然少了同步关系。

在经典的读者-写者问题中，没有规定读操作必须在写操作之前进行，或者写操作必须在读操作之前进行。仅规定读操作和写操作不能同时进行，写操作与写操作不能同时进行，读操作与读操作可以同时进行。该规定体现了所有的读进程与单个写进程、单个写进程与单个写进程之间的互斥关系。只要遵循互斥原则，不能同时读写的进程应该以什么样的顺序读写是未加限制的。它们之间缺少了配合、协作义务，同步关系自然不存在。

进程同步与互斥借助于同步工具来实现，信号量与 P、V 操作是常用的进程同步与互斥工具。Linux 提供了信号量与 P、V 操作的函数及相应的数据类型。

并发进程/线程之间同步、互斥的目的是为了通信。同步、互斥操作只交换了信号，并未交换数据。进程之间以交换数据为目的的交互即为进程通信。进程通信有多种手段，如管道通信、共享内存通信、消息传递通信、套接字通信等。Linux 提供了包括上述通信手段在内的完善的进程通信机制。

9.1 C 语言编译器 gcc

Linux 自带 C 语言编译器 gcc 以及 Python 编程和运行命令，能够完成字符界面程序的开发工作。

C 语言编译器 gcc 可以将 C 程序编译为可执行程序，其基本用法格式为

    gcc [选项] C 源程序 [-o 输出文件]

各选项及意义如下：
-o：指定生成的输出文件。
-E：仅执行编译预处理。
-S：将 C 代码转换为汇编代码。
-wall：显示警告信息。
-c：仅执行编译操作，不进行连接操作。

gcc 将 C 源程序编译为输出文件。编写、编译一个 C 程序的完整过程如下：

(1) 编写 C 源程序。

【例 9.1】 在当前目录下使用 gedit 编辑一个 C 程序 c1.c。相关命令及结果为

    sfs@ubuntu:~$ gedit c1.c   #在 gedit 编辑器中输入下面程序代码保存
    #include <stdio.h>
    main()
    {
        int n;
        int sum;
        int i;
        scanf("%d",&n);

```
        sum=0;
        i=1;
        while( i<=n )
        {
            sum=sum+i;
            i=i+1;
        }
        printf("%d\n",sum);
}
```

(2) 编译、链接 C 程序。

编译、链接 C 程序 c1.c 的命令为

  sfs@ubuntu:~$ gcc c1.c -o c1   #编译、链接 C 程序 c1.c 为可执行程序 c1

(3) 运行 C 程序。

在不同目录下运行程序的方法不同。

运行程序 c1 的不同方法如下：

① 运行当前目录下的程序 c1 的方法为

  sfs@ubuntu:~$ ./c1   #运行当前目录下的程序 c1

  7

  28

② 运行另一个目录下的程序 c1。

将程序 c1 拷入其他目录，例如拷入 prg 目录下运行：

  sfs@ubuntu:~$ cp c1 prg   #将程序 c1 拷入 prg 目录

  sfs@ubuntu:~$ prg/c1   #运行 c1

  7

  28

  sfs@ubuntu:~$ cd prg   #进入 prg 目录

  sfs@ubuntu:~/prg$ ./c1   #运行 c1

  7

  28

9.2 并发进程/线程同步与互斥

9.2.1 并发进程/线程异步性

  程序的执行是异步的，即程序的执行不是一贯到底的，而是"走走停停"。何时"走"，何时"停"是不可预知的。加入同步工具，只能在某些执行点约束程序的"走"和"停"，在其他地方，程序的执行仍旧是异步的。程序执行的异步性是操作系统控制系统资源、公平分配资源的一种外在表现。系统控制资源的途径是中断。一旦发生中断，作为操作系统组成部分的中断处理程序就被激活，用户程序暂停运行。中断事件处理完毕后，系统调度

程序会重新分配处理器，任何程序都无法长时间垄断处理器等资源，保证了系统资源的公平分配。

并发进程或线程的执行都可以表现出异步性。

(1) 父子进程的并发运行。

正在运行的进程可以创建子进程，子进程创建函数为 fork。调用 fork 的进程为父进程。使用 fork 函数时，需要在程序中包含两个与之相关的头文件：

  #include <unistd.h>

  #include <sys/types.h>

fork 函数的原型为 pid_t fork(void);

返回值情况：若成功调用，则返回两个值，在子进程中返回 0，在父进程中返回子进程 ID；否则，出错返回−1。

fork 函数被调用一次但返回两次。一次在子进程中返回 0，一次在父进程中返回子进程 ID。

【例 9.2】 fork 函数的应用。创建父子进程，观察父子进程执行的顺序，了解进程执行的异步行为。创建程序 parent-child-fork.c，其内容如下：

```
#include <stdio.h>
#include <sys/types.h>
#include <unistd.h>
#include <stdlib.h>
int main()
{
    pid_t pid;
    char*msg;
    int k;
    printf("观察父子进程执行的先后顺序，了解调度算法的特征\n");
    pid=fork();
    switch(pid)
    {
        case 0:
            msg="子进程在运行";
            k=3;
            break;
        case -1:
            msg="进程创建失败";
            break;
        default:
            msg="父进程在运行";
            k=5;
            break;
```

```
            }
        while(k>0)
        {
            puts(msg);          //int puts(const char *string);输出字符串
            sleep(1);           //休眠 1 秒，释放 CPU，进程切换
            k--;                //子进程仅循环 3 次，父进程则循环 5 次
        }
        exit(0);
    }
```

编译命令如下：
  gcc parent-child-fork.c -o parent-child-fork

运行命令如下：
  ./parent-child-fork

执行结果如下：
  观察父子进程执行的先后顺序，了解调度算法的特征
  父进程在运行
  子进程在运行
  父进程在运行
  子进程在运行
  父进程在运行
  子进程在运行
  父进程在运行
  父进程在运行

  程序分析：通过执行 fork 函数，当前进程(父进程)创建出与自己几乎一样的拷贝进程——子进程，两者的代码一样，但父子进程执行的代码片段不同。在 pid=fork();语句结束之前，只有父进程执行了从 main 函数开始到 pid=fork();语句之间的程序片段。pid=fork();语句执行之后，子进程被创建。此后，子进程仅执行如下程序片段：

```
    switch(pid)
    {
    case 0:
    msg="子进程在运行";
    k=3;
    break;
```

和

```
    while(k>0)
    {
    puts(msg);          //int puts(const char *string);输出字符串
    sleep(1);           //休眠 1 秒，释放 CPU，进程切换
    k--;                //子进程仅循环 3 次
```

}
　　exit(0);
}

子进程仅循环 3 次，且输出"子进程在运行"3 次。

pid=fork();语句执行之后，父进程仅执行如下程序片段：

```
switch(pid)
{
    default:
        msg="父进程在运行";
        k=5;
        break;
}
```

和

```
while(k>0)
{
    puts(msg);          // int puts(const char *string);输出字符串
    sleep(1);           //休眠 1 秒，释放 CPU，进程切换
    k--;                //父进程循环 5 次
}
exit(0);
```

父进程循环 5 次，且输出"父进程在运行"5 次。

从程序输出结果上看，在子进程结束之前，父子进程是交替执行的。父子进程交替执行得益于 sleep(1)的调用。调用 sleep(1)，进程将让出处理器，其他进程有机会获得处理器转入运行状态。

如果删去 sleep(1)，再次编译运行程序，结果如下：

　　观察父子进程执行的先后顺序，了解调度算法的特征
　　父进程在运行
　　父进程在运行
　　父进程在运行
　　父进程在运行
　　父进程在运行
　　sfs@ubuntu:~/c$ 子进程在运行
　　子进程在运行
　　子进程在运行

可以发现，在父进程循环 5 次结束后，子进程才开始执行，循环 3 次。两者不再是交替执行的。

(2) 多线程并发运行。

线程是进程内更小的任务单元。在支持线程的系统中，一个进程可以拥有多个线程，

构成多线程进程。每个线程都隶属于某个进程，共享该进程的地址空间，共享打开的文件和进程的其他资源。线程不能脱离进程单独存在。

操作系统内核实现的线程为内核级线程；内核外实现的线程属于用户级线程。内核感知不到核外实现的用户级线程，所以仍然以进程作为处理器调度单位。对内核级线程，则以线程作为处理器调度单位。

不同操作系统实现线程的技术手段是不同的。Linux 实现的线程类似于进程。在 Linux 内核中，线程和进程具有同样的结构，都采用 task_struct 结构，且进程创建和线程创建在底层调用同一个函数 do_fork，区别在于参数不同。内核调度是基于 task_struct 结构的，拥有同样结构的进程和线程自然都可以作为处理器调度的单位。

Linux 进程与线程的重要区别在于线程创建不会分配资源，线程会共享某个进程的资源。进程和该进程中的每个线程拥有相同的内存地址空间，即该进程的地址空间。

总结：Linux 内核没有线程的概念。Linux 把线程当作进程来实现。内核并没有使用特殊的调度算法或者定义特别的数据结构来表征线程。线程仅被看做一个与其他进程共享某些资源的进程。每个线程都拥有唯一属于自己的 task_struct。所以在内核中，线程看起来像是一个普通的进程(只是线程和其他一些进程共享某些资源)，线程没有自己独立的内存地址空间。

Linux 线程及进程近乎相同的实现方法表明：进程和线程的区别是相对的，两者有重要的相似之处。引入线程的目的是为了细化处理器调度和分派的单位，将以进程为单位的处理器调度和分派细化为以线程为单位的处理器调度和分派。内核以它所能感知到的任务单位作为处理器调度和分派的单位。操作系统必须能够感知进程的存在，否则便无法为进程分配处理器及其他资源。如果希望操作系统内核能够以线程作为处理器调度和分派的单位，则内核必须能够感知线程的存在。Linux 线程实现的策略表明：内核可以以感知进程存在的方式感知线程的存在，即两者可以拥有相同的实现结构 task_struct。同样，内核也可以以切换进程的方式切换线程，两者可以采用相同的调度算法。也即，从处理器调度和分派行为上看，进程和线程并无本质不同。进程和线程的区别主要体现在内存地址空间和资源的共享上。隶属于一个进程的各个线程共享该进程的地址空间和相关资源，线程之间的通信无需内核帮助，线程可通过直接访问它们共享的进程地址空间实现通信，大大降低通信代价，更便于线程之间的高效协作。不同进程的地址空间是相互隔离的，彼此不能访问对方的私有地址空间。进程之间的通信有赖于内核的帮助，进程之间的协作不如线程协作自由和高效。

下面实例中与 Linux 线程实现相关的函数主要有线程的创建(pthread_create)、线程的终止(pthread_exit)、线程的等待(pthread_join)等函数。

- 线程创建函数 pthread_create

头文件：#include <pthread.h>

原型：int pthread_create(pthread_t *tidp, const pthread_attr_t *attr, (void*)(*start_rtn)(void*), void *arg);

编译链接参数：-lpthread

返回值：成功则返回 0，否则返回错误编号。

参数说明：

① tidp：成功时，由 tidp 指向的内存单元被设置为新创建线程的线程 ID。

② attr：线程属性，如新线程是否与进程中其他线程脱离同步，新线程的调度策略(正常、非实时、实时、轮转法、先入先出等)，线程的运行优先级、调度策略和调度参数的设置，线程间竞争 CPU 的范围(进程内、进程间)。一般使用默认值 NULL，使用 joinable 属性。

③ start_rtn：函数指针，为线程执行的函数名。

④ arg：函数参数，如果需要向 start_rtn 函数传递多个参数，则需要将这些参数放到一个结构中，然后将结构的地址作为 arg 的参数传入。

- 线程终止函数 pthread_exit

头文件：#include <pthread.h>

原型：void pthread_exit(void *retval);

功能：终止线程。一个进程中的多个线程是共享数据段的，某个线程的终止不会导致其所占用的资源被释放。线程使用 pthread_join()函数同步并释放资源。

参数说明：

retval：pthread_exit()函数返回值，可由其他函数如 pthread_join 来获取。

线程的终止有两种方式：一种是线程主动调用 pthread_exit 终止自己，另一种是线程执行的函数结束导致该线程终止。即，线程可以隐式终止，也可以调用 pthread_exit 函数显式终止。

- 线程等待函数 pthread_join

头文件：#include <pthread.h>

函数原型：int pthread_join(pthread_t thread, void **retval);

功能：调用线程将一直阻塞，直到 thread 指定的线程调用 pthread_exit，或者线程执行的函数结束，或者线程被取消。当函数返回时，被等待线程(即 thread 线程)的资源被收回。如果线程已经结束，则该函数会立即返回。thread 指定的线程必须是 joinable 的。

返回值：成功则返回 0，否则返回错误编号。

参数说明：

① thread：被等待的线程 ID。

② retval：用户定义的指针，用来存储被等待线程(thread)的返回值。如果线程执行的函数结束，则 retval 包含返回码；如果线程被取消，由 retval 指向的内存单元置为 PTHREAD_CANCELED；如果对返回值不关心，可把 retval 设为 NULL。

如果程序中没有 pthread_join，则主线程会很快结束，从而使整个进程结束，其他(非主)线程便没有机会开始执行就结束了。加入 pthread_join 后，主线程会一直等待，直到等待的线程结束自己才结束，从而使其他线程有执行的机会。

一个线程不能被多个线程等待，即对一个线程只能调用一次 pthread_join，否则只有一个能正确返回，其他调用者将返回 ESRCH 错误。

默认情况下，必须使用 pthread_join 函数回收所创建线程的资源。但是可以设置线程属性，在线程结束时，直接回收此线程所占用的系统资源。

【例 9.3】创建主线程和子线程，观察多线程执行的顺序，了解线程执行的异步行为。

创建程序 thread.c，其内容如下：

```c
#include <stdio.h>
#include <pthread.h>
static int run=1;
static int retvalue;
void *threadfunc(void*arg)   //线程执行的函数
{
    int*running=arg;         //running 指向 run 变量，其值最初为 1，main 函数后来将其变为 0
    printf("子线程初始化完毕，传入参数为：%d\n",*running);  //输出传入参数值
    while(*running)          //running 指向 run 变量，其值最初为 1，main 函数后来将其变为 0
    {
        printf("子线程正在运行\n");
        usleep(1);
    }
    printf("子线程退出\n");
    retvalue=8;
    pthread_exit((void*)&retvalue);            //线程终止
}
int main()
{
    pthread_t pt;
    int ret=-1;
    int times=3;
    int i=0;
    int *ret_join=NULL;
    ret=pthread_create(&pt,NULL,(void*)threadfunc,&run);   /*创建一个使用 pthread_join 回收资源的线程，该线程执行函数 threadfunc，向函数传递的参数为 run*/
    if(ret!=0)
    {
        printf("建立线程失败\n");
        return 1;
    }
    printf("主线程创建子线程后在运行...\n");
    usleep(1);       //main 函数所在线程即主线程暂停 1 微妙，以出让处理器给其他线程
    printf("主线程调用 usleep(1)...\n");
    for(;i<times;i++)
    {
        printf("主线程打印 i=%d\n",i);
        usleep(1);
    }
```

run=0;
/*threadfunc 函数的 running 指向 run 变量，run=0 时，while(*running)循环结束，子线程也结束*/
pthread_join(pt,(void*)&ret_join);
/*等待运行函数 threadfunc 的子线程结束，接收其返回值，回收其资源*/
printf("线程返回值为：%d\n",*ret_join);
return 0;
}

程序功能：程序中的主线程(即 main 函数所在线程)创建子线程后，执行 3 次循环，子线程执行循环的次数不定。子线程的循环条件由主线程的变量 run 来控制。当主线程将 run 置为 0 时，子线程的循环条件变为假，子线程循环结束。主线程和子线程交替执行。

pthread 库不是 Linux 系统库，编译时要加上-lpthread。默认情况下，gcc 使用 C 库，要使用额外的库，就要加上库名。

Linux 下多线程程序的编译执行方法如下：

编译命令如下：

gcc thread.c -o thread -lpthread

运行命令如下：

./thread

执行结果如下：

主线程创建子线程后在运行...
子线程初始化完毕，传入参数为：1
子线程正在运行
主线程调用 usleep(1)...
主线程打印 i=0
子线程正在运行
主线程打印 i=1
子线程正在运行
主线程打印 i=2
子线程正在运行
子线程退出
线程返回值为：8

程序分析：main 函数执行 ret=pthread_create(&pt,NULL,(void*)threadfunc,&run)后，执行函数 threadfunc 的子线程被创建。在主线程执行 usleep(1)之前，子线程即开始执行。main 函数的 for(;i<times;i++)循环和子线程的 while(*running)循环交替执行，说明处理器在两个线程之间来回切换。main 函数的 for(;i<times;i++)循环执行结束，开始执行 run=0，子线程的 while(*running)循环条件变为假，该循环也随之结束。main 函数所在主线程执行 pthread_join(pt,(void*)&ret_join)等待子线程结束。子线程执行 pthread_exit((void*)&retvalue)主动结束。main 函数所在主线程回收子线程资源，整个程序结束。

如果删除程序中的 3 个 usleep(1)语句，再次编译运行后的结果为

主线程创建子线程后在运行...
主线程调用 usleep(1)...
主线程打印 i=0
主线程打印 i=1
主线程打印 i=2
子线程初始化完毕，传入参数为：0
子线程退出
线程返回值为：8

可以发现，在主线程等待前，主、子线程的运行不再是交替的。这说明：没有usleep(1)语句，线程缺乏阻塞事件时不会主动释放处理器，系统调度机会减少。

多线程对共享变量访问时，如果未施加互斥操作，则一个线程对共享变量的修改会被后来线程的再次修改所覆盖，造成结果不唯一的错误。

【例9.4】 创建程序 thrsharenomutex.c，其内容如下：

```
#include <stdio.h>
#include <stdlib.h>
#include <pthread.h>
#include <unistd.h>
#include <string.h>
int num=30,count=10;
void *sub1(void *arg) {      //线程执行函数，对共享变量 num 执行 10 次减 1 操作
    int i = 0,tmp;
    for (; i <count; i++)
    {
        tmp=num-1;
        usleep(13);     /*线程休眠，释放处理器，在对共享变量 num 完成更新之前切换处理器(切换线程)*/
        num=tmp;
        printf("线程 1 num 减 1 后值为: %d\n",num);
    }
    return ((void *)0);
}
void *sub2(void *arg){       //线程执行函数，对共享变量 num 执行 10 次减 1 操作
    int i=0,tmp;
    for(;i<count;i++)
    {
        tmp=num-1;
        usleep(31);/*线程休眠，释放处理器，在对共享变量 num 完成更新之前切换处理器(切换线程)*/
        num=tmp;
```

```c
        printf("线程 2 num 减 1 后值为: %d\n",num);
    }
    return ((void *)0);
}
int main(int argc, char** argv) {
    pthread_t tid1,tid2;
    int err,i=0,tmp;
    void *tret;
    err=pthread_create(&tid1,NULL,sub1,NULL);      //创建线程，该线程执行函数 sub1
    if(err!=0)
    {
        printf("pthread_create error:%s\n",strerror(err));
        exit(-1);
    }
    err=pthread_create(&tid2,NULL,sub2,NULL);      //创建线程，该线程执行函数 sub2
    if(err!=0)
    {
        printf("pthread_create error:%s\n",strerror(err));
        exit(-1);
    }
    for(;i<count;i++)
    {      //主线程 main 对共享变量 num 执行 10 次减 1 操作
        tmp=num-1;
        usleep(5);      /*线程休眠，释放处理器，在对共享变量 num 完成更新之前切换处理器(切换线程)*/
        num=tmp;
        printf("main num 减 1 后值为: %d\n",num);
    }
    printf("两个线程运行结束\n");
    err=pthread_join(tid1,&tret);        //阻塞等待线程 id 为 tid1 的线程，直到该线程退出
    if(err!=0)
    {
        printf("can not join with thread1:%s\n",strerror(err));
        exit(-1);
    }
    printf("thread 1 exit code %d\n",(int)tret);
    err=pthread_join(tid2,&tret);        //阻塞等待线程 id 为 tid2 的线程，直到该线程退出
    if(err!=0)
    {
```

printf("can not join with thread1:%s\n",strerror(err));
exit(-1);
}
printf("thread 2 exit code %d\n",(int)tret);
return 0;
}

程序功能：该程序运行时一共有 3 个线程并发运行：main 主线程、tid1 线程、tid2 线程。三个线程均对共享变量 num 减 1 操作 10 次，共计减 1 操作 30 次。num 初值为 30，减 30 次 1 后，num 的正确结果应为 0。但是，三个线程对 num 的操作不是互斥的，在完整更新 num 值之前均发生了处理器切换。多个线程均对变量 num 减 1，但 num 值只减少 1，导致结果不唯一的错误。

程序编译运行情况如下：

sfs@ubuntu:~/c$ gcc thrsharenomutex.c -o thrsharenomutex -lpthread   #编译链接
sfs@ubuntu:~/c$ ./thrsharenomutex   #运行
main num 减 1 后值为: 29
线程 2 num 减 1 后值为: 29
线程 1 num 减 1 后值为: 29
main num 减 1 后值为: 28
线程 2 num 减 1 后值为: 28
线程 1 num 减 1 后值为: 28
main num 减 1 后值为: 27
线程 2 num 减 1 后值为: 27
线程 1 num 减 1 后值为: 27
main num 减 1 后值为: 26
线程 2 num 减 1 后值为: 26
线程 1 num 减 1 后值为: 26
main num 减 1 后值为: 25
线程 2 num 减 1 后值为: 25
线程 1 num 减 1 后值为: 25
main num 减 1 后值为: 24
线程 2 num 减 1 后值为: 24
线程 1 num 减 1 后值为: 24
main num 减 1 后值为: 23
线程 2 num 减 1 后值为: 23
线程 1 num 减 1 后值为: 23
main num 减 1 后值为: 22
线程 2 num 减 1 后值为: 22
线程 1 num 减 1 后值为: 22
main num 减 1 后值为: 21

线程 2 num 减 1 后值为: 21

线程 1 num 减 1 后值为: 21

main num 减 1 后值为: 20

两个线程运行结束

线程 2 num 减 1 后值为: 20

线程 1 num 减 1 后值为: 20

thread 1 exit code 0

thread 2 exit code 0

从运行结果可以看到,num 的最终值为 20,而不是正确的 0。三个线程分别对 num 减 1 后,num 的值并未变化。直到下一轮调度时,num 的值才减少 1,而不是减少 3。这是并发程序运行时产生的典型错误现象——结果不唯一。

9.2.2 并发线程同步与互斥

从上例可以看到,当并发线程访问共享变量时,如果不施加互斥操作,则容易产生结果不唯一的错误。下面为共享变量的访问操作加上互斥锁。

【例 9.5】 将原程序改造成为如下程序 threadmutex.c:

```c
#include <stdio.h>
#include <stdlib.h>
#include <pthread.h>
#include <unistd.h>
#include <string.h>
int num=30,count=10;
pthread_mutex_t mylock=PTHREAD_MUTEX_INITIALIZER;      //互斥锁
void *sub1(void *arg) {      //线程执行函数,对共享变量 num 执行 10 次减 1 操作
    int i = 0,tmp;
    for (; i <count; i++)
    {
        pthread_mutex_lock(&mylock);          //加锁
        tmp=num-1;
        usleep(13);/*线程休眠,释放处理器,在对共享变量 num 完成更新之前切换处理器(切换线程)*/
        num=tmp;                              //更新 num 值
        pthread_mutex_unlock(&mylock);        //开锁
        printf("线程 1 num 减 1 后值为: %d\n",num);
    }
    return ((void *)0);
}
void *sub2(void *arg){//线程执行函数,对共享变量 num 执行 10 次减 1 操作
    int i=0,tmp;
```

```c
        for(;i<count;i++)
        {
                pthread_mutex_lock(&mylock);            //加锁
                tmp=num-1;
                usleep(31);/*线程休眠,释放处理器,在对共享变量 num 完成更新之前切换处理器(切
换线程)*/
                num=tmp;                                //更新 num 值
                pthread_mutex_unlock(&mylock);          //开锁
                printf("线程 2 num 减 1 后值为: %d\n",num);
        }
        return ((void *)0);
}
int main(int argc, char** argv) {
    pthread_t tid1,tid2;
    int err,i=0,tmp;
    void *tret;
    err=pthread_create(&tid1,NULL,sub1,NULL);//创建线程,该线程执行函数 sub1
    if(err!=0)
    {
            printf("pthread_create error:%s\n",strerror(err));
            exit(-1);
    }
    err=pthread_create(&tid2,NULL,sub2,NULL);   //创建线程,该线程执行函数 sub2
    if(err!=0)
    {
            printf("pthread_create error:%s\n",strerror(err));
            exit(-1);
    }
    for(;i<count;i++) //主线程 main 对共享变量 num 执行 10 次减 1 操作
    {
            pthread_mutex_lock(&mylock);            //加锁
            tmp=num-1;
            usleep(5);      /*线程休眠,释放处理器,在对共享变量 num 完成更新之前切换处
理器(切换线程)*/
            num=tmp;                                //更新 num 值
            pthread_mutex_unlock(&mylock);          //开锁
            printf("main num 减 1 后值为: %d\n",num);
    }
    printf("两个线程运行结束\n");
```

```
            err=pthread_join(tid1,&tret);        //阻塞等待线程 id 为 tid1 的线程，直到该线程退出
            if(err!=0)
            {
                printf("can not join with thread1:%s\n",strerror(err));
                exit(-1);
            }
            printf("thread 1 exit code %d\n",(int)tret);
            err=pthread_join(tid2,&tret);        //阻塞等待线程 id 为 tid2 的线程，直到该线程退出
            if(err!=0)
            {
                printf("can not join with thread1:%s\n",strerror(err));
                exit(-1);
            }
            printf("thread 2 exit code %d\n",(int)tret);
            return 0;
        }
```

程序中 pthread_mutex_t mylock=PTHREAD_MUTEX_INITIALIZER 定义并初始化了一个锁，pthread_mutex_lock(&mylock)用于加锁，pthread_mutex_unlock(&mylock)用于开锁，加锁与开锁是成对出现的。对共享变量 num 的修改操作语句 tmp=num-1 和 num=tmp 置于加锁语句和开锁语句之间。

程序编译与运行过程如下：

```
sfs@ubuntu:~/c$ gcc threadmutex.c -o threadmutex -lpthread        #编译链接
sfs@ubuntu:~/c$ ./threadmutex                                     #运行
main num 减1 后值为: 29
main num 减1 后值为: 28
main num 减1 后值为: 27
main num 减1 后值为: 26
main num 减1 后值为: 25
main num 减1 后值为: 24
main num 减1 后值为: 23
main num 减1 后值为: 22
main num 减1 后值为: 21
main num 减1 后值为: 20
两个线程运行结束
线程1 num 减1 后值为: 19
线程2 num 减1 后值为: 18
线程2 num 减1 后值为: 17
线程2 num 减1 后值为: 16
线程2 num 减1 后值为: 15
```

线程 2 num 减 1 后值为: 14
线程 2 num 减 1 后值为: 13
线程 2 num 减 1 后值为: 12
线程 2 num 减 1 后值为: 11
线程 2 num 减 1 后值为: 10
线程 1 num 减 1 后值为: 9
线程 2 num 减 1 后值为: 8
线程 1 num 减 1 后值为: 7
线程 1 num 减 1 后值为: 6
线程 1 num 减 1 后值为: 5
线程 1 num 减 1 后值为: 4
线程 1 num 减 1 后值为: 3
线程 1 num 减 1 后值为: 2
线程 1 num 减 1 后值为: 1
线程 1 num 减 1 后值为: 0
thread 1 exit code 0
thread 2 exit code 0

可以看到，尽管对共享变量 num 的修改操作语句 tmp=num-1 和 num=tmp 之间还夹有引起线程释放处理器，从而导致 num 修改操作失去原子性的 usleep 语句，但是线程的切换和交替执行并不常见，只是偶尔发生。

9.2.3 生产者-消费者同步与互斥问题

生产者-消费者问题是一类经典进程/线程同步问题。现实世界中许多存在生产与供给关系的问题都可以抽象为生产者-消费者问题。所以，解决好生产者-消费者问题就解决好了一类并发进程/线程的同步问题。

在操作系统中，生产者进程/线程是向其他进程/线程输出或者发送数据的进程/线程；消费者进程/线程是从其他进程/线程接收数据的进程/线程。

生产者-消费者问题描述为：有一环形缓冲池，包含 n 个缓冲区(0～n-1)。有两类进程/线程：m 个生产者进程/线程和 n 个消费者进程/线程，生产者进程/线程向空的缓冲区中投放产品，消费者进程/线程从满的缓冲区中取走产品。每次仅允许一个进程/线程访问缓冲区，缓冲区应该按照其序号有序访问。采用算法描述生产者进程/线程、消费者进程/线程通过缓冲池交互的行为。

缓冲区属于生产者、消费者的共享资源，对共享资源的访问需要施加同步、互斥操作，以保证结果的正确性。未考虑进程同步与互斥问题的生产者-消费者算法可以描述为

```
int k;                                  //缓冲池中缓冲区个数
typedef anyitem item;                   //产品类型
item buffer[k];                         //缓冲池
int in=0,out=0,counter=0;               //读写指针和满缓冲区个数
process producer(void)                  //生产者进程
```

```
    {
        while (true)
        {                                           //无限循环
            {produce an item in nextp};             //生产一个产品
            if (counter==k) sleep(producer);        //缓冲满时，生产者睡眠
            buffer[in]=nextp;                       //将一个产品放入缓冲区
            in=(in+1)%k;                            //指针推进
            counter++;                              //缓冲内产品数加 1
            if(counter==1) wakeup(consumer);        //缓冲池非空后唤醒消费者
        }
    }
    process consumer(void)                          //消费者进程
    {
        while (true)
        {                                           //无限循环
            if (counter==0)   sleep(consumer);      //缓冲区空，消费者睡眠
            nextc=buffer[out];                      //取一个产品到 nextc
            out=(out+1)%k;                          //指针推进
            counter--;                              //取走一个产品，计数减 1
            if(counter==k-1)    wakeup(producer);   //缓冲不满，唤醒生产者
            {consume the item in nextc};            //消费产品
        }
    }
```

该算法可以采用如下程序 pc0.c 实现：

```
#include <stdio.h>
#include <stdlib.h>
#include <sys/types.h>
#include <pthread.h>
#include <unistd.h>
#include <signal.h>
#include <semaphore.h>
#define Maxbuf 10                //缓冲单元数目
#define TimesOfOp 10             //生产者、消费者循环读写缓冲区的次数
#define true 1
#define false 0
#define historynum 100           //生产者、消费者读写历史记录数目
//定义循环缓冲队列及其操作
struct Circlebuf                 //循环缓冲队列结构
{
```

```
        int read;                              //读指针
        int write;                             //写指针
        int buf[Maxbuf];                       //缓冲区
    } circlebuf;
    int counter;                               //产品数
    char writehistory[historynum][30];         //生产历史
    char readhistory[historynum][30];          //消费历史
    int writehistorycount=0;                   //生产历史计数器
    int readhistorycount=0;                    //消费历史计数器
    char history[historynum][30];              //缓冲区操作历史
    int historycount=0;                        //缓冲区操作历史计数器
    int writeCirclebuf(struct Circlebuf *circlebuf,int *value)   //向缓冲区中写一个值
    {
        if(counter==Maxbuf) return -1;                           //缓冲区满，则返回-1
        circlebuf->buf[circlebuf->write]=(*value);               //值写入空缓冲区
        circlebuf->write=(circlebuf->write+1)%Maxbuf;            //写过后写指针增1
        counter++;                                               //产品数增1
        return 1;                                                //产品投放进去，则返回1
    }
    int readCirclebuf(struct Circlebuf *circlebuf)               //从当前指针读一个值，返回value
    {
        int value=0;
        if(counter==0) return -1;                                //缓冲区空，则返回-1
        value=circlebuf->buf[circlebuf->read];                   //从满缓冲区读一个值
        circlebuf->buf[circlebuf->read]=0;                       //读过后缓冲区置空
        circlebuf->read=(circlebuf->read+1)%Maxbuf;              //读过后读指针增1
        counter--;                                               //产品数减1
        return value;                                            //取出产品，则返回产品值
    }
    void sigend(int sig)
    {
        exit(0);
    }
    void * productThread(void *i)              //生产者线程函数将其编号*i写入缓冲单元
    {
        int *n=(int *)i;                       //*i中为生产者要写入缓冲单元的值，即生产者编号
        int t=TimesOfOp;                       //生产者执行投放产品循环的次数
        int writeptr;                          //writeptr指向刚写入数值的单元
        int rt,ve;                             //投放操作的返回值和欲写入缓冲单元值
```

```c
        while(t--)
        {
                rt=writeCirclebuf(&circlebuf,n);              //将值*n 写入缓冲单元
                if(circlebuf.write>0) writeptr=circlebuf.write-1;   //writeptr 指向刚写入数值的单元
                else writeptr=Maxbuf-1;
                if(rt!=-1) ve=*n;
                else ve=-1;
                sprintf(writehistory[writehistorycount++],"生产者%d:缓冲区%d=%d", *n,writeptr,ve);
                sprintf(history[historycount++],"生产者%d:缓冲区%d=%d\n", *n,writeptr,ve);
                /*有空间可投放产品,则生产者编号、缓冲单元编号、写入值记入生产历史数组和缓
冲区操作历史数组;无空间可投放产品,则生产者编号、缓冲单元编号、-1 记入生产历史数组
和缓冲区操作历史数组*/
                sleep(1);                                     //释放处理器
        }
}
void * consumerThread(void *i)                                //消费者线程函数取走的产品值为*i
{
        int *n=(int *)i;
        int t=TimesOfOp;                                      //消费者执行取产品循环的次数
        int value=0;                                          //消费品存放处
        int readptr;                                          //readptr 指向刚刚取走值的缓冲单元
        while(t--)
        {
                value=readCirclebuf(&circlebuf);              //取出产品并放入 value
                if(circlebuf.read>0) readptr=circlebuf.read-1;  //readptr 指向刚刚取走值的缓冲单元
                else readptr=Maxbuf-1;
                sprintf(readhistory[readhistorycount++], "消费者%d:缓冲区%d=%d", *n,readptr,value);
                sprintf(history[historycount++],"消费者%d:缓冲区%d=%d\n", *n,readptr,value);
                /*有产品可消费,则消费者编号、取走值的缓冲单元编号、取走的值写入消费历史数
组和缓冲区操作历史数组;无产品可消费,则消费者编号、缓冲单元编号、-1 写入消费历史数组
和缓冲区操作历史数组*/
                sleep(1);                                     //释放处理器
        }
}
int main()
{
        int i,max;
        int ConsNum=0,ProdNum=0,ret;                          //初始化生产者、消费者数量、线程创建返回值
        counter=0;                                            //产品数初始化为 0
```

```c
    signal(SIGINT, sigend);                    //收到信号，结束程序
    signal(SIGTERM, sigend);                   //收到信号，结束程序
    //初始化循环缓冲队列
    circlebuf.read=circlebuf.write=0;          //读写指针指向 0 号单元
    for(i=0;i<Maxbuf;i++)
        circlebuf.buf[i]=0;                    //各个缓冲单元清 0 表示空
    printf("请输入生产者线程的数目 :");
    scanf("%d",&ProdNum);                      //设置生产者线程的数目
    int *pro=(int*)malloc(ProdNum*sizeof(int));        //生产者入口参数值存储区
    pthread_t *proid=(pthread_t*)malloc(ProdNum*sizeof(pthread_t));   //生产者线程 ID 数组
    printf("请输入消费者线程的数目 :");
    scanf("%d",&ConsNum);                      //设置消费者线程的数目
    int *con=(int*)malloc(ConsNum*sizeof(int));        //消费者入口参数值存储区
    pthread_t *conid=(pthread_t*)malloc(ConsNum*sizeof(pthread_t));   //消费者线程 ID 数组
    for(i=1;i<=ConsNum;i++)                    //创建并启动 ConsNum 个消费者线程
    {
        con[i-1]=i;                            //消费者线程函数入口参数
        ret=pthread_create(&conid[i],NULL,consumerThread,(void *)&con[i-1]);
        /*创建消费者线程，执行函数 consumerThread，入口参数为 con[i-1]*/
        if(ret!=0)
        {
            printf("Create thread error");
            exit(1);
        }
    }
    for(i=1;i<=ProdNum;i++)                    //创建并启动 ProdNum 个生产者线程
    {
        pro[i-1]=i;                            //生产者线程编号为 i
        ret=pthread_create(&proid[i],NULL,productThread,(void *)&pro[i-1]);
        /*创建生产者线程，执行函数 productThread，入口参数为 pro [i-1]*/
        if(ret!=0)
        {
            printf("Create thread error");
            exit(1);
        }
    }
    sleep(1);              //main 线程释放处理器，系统调度生产者、消费者线程执行
    for(i=1;i<=ConsNum;i++) pthread_join(conid[i],NULL);   //主线程等待消费者线程结束
    for(i=1;i<=ProdNum;i++) pthread_join(proid[i],NULL);   //主线程等待生产者线程结束
```

```c
        printf("+++++++++++++缓冲区读写顺序如下： +++++++++++++++++\n");
        if (writehistorycount>readhistorycount) max=writehistorycount;
        else max=readhistorycount;
        for(i=0;i<max;i++)
            if ((i<writehistorycount) && (i<readhistorycount))
                printf("%s | %s\n",writehistory[i],readhistory[i]);
/*同时输出生产者的产品生产顺序和消费者取出产品的顺序，看两者是否一致*/
            else if (i<writehistorycount)  printf("%s | %s\n",writehistory[i]," ");     //产品未消费完
            else printf("%s | %s\n"," ",readhistory[i]);                                 //产品不足
        printf("*************缓冲池的操作历史为*****************\n");
        for(i=0;i<historycount;i++) printf("%s",history[i]);
    }
```

程序分析如下：

主线程 main 创建环形缓冲区并初始化为空，然后由用户确定生产者数目和消费者数目，程序根据用户输入的生产者数目和消费者数目创建相应数目的生产者线程和消费者线程。线程一经创建即开始运行。生产者线程执行生产函数，消费者线程执行消费函数。生产函数将产品投入空白缓冲单元，并记录生产者线程编号、产品所投放的缓冲单元编号、产品值到生产历史数组中。消费函数从满缓冲单元中取出产品，并记录消费者线程编号、取出的产品所在缓冲单元编号、产品值到消费历史数组中。每个生产者和消费者均执行 10 次生产或消费循环。如果缓冲区满，则生产者不投放产品，以-1 作为无效产品值记入生产历史数组。如果缓冲区空，则消费者不取出产品，以-1 作为无效消费品值记入消费历史数组。主线程 main 等待生产者、消费者线程结束时回收其资源，按照产品投放顺序输出生产者线程编号、投放缓冲单元号、产品值，同时按照产品取出的顺序输出消费者线程编号、取出产品的缓冲单元号、产品值供用户查看两者顺序是否一致。缓冲池的操作历史输出各个线程对特定缓冲单元的读写操作顺序，可以理解操作合理性以及是否操作正确。

程序编译执行过程如下：

```
sfs@ubuntu:~/c$ gcc pc0.c -o pc0 -lpthread        #编译链接
sfs@ubuntu:~/c$ ./pc0                             #执行
请输入生产者进程的数目 :3
请输入消费者进程的数目 :4
+++++++++++++缓冲区读写顺序如下： +++++++++++++++++
生产者3:缓冲区0=3 |  消费者4:缓冲区0=3
生产者2:缓冲区1=2 |  消费者3:缓冲区1=2
生产者1:缓冲区2=1 |  消费者2:缓冲区2=1
生产者3:缓冲区3=3 |  消费者1:缓冲区2=-1
生产者2:缓冲区4=2 |  消费者4:缓冲区3=3
生产者1:缓冲区5=1 |  消费者3:缓冲区4=2
生产者2:缓冲区6=2 |  消费者2:缓冲区5=1
生产者3:缓冲区7=3 |  消费者1:缓冲区5=-1
```

生产者1:缓冲区8=1 | 消费者4:缓冲区6=2
生产者3:缓冲区9=3 | 消费者3:缓冲区7=3
生产者2:缓冲区0=2 | 消费者2:缓冲区8=1
生产者1:缓冲区1=1 | 消费者1:缓冲区8=-1
生产者2:缓冲区2=2 | 消费者4:缓冲区9=3
生产者1:缓冲区3=1 | 消费者3:缓冲区0=2
生产者3:缓冲区4=3 | 消费者2:缓冲区1=1
生产者1:缓冲区5=1 | 消费者1:缓冲区1=-1
生产者3:缓冲区6=3 | 消费者4:缓冲区2=2
生产者2:缓冲区7=2 | 消费者3:缓冲区3=1
生产者3:缓冲区8=3 | 消费者2:缓冲区4=3
生产者2:缓冲区9=2 | 消费者1:缓冲区4=-1
生产者1:缓冲区0=1 | 消费者4:缓冲区5=1
生产者1:缓冲区1=1 | 消费者3:缓冲区6=3
生产者2:缓冲区2=2 | 消费者2:缓冲区7=2
生产者3:缓冲区3=3 | 消费者1:缓冲区7=-1
生产者2:缓冲区4=2 | 消费者4:缓冲区8=3
生产者3:缓冲区5=3 | 消费者3:缓冲区9=2
生产者1:缓冲区6=1 | 消费者2:缓冲区0=1
生产者3:缓冲区7=3 | 消费者1:缓冲区0=-1
生产者1:缓冲区8=1 | 消费者4:缓冲区1=1
生产者2:缓冲区9=2 | 消费者3:缓冲区2=2
 | 消费者2:缓冲区3=3
 | 消费者1:缓冲区3=-1
 | 消费者4:缓冲区4=2
 | 消费者3:缓冲区5=3
 | 消费者2:缓冲区6=1
 | 消费者1:缓冲区6=-1
 | 消费者4:缓冲区7=3
 | 消费者3:缓冲区8=1
 | 消费者2:缓冲区9=2
 | 消费者1:缓冲区9=-1
**************缓冲池的操作历史为******************
生产者3:缓冲区0=3
生产者2:缓冲区1=2
生产者1:缓冲区2=1
消费者4:缓冲区0=3
消费者3:缓冲区1=2
消费者2:缓冲区2=1

消费者1:缓冲区2=-1
生产者3:缓冲区3=3
生产者2:缓冲区4=2
生产者1:缓冲区5=1
消费者4:缓冲区3=3
消费者3:缓冲区4=2
消费者2:缓冲区5=1
消费者1:缓冲区5=-1
生产者2:缓冲区6=2
生产者3:缓冲区7=3
生产者1:缓冲区8=1
消费者4:缓冲区6=2
消费者3:缓冲区7=3
消费者2:缓冲区8=1
消费者1:缓冲区8=-1
生产者3:缓冲区9=3
生产者2:缓冲区0=2
生产者1:缓冲区1=1
消费者4:缓冲区9=3
消费者3:缓冲区0=2
消费者2:缓冲区1=1
消费者1:缓冲区1=-1
生产者2:缓冲区2=2
生产者1:缓冲区3=1
生产者3:缓冲区4=3
消费者4:缓冲区2=2
消费者3:缓冲区3=1
消费者2:缓冲区4=3
消费者1:缓冲区4=-1
生产者1:缓冲区5=1
生产者3:缓冲区6=3
生产者2:缓冲区7=2
消费者4:缓冲区5=1
消费者3:缓冲区6=3
消费者2:缓冲区7=2
消费者1:缓冲区7=-1
生产者3:缓冲区8=3
生产者2:缓冲区9=2
生产者1:缓冲区0=1

消费者4:缓冲区8=3
消费者3:缓冲区9=2
消费者2:缓冲区0=1
消费者1:缓冲区0=-1
生产者1:缓冲区1=1
生产者2:缓冲区2=2
生产者3:缓冲区3=3
消费者4:缓冲区1=1
消费者3:缓冲区2=2
消费者2:缓冲区3=3
消费者1:缓冲区3=-1
生产者2:缓冲区4=2
生产者3:缓冲区5=3
生产者1:缓冲区6=1
消费者4:缓冲区4=2
消费者3:缓冲区5=3
消费者2:缓冲区6=1
消费者1:缓冲区6=-1
生产者3:缓冲区7=3
生产者1:缓冲区8=1
生产者2:缓冲区9=2
消费者4:缓冲区7=3
消费者3:缓冲区8=1
消费者2:缓冲区9=2
消费者1:缓冲区9=-1

从运行结果中的缓冲池操作历史前7行可以看到:三个生产者依次向缓冲区投放了产品3、2、1,三个消费者(编号为4、3、2)依次取走了三个产品,缓冲区变为空。消费者1无产品可取。经过分析,其他输出项与此类似,结果正确。这是因为生产者及消费者对缓冲区的读或者写操作完成之前未发生新的读写操作,缓冲区值的修改是原子的。如果在writeCirclebuf 函数的语句 circlebuf->buf[circlebuf->write]=(*value) 和 circlebuf->write= (circlebuf->write+1)%Maxbuf 之间加入引起处理器切换的语句 sleep(1),在 readCirclebuf 函数的语句 value=circlebuf->buf[circlebuf->read]和 circlebuf->buf[circlebuf->read]=0 之间加入引起处理器切换的语句 sleep(1),再次编译执行的结果如下:

请输入生产者进程的数目:3
请输入消费者进程的数目:4
++++++++++++++缓冲区读写顺序如下: +++++++++++++++++
生产者3:缓冲区0=3 | 消费者4:缓冲区9=-1
生产者2:缓冲区1=2 | 消费者3:缓冲区9=-1
生产者1:缓冲区2=1 | 消费者2:缓冲区9=-1

生产者3:缓冲区3=3| 消费者1:缓冲区9=-1|
生产者2:缓冲区4=2| 消费者4:缓冲区0=1|
生产者1:缓冲区5=1| 消费者3:缓冲区1=1|
生产者3:缓冲区6=3| 消费者2:缓冲区2=1|
生产者2:缓冲区7=2| 消费者1:缓冲区3=1|
生产者1:缓冲区8=1| 消费者4:缓冲区4=0|
生产者2:缓冲区9=2| 消费者3:缓冲区5=0|
生产者3:缓冲区0=3| 消费者2:缓冲区6=0|
生产者1:缓冲区1=1| 消费者1:缓冲区7=0|
生产者1:缓冲区2=1| 消费者4:缓冲区8=0|
生产者2:缓冲区3=2| 消费者3:缓冲区9=0|
生产者3:缓冲区4=3| 消费者2:缓冲区0=0|
生产者3:缓冲区5=3| 消费者1:缓冲区1=0|
生产者2:缓冲区6=2| 消费者4:缓冲区1=-1|
生产者1:缓冲区7=1| 消费者3:缓冲区1=-1|
生产者2:缓冲区8=2| 消费者2:缓冲区1=-1|
生产者1:缓冲区9=1| 消费者1:缓冲区1=-1|
生产者3:缓冲区0=3| 消费者4:缓冲区1=-1|
生产者2:缓冲区1=2| 消费者3:缓冲区1=-1|
生产者1:缓冲区2=1| 消费者2:缓冲区1=-1|
生产者3:缓冲区3=3| 消费者1:缓冲区1=-1|
生产者1:缓冲区4=1| 消费者4:缓冲区2=2|
生产者3:缓冲区5=3| 消费者3:缓冲区3=2|
生产者2:缓冲区6=2| 消费者2:缓冲区4=2|
生产者2:缓冲区7=2| 消费者1:缓冲区5=2|
生产者1:缓冲区8=1| 消费者4:缓冲区6=0|
生产者3:缓冲区9=3| 消费者3:缓冲区7=0|
| 消费者2:缓冲区8=0|
| 消费者1:缓冲区9=0|
| 消费者4:缓冲区9=-1|
| 消费者3:缓冲区0=0|
| 消费者2:缓冲区1=0|
| 消费者1:缓冲区2=0|
| 消费者4:缓冲区3=0|
| 消费者1:缓冲区3=-1|
| 消费者3:缓冲区4=0|
| 消费者2:缓冲区5=0|

*************缓冲池的操作历史为*****************

消费者4:缓冲区9=-1

消费者3: 缓冲区 9=-1
消费者2: 缓冲区 9=-1
消费者1: 缓冲区 9=-1
生产者3: 缓冲区 0=3
生产者2: 缓冲区 1=2
生产者1: 缓冲区 2=1
消费者4: 缓冲区 0=1
消费者3: 缓冲区 1=1
消费者2: 缓冲区 2=1
消费者1: 缓冲区 3=1
生产者3: 缓冲区 3=3
生产者2: 缓冲区 4=2
生产者1: 缓冲区 5=1
消费者4: 缓冲区 4=0
消费者3: 缓冲区 5=0
消费者2: 缓冲区 6=0
消费者1: 缓冲区 7=0
生产者3: 缓冲区 6=3
生产者2: 缓冲区 7=2
生产者1: 缓冲区 8=1
消费者4: 缓冲区 8=0
消费者3: 缓冲区 9=0
消费者2: 缓冲区 0=0
消费者1: 缓冲区 1=0
生产者2: 缓冲区 9=2
生产者3: 缓冲区 0=3
生产者1: 缓冲区 1=1
消费者4: 缓冲区 1=-1
消费者3: 缓冲区 1=-1
消费者2: 缓冲区 1=-1
消费者1: 缓冲区 1=-1
消费者4: 缓冲区 1=-1
消费者3: 缓冲区 1=-1
消费者2: 缓冲区 1=-1
消费者1: 缓冲区 1=-1
生产者1: 缓冲区 2=1
生产者2: 缓冲区 3=2
生产者3: 缓冲区 4=3
消费者4: 缓冲区 2=2

消费者 3: 缓冲区 3=2
消费者 2: 缓冲区 4=2
消费者 1: 缓冲区 5=2
生产者 3: 缓冲区 5=3
生产者 2: 缓冲区 6=2
生产者 1: 缓冲区 7=1
消费者 4: 缓冲区 6=0
消费者 3: 缓冲区 7=0
消费者 2: 缓冲区 8=0
消费者 1: 缓冲区 9=0
生产者 2: 缓冲区 8=2
生产者 1: 缓冲区 9=1
消费者 4: 缓冲区 9=-1
生产者 3: 缓冲区 0=3
消费者 3: 缓冲区 0=0
消费者 2: 缓冲区 1=0
消费者 1: 缓冲区 2=0
生产者 2: 缓冲区 1=2
生产者 1: 缓冲区 2=1
生产者 3: 缓冲区 3=3
消费者 4: 缓冲区 3=0
消费者 1: 缓冲区 3=-1
消费者 3: 缓冲区 4=0
消费者 2: 缓冲区 5=0
生产者 1: 缓冲区 4=1
生产者 3: 缓冲区 5=3
生产者 2: 缓冲区 6=2
生产者 2: 缓冲区 7=2
生产者 1: 缓冲区 8=1
生产者 3: 缓冲区 9=3

可以看到，消费者取走的产品与生产者投放的产品不一致。这是由于改写程序以后，缓冲区的读写操作被中断，其他读写操作可以插入进来，一个数据被修改多次，结果只反映一次修改，造成结果不唯一的错误。

为了保证对共享变量的同步与互斥操作，可以在程序中加入同步、互斥操作原语。信号量与 PV 操作是最常用的同步机制，Linux 实现了该机制。与 P 操作对应的函数为 sem_wait，其原型为

  int sem_wait(sem_t * sem);

头文件：

  #include <semaphore.h>

功能：如果信号量 sem 的值大于 0，则将其值减去 1，函数返回。如果信号量 sem 的值等于 0，则调用该函数的线程等待，直到其他线程增加 sem 值，使其不再是 0 为止。该函数为原子操作函数。

返回值：成功则返回 0，失败则返回−1。

与 V 操作对应的函数为 sem_post，其原型为

  int sem_post(sem_t *sem);

头文件：

  #include <semaphore.h>

功能：使信号量 sem 的值增 1。如果有线程阻塞在信号量 sem 上，则其中一个线程不再阻塞，选择机制由线程调度策略决定。该函数为原子操作函数。

信号量使用前需要初始化，以设定其初始值，用完后要销毁。信号量初始化函数为 sem_init，其函数原型为

  int sem_init(sem_t *sem, int pshared, unsigned int value);

头文件：

  #include <semaphore.h>

功能：初始化信号量 sem。value 为信号量的初始值。pshared 指明信号量由进程内线程共享，还是由进程之间共享。若 pshared 为 0，则信号量 sem 被进程内的线程共享，并且应该放置在这个进程的所有线程都可见的地址上(如全局变量，或者堆上动态分配的变量)。若 pshared 非零，则信号量 sem 将在进程之间共享，并且应该定位 sem 到共享内存区域(由 shm_open、mmap 及 shmget 创建)。

信号量销毁函数为 sem_destroy，其函数原型为

  int sem_destroy(sem_t *sem);

头文件：

  #include <semaphore.h>

功能：销毁信号量 sem。

加上同步与互斥机制的生产者-消费者问题算法如下：

```
    item B[k];
    semaphore empty;
    empty=k;                              //可以使用的空缓冲区数
    semaphore full;
    full=0;                               //缓冲区内可以使用的产品数
    semaphore mutex;
    mutex=1;                              //互斥信号量
    int in=0;                             //写缓冲区指针
    int out=0;                            //读缓冲区指针
    cobegin
    process producer_i ( )//生产者进程            process consumer_j ( )//消费者进程
    {                                             {
        while(true)                                   while(true)
```

```
            {                                              {
                produce( );                                    P(full);
                P(empty);                                      P(mutex);
                P(mutex);                                      take( ) from B[out];
                append to B[in];                               out=(out+1)%k;
                in=(in+1)%k;                                   V(mutex);
                V(mutex);                                      V(empty);
                V(full);                                       consume( );
            }                                              }
        }
        coend
```

改写程序 pc0.c 为 pc1.c，为缓冲区的读写片段加上信号量和 PV 操作即可实现上述算法。pc1.c 如下：

```
#include <stdio.h>
#include <stdlib.h>
#include <sys/types.h>
#include <pthread.h>
#include <unistd.h>
#include <signal.h>
#include <semaphore.h>
#define Maxbuf 10              //缓冲单元数目
#define TimesOfOp 10           //生产者、消费者循环读写缓冲区的次数
#define true 1
#define false 0
#define historynum 100         //生产者、消费者读写历史记录数目
//定义循环缓冲队列及其操作
struct Circlebuf                //循环缓冲队列结构
{
    int read;                   //读指针
    int write;                  //写指针
    int buf[Maxbuf];            //缓冲区
} circlebuf;
sem_t mutex;                    //互斥信号量
sem_t empty;                    //空白缓冲区同步信号量
sem_t full;                     //满缓冲区同步信号量
char writehistory[historynum][30];  //写历史
char readhistory[historynum][30];   //读历史
int writehistorycount=0;            //写历史计数器
int readhistorycount=0;             //读历史计数器
```

```c
char history[historynum][30];                    //缓冲区操作历史
int historycount=0;                              //缓冲区操作历史计数器
void writeCirclebuf(struct Circlebuf *circlebuf,int *value)   //向缓冲区中写一个值
{
    circlebuf->buf[circlebuf->write]=(*value);                //值写入空缓冲区
    sleep(1);                                                 //模拟线程被中断
    circlebuf->write=(circlebuf->write+1)%Maxbuf;             //写过后写指针增1
}
int readCirclebuf(struct Circlebuf *circlebuf)   //从当前指针读一个值，返回value
{
    int value=0;
    value=circlebuf->buf[circlebuf->read];                    //从满缓冲区读一个值
    sleep(1);                                                 //模拟线程被中断
    circlebuf->buf[circlebuf->read]=0;                        //读过后缓冲区置空
    circlebuf->read=(circlebuf->read+1)%Maxbuf;               //读过后读指针增1
    return value;
}
void sigend(int sig)
{
    exit(0);
}
void * productThread(void *i)                    //生产者线程函数将其编号*i 写入缓冲单元
{
    int *n=(int *)i;                             //*i 中为生产者要写入缓冲单元的值，即生产者编号
    int t=TimesOfOp;                             //生产者执行投放产品循环的次数
    int writeptr;                                //writeptr 指向刚写入数值的单元
    while(t--)
    {
        sem_wait(&empty);                        //可用缓冲单元数同步信号量减1
        sem_wait(&mutex);                        //互斥信号量减1
        writeCirclebuf(&circlebuf,n);            //将值*n 写入缓冲单元
        if(circlebuf.write>0) writeptr=circlebuf.write-1;   //writeptr 指向刚写入数值的单元
        else writeptr=Maxbuf-1;
        sprintf(writehistory[writehistorycount++],"生产者%d:缓冲区%d=%d", *n,writeptr,*n);
        sprintf(history[historycount++],"生产者%d:缓冲区%d=%d\n", *n,writeptr, *n);
        /*生产者编号、缓冲单元编号、写入值记入生产历史数组和缓冲区操作历史数组*/
        sem_post(&mutex);                        //退出临界区
        sem_post(&full);                         //可用产品数增1
        sleep(1);                                //释放处理器
```

```c
    }
}
void * consumerThread(void *i)                    //消费者线程函数取走的产品值为*i
{
    int *n=(int *)i;
    int t=TimesOfOp;                              //消费者执行取产品循环的次数
    int value=0;                                  //消费品存放处
    int readptr;                                  //readptr 指向刚刚取走值的缓冲单元
    while(t--)
    {
        sem_wait(&full);                          //是否有产品可供消费
        sem_wait(&mutex);                         //是否能够进入临界区
        value=readCirclebuf(&circlebuf);          //取出产品并放入 value
        if(circlebuf.read>0) readptr=circlebuf.read-1; //readptr 指向刚刚取走值的缓冲单元
        else readptr=Maxbuf-1;
        sprintf(readhistory[readhistorycount++], "消费者%d:缓冲区%d=%d\n", *n,readptr,value);
        //消费者编号、取走值的缓冲单元编号、取走的值写入读历史数组
        sprintf(history[historycount++],"消费者%d:缓冲区%d=%d\n", *n,readptr,value);
        //消费者编号、取走值的缓冲单元编号、取走的值写入读写历史数组
        sem_post(&mutex);                         //退出临界区
        sem_post(&empty);                         //空缓冲单元数增 1
        sleep(1);                                 //释放处理器
    }
}
int main()
{
    int i,max;
    int ConsNum=0,ProdNum=0,ret;                  //初始化生产者、消费者数量、线程创建返回值
    sem_init(&mutex,0,1);                         //初始化线程间互斥信号量 mutex 值为 1
    sem_init(&empty,0,Maxbuf);                    /*初始化线程间同步信号量 empty 值为空白缓冲区数*/
    sem_init(&full,0,0);                          //初始化线程间同步信号量 full 值为 0
    signal(SIGINT, sigend);                       //收到信号,结束程序
    signal(SIGTERM, sigend);                      //收到信号,结束程序
    //初始化循环缓冲队列
    circlebuf.read=circlebuf.write=0;             //读写指针指向 0 号单元
    for(i=0;i<Maxbuf;i++)
        circlebuf.buf[i]=0;                       //各个缓冲单元清 0 表示空
    printf("请输入生产者线程的数目 :");
    scanf("%d",&ProdNum);                         //设置生产者线程的数目
```

```c
            int *pro=(int*)malloc(ProdNum*sizeof(int));           //生产者入口参数值存储区
            pthread_t *proid=(pthread_t*)malloc(ProdNum*sizeof(pthread_t));   //生产者线程 ID 数组
            printf("请输入消费者线程的数目 :");
            scanf("%d",&ConsNum);                                  //设置消费者线程的数目
            int *con=(int*)malloc(ConsNum*sizeof(int));            //消费者入口参数值存储区
            pthread_t *conid=(pthread_t*)malloc(ConsNum*sizeof(pthread_t));   //消费者线程 ID 数组
            for(i=1;i<=ConsNum;i++)                                //创建并启动 ConsNum 个消费者线程
            {
                    con[i-1]=i;
                    ret=pthread_create(&conid[i],NULL,consumerThread,(void *)&con[i-1]);
                    /*创建消费者线程，执行函数 consumerThread，入口参数为 con[i-1]*/
                    if(ret!=0)
                    {
                            printf("Create thread error");
                            exit(1);
                    }
            }
            for(i=1;i<=ProdNum;i++)                                //创建并启动 ProdNum 个生产者线程
            {
                    pro[i-1]=i;                                    //生产者线程编号为 i
                    ret=pthread_create(&proid[i],NULL,productThread,(void *)&pro[i-1]);
                    /*创建生产者线程，执行函数 productThread，入口参数为 pro [i-1]*/
                    if(ret!=0)
                    {
                            printf("Create thread error");
                            exit(1);
                    }
            }
            sleep((ConsNum+ ProdNum)*10);
            /*main 线程释放处理器等待，时间由线程总数决定，系统调度生产者、消费者线程执行。
main 线程等待时间一旦结束，所有线程，包括阻塞线程都结束*/
            if (writehistorycount>readhistorycount) max=writehistorycount;
            else max=readhistorycount;
            for(i=0;i<max;i++)
                    if ((i<writehistorycount) && (i<readhistorycount))
                            printf("%s | %s\n",writehistory[i],readhistory[i]);
                    else if (i<writehistorycount)
                            printf("%s | %s\n",writehistory[i]," ");
                    else  printf("%s | %s\n"," ",readhistory[i]);
```

```c
        printf("*************缓冲池的操作历史为：*****************\n");
        for(i=0;i<historycount;i++)    printf("%s",history[i]);
        sem_destroy(&mutex);                    //释放互斥信号量
        sem_destroy(&empty);                    //释放同步信号量
        sem_destroy(&full);                     //释放同步信号量
}
```

程序功能与行为分析：主线程 main 创建 m 个生产者线程和 n 个消费者线程，一旦创建，线程即进入执行状态。main 线程则等待(m+n)*10 秒。每个线程执行 10 次循环，或者向缓冲区写入数据 10 次，或者从缓冲区取出数据 10 次。取出数据的顺序应与写入数据的顺序一致。无论写入还是读出，在共享变量完整更新前都会发生处理器切换。每个线程循环一次后也会发生处理器切换。各个线程有机会交替穿插地执行。若生产者线程数目与消费者线程数目不等，则数目多的线程会因无空白缓冲区可用或无满缓冲区可用而阻塞。main 线程只会等待(m+n)*10 秒，一旦等待时间到，main 线程即继续往下执行，输出读写历史数组值，然后结束，包括阻塞线程在内的所有线程也随之结束。该程序没有使用 pthread_join 函数使主线程 main 等待其他非主线程，因为被等待的线程可能一直阻塞在信号量上无法结束，主线程因此陷入无限等待状态，程序不会自行结束。为了避免这种情况，改由 main 等待一个固定的时间，在这段时间内，除了"过剩"的线程(数量偏多的一类线程)不得不阻塞外，其他线程能够完成供需平衡的操作而自然结束。

程序编译执行过程如下：

```
sfs@ubuntu:~/c$ gcc pc1.c -o pc1 -lpthread        #编译链接
sfs@ubuntu:~/c$ ./pc1                             #执行
请输入生产者线程的数目 :3
请输入消费者线程的数目 :4
+++++++++++++缓冲区读写顺序如下：+++++++++++++++++
生产者 3:缓冲区 0=3 | 消费者 4:缓冲区 0=3
生产者 2:缓冲区 1=2 | 消费者 4:缓冲区 1=2
生产者 1:缓冲区 2=1 | 消费者 4:缓冲区 2=1
生产者 3:缓冲区 3=3 | 消费者 3:缓冲区 3=3
生产者 2:缓冲区 4=2 | 消费者 3:缓冲区 4=2
生产者 1:缓冲区 5=1 | 消费者 4:缓冲区 5=1
生产者 3:缓冲区 6=3 | 消费者 4:缓冲区 6=3
生产者 2:缓冲区 7=2 | 消费者 3:缓冲区 7=2
生产者 1:缓冲区 8=1 | 消费者 3:缓冲区 8=1
生产者 3:缓冲区 9=3 | 消费者 4:缓冲区 9=3
生产者 2:缓冲区 0=2 | 消费者 4:缓冲区 0=2
生产者 1:缓冲区 1=1 | 消费者 3:缓冲区 1=1
生产者 3:缓冲区 2=3 | 消费者 2:缓冲区 2=3
生产者 2:缓冲区 3=2 | 消费者 4:缓冲区 3=2
生产者 1:缓冲区 4=1 | 消费者 3:缓冲区 4=1
```

生产者3: 缓冲区5=3 | 消费者2: 缓冲区5=3
生产者2: 缓冲区6=2 | 消费者4: 缓冲区6=2
生产者1: 缓冲区7=1 | 消费者3: 缓冲区7=1
生产者3: 缓冲区8=3 | 消费者2: 缓冲区8=3
生产者2: 缓冲区9=2 | 消费者4: 缓冲区9=2
生产者1: 缓冲区0=1 | 消费者3: 缓冲区0=1
生产者3: 缓冲区1=3 | 消费者2: 缓冲区1=3
生产者2: 缓冲区2=2 | 消费者2: 缓冲区2=2
生产者1: 缓冲区3=1 | 消费者3: 缓冲区3=1
生产者1: 缓冲区4=1 | 消费者3: 缓冲区4=1
生产者2: 缓冲区5=2 | 消费者2: 缓冲区5=2
生产者2: 缓冲区6=2 | 消费者2: 缓冲区6=2
生产者1: 缓冲区7=1 | 消费者1: 缓冲区7=1
生产者3: 缓冲区8=3 | 消费者2: 缓冲区8=3
生产者3: 缓冲区9=3 | 消费者1: 缓冲区9=3

**************缓冲池的操作历史为******************

生产者3: 缓冲区0=3
生产者2: 缓冲区1=2
生产者1: 缓冲区2=1
消费者4: 缓冲区0=3
生产者3: 缓冲区3=3
消费者4: 缓冲区1=2
生产者2: 缓冲区4=2
消费者4: 缓冲区2=1
生产者1: 缓冲区5=1
消费者3: 缓冲区3=3
生产者3: 缓冲区6=3
消费者3: 缓冲区4=2
生产者2: 缓冲区7=2
消费者4: 缓冲区5=1
生产者1: 缓冲区8=1
消费者4: 缓冲区6=3
生产者3: 缓冲区9=3
消费者3: 缓冲区7=2
生产者2: 缓冲区0=2
消费者3: 缓冲区8=1
生产者1: 缓冲区1=1
消费者4: 缓冲区9=3
生产者3: 缓冲区2=3

消费者4:缓冲区0=2
生产者2:缓冲区3=2
消费者3:缓冲区1=1
生产者1:缓冲区4=1
消费者2:缓冲区2=3
生产者3:缓冲区5=3
消费者4:缓冲区3=2
生产者2:缓冲区6=2
消费者3:缓冲区4=1
生产者1:缓冲区7=1
消费者2:缓冲区5=3
生产者3:缓冲区8=3
消费者4:缓冲区6=2
消费者2:缓冲区9=2
消费者3:缓冲区7=1
生产者1:缓冲区0=1
消费者2:缓冲区8=3
生产者3:缓冲区1=3
消费者4:缓冲区9=2
生产者2:缓冲区2=2
消费者3:缓冲区0=1
生产者1:缓冲区3=1
消费者2:缓冲区1=3
生产者1:缓冲区4=1
消费者2:缓冲区2=2
生产者2:缓冲区5=2
消费者3:缓冲区3=1
生产者2:缓冲区6=2
消费者3:缓冲区4=1
生产者1:缓冲区7=1
消费者2:缓冲区5=2
生产者3:缓冲区8=3
消费者2:缓冲区6=2
消费者1:缓冲区7=1
生产者3:缓冲区9=3
消费者2:缓冲区8=3
消费者1:缓冲区9=3

从缓冲区读写顺序可以发现：消费者读数据的顺序与生产者写数据的顺序一致。从缓冲池操作历史结果可以观察具体进程的操作类型(读或写)、访问的缓冲单元编号、读写的数值以及访问顺序，从而确认访问合理性与正确性。

9.3 进程通信

进程通信就是进程之间交换数据的行为。信号量不属于进程通信中的数据，信号量只用来作为数据交换前的同步信号。进程/线程的同步与互斥操作并不属于通信行为，而是通信前的准备工作。同步与互斥机制是进程/线程通信的组成部分，进程/线程的同步与互斥是为进程/线程通信服务的，两者通常不可分割。进程/线程通信涉及对共享数据的访问，对共享数据的访问通常需要提供同步与互斥机制，以保证共享数据的发送与接收保持正确的时序。

进程通信有多种方式，常见的有管道通信、共享内存通信、消息传递通信以及套接字通信，这些通信方式均可适用于本机进程通信，套接字通信还可适用于异机通信。

9.3.1 管道通信

管道是供读写进程以先进先出方式访问的一个内存共享文件。写进程从管道一端写入数据，读进程从管道另一端读取数据。

管道具备同步、互斥功能，程序员无需在程序中考虑同步、互斥问题。管道访问是互斥的。任何时候，仅允许读写进程的其中一个访问管道。管道的容量是有限的，一旦写满，写进程必须等待读进程取走数据。管道一旦为空，读进程必须等待。管道读写进程必须知道对方是否存在。一旦一方不存在了，管道通信就结束了。

管道实质上是一个固定大小(通常为 1 页)的内存缓冲区，该缓冲区被视为一个文件，按照类似文件的创建、打开、读写方式进行操作。

管道分为匿名管道和有名管道。匿名管道的标识符只在内存存在，有共同祖先的进程，如父子进程、兄弟进程可以看到该标识符，从而可以访问匿名管道。有名管道的标识符以文件名的形式记录在外存，可通过文件系统看到有名管道的文件名。有名管道可用于任何进程之间的通信。

1. 匿名管道通信

匿名管道通信步骤包括建立匿名管道、打开匿名管道、读写匿名管道、关闭匿名管道四个主要步骤。与之相应的函数如下：

(1) 匿名管道创建函数 pipe。

头文件：#include <unistd.h>

函数原型：int pipe(int filedes[2]);

参数说明：filedes 为管道文件描述符。filedes[0]为管道读取端，filedes[1]为管道写入端。读端与写端不可颠倒使用。

返回值：成功则返回 0，否则返回−1。

必须在 fork()中调用 pipe()，否则子进程不会继承文件描述符。两个进程不共享祖先进程，就不能使用匿名管道。但是可以使用命名管道。

(2) 打开匿名管道函数 fdopen。

头文件：#include <stdio.h>

函数原型：FILE * fdopen(int fildes, const char * mode);

功能：将管道描述符 fildes 转换为对应的文件指针返回。mode 为管道读写方式。mode 值及其含义如下：

r：打开只读文件。

r+：打开可读写的文件。

w：打开只写文件，若文件存在则文件长度清为 0，即该文件内容消失。若文件不存在则建立该文件。

w+：打开可读写文件，若文件存在则文件长度清为 0，即该文件内容消失。若文件不存在则建立该文件。

a：以附加的方式打开只写文件。若文件不存在，则建立该文件。如果文件存在，写入的数据会被追加到文件末尾，即文件原先的内容会被保留。

a+：以附加方式打开可读写的文件。若文件不存在，则建立该文件。如果文件存在，写入的数据被追加到文件末尾，即文件原先的内容会被保留。

返回值：成功则返回指向管道的文件指针，失败则返回 NULL。

读写匿名管道函数与普通文件读写函数相同，可使用 read、write、fgets、fprintf 等。

(3) 关闭匿名管道函数 close。

头文件：#include <unistd.h>

函数原型：int close(int fd);

功能：关闭描述符 fd 指向的文件，将数据写回磁盘，释放文件所占用资源。

返回值：成功则返回 0，否则返回 –1。

【例 9.6】 以下程序 pipec.c 示范了匿名管道的使用过程。

```
#include <stdlib.h>
#include <stdio.h>
#include <unistd.h>
int wc=1,rc=1;                                          //读或者写的次数
void writer (const char* message, int count, FILE* stream)
{//管道写函数，向管道 stream 写入 count 次消息 message
    for (; count > 0; --count) {
        fprintf (stream, "%s:%d\n", message,wc);        //将消息加上写消息的次数写入管道
        sprintf(wstr,"%s:%d\n", message,wc);            //将消息加上写消息的次数写入字符串 wstr
        fflush (stream);                                //刷新管道
        printf("第%d 次写入管道的内容为：%s",wc,wstr);   //输出写进程写入管道的内容
        wc++;                                           //写入次数增 1
        sleep (1);                                      //释放处理器
    }
}
void reader (FILE* stream)
{//读管道 stream，次数为 rc
```

```c
        char buffer[1024];
        while (!feof (stream) && !ferror (stream) && fgets (buffer, sizeof (buffer), stream) != NULL)
        {//从管道 stream 读取消息存入 buffer 缓冲区
            printf("读进程第%d 次读取：",rc);
            rc++;
            fputs (buffer, stdout);              //输出所读管道信息
        }
    }
    int main ()
    {
        int fds[2];
        pid_t pid;
        pipe (fds);                              //创建匿名管道
        pid = fork ();                           //创建子进程
        if (pid == (pid_t) 0) {                  //子进程代码
            FILE* stream;
            close (fds[1]);                      //关闭管道写端
            stream = fdopen (fds[0], "r");       //子进程以只读方式打开管道
            reader (stream);                     //子进程读取管道
            close (fds[0]);                      //子进程关闭读端
        }
        else {                                   //父进程代码
            FILE* stream;
            close (fds[0]);                      //关闭管道读端
            stream = fdopen (fds[1], "w");       //父进程以只写方式打开管道
            writer ("Hello, world.", 5, stream); //父进程向管道写入 5 次消息"Hello, world."
            close (fds[1]);                      //父进程关闭写端
        }
        return 0;
    }
```

程序分析：现行进程作为父进程创建子进程，子进程读管道，父进程写管道。父进程向管道写入 5 次消息，子进程从管道读取 5 次消息。writer 函数中的 sleep (1)使父子进程交替读写管道。如果去除 sleep (1)，则父进程连续写入 5 次后，子进程才读取 5 次。

程序编译运行过程如下：

```
sfs@ubuntu:~/c$ gcc pipec.c -o pipec           #编译链接
sfs@ubuntu:~/c$ ./pipec                        #运行
第1 次写入管道的内容为: Hello, world.:1
读进程第1 次读取: Hello, world.:1
第2 次写入管道的内容为: Hello, world.:2
```

读进程第 2 次读取：Hello, world.:2
第 3 次写入管道的内容为：Hello, world.:3
读进程第 3 次读取：Hello, world.:3
第 4 次写入管道的内容为：Hello, world.:4
读进程第 4 次读取：Hello, world.:4
第 5 次写入管道的内容为：Hello, world.:5
读进程第 5 次读取：Hello, world.:5

2．有名管道通信

有名管道与匿名管道的实现机制基本相同，不同之处在于有名管道的名字记录在外存，可通过文件系统看到该名字，有访问权限的进程可以使用有名管道进行通信。有名管道的通信步骤与匿名管道相同，除了有名管道的创建与匿名管道不同外，其打开、读写、关闭函数均与匿名管道相同。

有名管道的创建函数为 mkfifo，其头文件为

#include <sys/types.h>
#include <sys/stat.h>

函数原型：int mkfifo(const char * pathname,mode_t mode);

功能：创建名字为 pathname 的有名管道，对该管道的访问权限由 mode 规定。mode 采用三位八进制数表示管道的读写权限。例如，0777(0 表示八进制)表示当前用户、组用户、其他用户对该文件可读、可写、可执行。有名管道 pathname 创建前必须不存在。

返回值：成功则返回 0，否则返回 -1。

【例 9.7】 有名管道通信实例如下。分别建立管道读进程和管道写进程。管道写进程执行下面程序 fifo_write.c：

```c
#include <stdio.h>
#include <stdlib.h>
#include <string.h>
#include <sys/types.h>
#include <sys/stat.h>
#include <errno.h>
#include <unistd.h>
#include <fcntl.h>
#define FIFO "myfifo"              //有名管道名字
#define BUFF_SIZE 1024
int main(int argc,char* argv[])
{
    char buff[BUFF_SIZE];          //欲写入管道的数据缓冲区
    int real_write;                //写入管道的字节数
    int fd;                        //管道描述符
    int rw=1;                      //管道写次数
```

```c
        if(access(FIFO,F_OK)==-1)
        {//测试有名管道 FIFO 是否存在，若不存在，则用 mkfifo 创建该管道
            if((mkfifo(FIFO,0666)<0)&&(errno!=EEXIST))
            {//创建管道"myfifo"，允许读写
                printf("Can NOT create fifo file!\n");
                exit(1);
            }
        }
        if((fd=open(FIFO,O_WRONLY))==-1)
        {//调用 open 以只写方式打开 FIFO，返回文件描述符 fd
            printf("Open fifo error!\n");
            exit(1);
        }
        do
        {//调用 write 将 buff 中的数据写到文件描述符 fd 指向的 FIFO 中
            printf("请输入要写入管道的内容： ");
            gets(buff);                                   //键盘输入欲写内容
            if ((real_write=write(fd,buff,BUFF_SIZE))>0)  //写管道
                printf("第%d 次写入管道: '%s'.\n",rw++,buff);
        }
        while(strlen(buff)!=0);     //仅输入回车，则程序结束
        close(fd);
        exit(0);
    }
```

管道读进程执行下面程序 fifo_read.c：

```c
    #include <stdio.h>
    #include <stdlib.h>
    #include <string.h>
    #include <sys/types.h>
    #include <sys/stat.h>
    #include <errno.h>
    #include <unistd.h>
    #include <fcntl.h>
    #define FIFO "myfifo"              //有名管道名字
    #define BUFF_SIZE 1024
    int main() {
        char buff[BUFF_SIZE];          //欲读取管道的数据缓冲区
        int real_read;                 //读取管道的字节数
        int fd;                        //管道描述符
```

```c
        int rc=1;                              //管道读次数
    if(access(FIFO,F_OK)==-1)
    {//测试有名管道 FIFO 是否存在,若不存在,则用 mkfifo 创建该管道
        if((mkfifo(FIFO,0666)<0)&&(errno!=EEXIST))
        {//创建管道"myfifo",允许读写
            printf("Can NOT create fifo file!\n");
            exit(1);
        }
    }
    if((fd=open(FIFO,O_RDONLY))==-1)
    {//以只读方式打开 FIFO,返回文件描述符 fd
        printf("Open fifo error!\n");
        exit(1);
    }
    while(1)
    {//循环读管道,若读空,则结束循环
        memset(buff,0,BUFF_SIZE);                       //清空缓冲区
        if ((real_read=read(fd,buff,BUFF_SIZE))>0)      //读取管道数据到缓冲区
            printf("第%d 次读取管道: '%s'.\n",rc++,buff); //输出所读数据
        else break;
    }
    close(fd);
    exit(0);
}
```

两个程序执行时都首先判断管道是否存在,若不存在则创建。管道可读可写。写程序 fifo_write.c 以只写方式打开管道,读程序 fifo_read.c 以只读方式打开管道。写程序向管道循环写入信息,读程序从管道循环读取信息。用户在写程序端仅输回车时,两个程序均结束。管道关闭。

两个程序需要分别编译链接,并在两个不同的命令行窗口中分别运行两个程序。

编译链接方法如下:

  sfs@ubuntu:~/c$ gcc fifo_write.c -o fifo_write   #编译链接写管道程序 fifo_write.c

  sfs@ubuntu:~/c$ gcc fifo_read.c -o fifo_read   #编译链接读管道程序 fifo_read.c

执行方法如下:

① 在第 1 个命令行窗口执行写管道程序 fifo_write:

  sfs@ubuntu:~/c$ ./fifo_write   #执行写管道程序 fifo_write

② 打开第 2 个命令行窗口(按下 Ctrl+Alt+t 三个键)执行读管道程序 fifo_read:

  sfs@ubuntu:~/c$ ./fifo_read   #执行读管道程序 fifo_read

③ 在第 1 个命令行窗口中根据提示信息输入一些字符串,回车后观察第 2 个命令行窗口的输出信息。

第 1 个命令行窗口中的交互信息如下：

请输入要写入管道的内容,要结束输入,则仅按回车键：

aaa1

第 1 次写入管道: 'aaa1'.

请输入要写入管道的内容,要结束输入,则仅按回车键：

b2

第 2 次写入管道: 'b2'.

请输入要写入管道的内容,要结束输入,则仅按回车键：

c3

第 3 次写入管道: 'c3'.

请输入要写入管道的内容,要结束输入,则仅按回车键：

第 4 次写入管道: ''.

第 2 个命令行窗口的输出信息如下：

第 1 次读取管道: 'aaa1'.

第 2 次读取管道: 'b2'.

第 3 次读取管道: 'c3'.

第 4 次读取管道: ''.

在写进程窗口中，每输入一次信息回车后，读出窗口中都会立即显示读进程读取的信息。管道读进程和写进程运行顺序不受限制，既可先运行写进程，也可先运行读进程。

有名管道通信如图 9-1 所示。

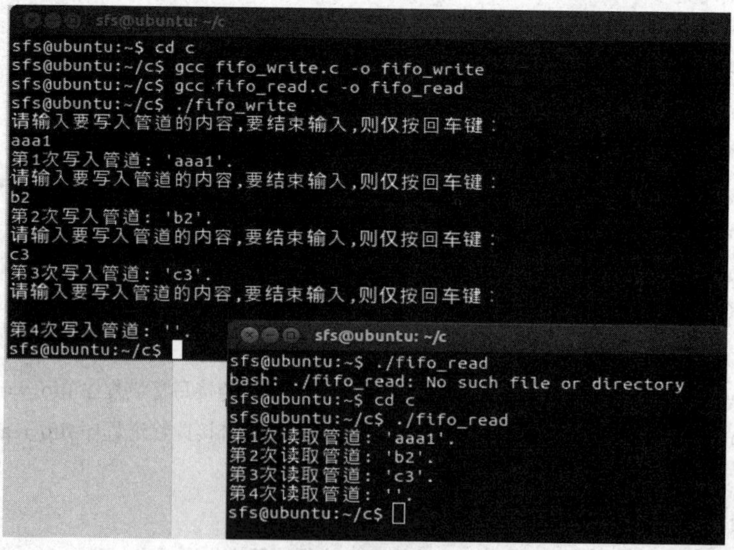

图 9-1 有名管道通信

9.3.2 共享内存通信

共享内存是允许两个或多个进程共同访问的物理内存区域，是实现进程通信的一种手段。共享内存会映射到各个进程独立的虚拟地址空间。每个进程都有唯一的虚拟地址空间，各个进程的虚拟地址空间是相互隔离、不能互相访问的，但是共享内存却是通信进程的公共地址空间。

共享内存区应映射到进程中未使用的虚拟地址区，以免与进程映像发生冲突。共享内存区属于临界资源，读写共享内存区的代码属于临界区。系统并未对共享内存区的读写操作提供同步与互斥机制，程序员需自备同步与互斥机制。

共享内存的操作及使用步骤包括：

(1) 创建共享内存。使用共享内存通信的第一个进程创建共享内存，其他进程则通过创建操作获得共享内存标识符，并据此执行共享内存的读写操作。

(2) 共享内存绑定。即映射共享内存区到调用进程地址空间。需要通信的进程将先前创建的共享内存映射到自己的虚拟地址空间，使共享内存成为进程地址空间的一部分，随后就可以像访问本地空间一样访问共享内存。

(3) 共享内存解除绑定。即断开共享内存连接。不再需要共享内存的进程可以解除共享内存到该进程虚拟地址空间的映射。

(4) 撤销共享内存。当所有进程不再需要共享内存时删除共享内存。

在 Linux 共享内存通信机制中，内核为每个共享内存段维护一个数据结构 shmid_ds，其中描述了段的大小、操作权限、与该段有关系的进程标识等。Linux 共享内存的操作和使用步骤与上述步骤一致。相应操作函数如下：

1) 创建共享内存函数 shmget

头文件：

  #include <sys/ipc.h>

  #include <sys/shm.h>

原型：int shmget(key_t key, size_t size, int shmflg);

功能：得到一个共享内存标识符或创建一个共享内存对象，并返回其标识符。

参数说明：

① key：取 0(IPC_PRIVATE)时，会建立新共享内存对象；取大于 0 的 32 位整数时，根据参数 shmflg 确定操作。此值通常来源于 ftok 返回的 IPC 键值。

② size：新建的共享内存大小字节数，为大于 0 的整数。只获取共享内存时，size 指定为 0。

③ shmflg：模式标志参数，需要与 IPC 对象存取权限进行"|"运算来确定信号量集的存取权限。为 0 时，取共享内存标识符，若不存在则报错。为 IPC_CREAT 时，当 shmflg&IPC_CREAT 为真时，如果内核中不存在键值与 key 相等的共享内存，则新建一个共享内存；如果存在这样的共享内存，则返回此共享内存的标识符。取 IPC_CREAT|IPC_EXCL 时，如果内核中不存在键值与 key 相等的共享内存，则新建一个共享内存；如果存在这样的共享内存则报错。

返回值：成功则返回共享内存的标识符；出错则返回 −1，错误原因存于 error 中。

2) 共享内存绑定函数 shmat

头文件：

#include <sys/types.h>

#include <sys/shm.h>

原型：void *shmat(int shmid, const void *shmaddr, int shmflg);

功能：映射共享内存标识符为 shmid 的共享内存到进程空间，使其成为进程空间的一部分。

参数说明：

① shmid：共享内存标识符。

② shmaddr：共享内存在进程内存地址的位置。设为 NULL，则由内核决定一个合适的地址位置。

③ shmflg：设为 SHM_RDONLY 则为只读模式，其他为读写模式。

返回值：成功则返回附加好的共享内存地址；出错则返回-1，错误原因存于 error 中。

附加说明：fork 后子进程继承已连接的共享内存地址。exec 后该子进程与已连接的共享内存地址自动脱离(detach)。进程结束后，已连接的共享内存地址自动脱离(detach)。

3) 共享内存解除绑定函数 shmdt

头文件：

#include <sys/types.h>

#include <sys/shm.h>

原型：int shmdt(const void *shmaddr);

功能：解除共享内存到进程地址空间的绑定，进程不能再访问该内存空间。

参数说明：shmaddr 为绑定到进程的共享内存的起始地址。

返回值：成功则返回 0；出错则返回-1，错误原因存于 error 中。

附加说明：本函数调用并不删除指定的共享内存区，只是将先前用 shmat 函数连接好的共享内存脱离(detach)目前的进程。

4) 撤销共享内存函数 shmctl

头文件：

#include <sys/types.h>

#include <sys/shm.h>

原型：int shmctl(int shmid, int cmd, struct shmid_ds *buf);

功能：共享内存控制操作，如删除共享内存等。

参数说明：

① shmid：共享内存标识符；

② cmd：共享内存控制命令。取 IPC_STAT 时，得到共享内存的状态，把共享内存的 shmid_ds 结构复制到 buf 中。取 IPC_SET 时，改变共享内存的状态，把 buf 所指的 shmid_ds 结构中的 uid、gid、mode 复制到共享内存的 shmid_ds 结构内。取 IPC_RMID 时，删除共享内存。

③ buf：共享内存管理结构体。

返回值：成功则返回 0；出错则返回-1，错误原因存于 error 中。

共享内存可用于任意进程之间的通信，通信进程必须能够看到共享内存标识符。共享内存标识符不能仅存在于创建共享内存的进程的私有地址空间中,而应该对外公布共享内存标识符。公布的途径就是将共享内存与外存文件名建立关联。函数 ftok 就负责将外存文件名与需要共享的通信媒介(消息队列、信号量和共享内存)建立关联,返回它们的 ID 值。

ftok 的头文件为

  #include <sys/types.h>

  #include <sys/ipc.h>

函数原型:key_t ftok(const char * pathname, int id);

功能:把一个已存在的路径名 pathname 和一个整数标识符 id 转换成一个 key_t 值,称为 IPC 键值(也称 IPC key)返回。

返回值:成功则返回 key_t 值(即 IPC 键值);出错则返回–1,错误原因存于 error 中。

附加说明:key_t 一般为 32 位的 int 型数值。

【例 9.8】 共享内存使用实例。创建两个进程,一个写进程和一个读进程,分别向共享内存写入数据和读出数据。写进程执行程序 shmmutexwrite.c:

```
#include <semaphore.h>
#include <stdio.h>
#include <stdlib.h>
#include <sys/types.h>
#include <sys/ipc.h>
#include <sys/sem.h>
#include <sys/shm.h>
#include <sys/stat.h>
#include <fcntl.h>
#include <string.h>
#define BUFFER_SIZE 10
#define sem_name "mysem"                    //有名信号量的名称
int main()
{
    struct Stu
    {
        char name[10];
        int score;
    };                                      //欲读写的结构体数据
    int shmid;                              //共享内存标识符
    sem_t *sem;                             //信号量
    int score =60,i=1;                      //结构体成员工作变量 score 和循环读写控制变量 i
    char buff[BUFFER_SIZE];                 //键盘输入缓冲区
    key_t shmkey;                           //共享内存 IPC 键值
    shmkey=ftok("shmmutexread.c",0);        //将文件名 shmmutexread.c 和 0 转变为 IPC 键值
    /*创建共享内存和信号量的 IPC*/
```

```c
            sem=sem_open(sem_name,O_CREAT,0644,1);    /*创建并初始化有名信号量"mysem", 其
值初始化为 1*/
            if(sem==SEM_FAILED)
            {
                printf("unable to creat semaphore!");
                sem_unlink(sem_name);                 //删除有名信号量
                exit(-1);
            }
            shmid=shmget(shmkey,1024,0666|IPC_CREAT);
            /*创建 IPC 键值为 shmkey 的共享内存,其大小为 1024 字节,允许读写*/
            if(shmid==-1)
                printf("creat shm is fail\n");
            struct Stu * addr;
            addr=(struct Stu *)shmat(shmid,0,0);    /*将共享内存映射到当前进程的地址中,之后直接对
进程中的地址 addr 的操作就是对共享内存的操作*/
            if(addr==(struct Stu *)-1)
                printf("shm shmat is fail\n");
            /*向共享内存写入数据*/
            addr->score=0;         //第 1 个元素作为可供读取的记录数量不存放数据记录
            printf("写进程映射的共享内存地址=%p\n",addr);
            do
            {
                sem_wait(sem);                              //执行信号量 P 操作
                memset(buff, 0, BUFFER_SIZE);               //键盘输入缓冲区清零
                memset((addr+i)->name, 0, BUFFER_SIZE);     //清空结构体变量
                printf("写进程:输入一些姓名(不超过 10 个字符)到共享内存(输入'quit' 退出):\n");
                if(fgets(buff, BUFFER_SIZE, stdin) == NULL)
                {//从键盘输入一些字符到缓冲区 buff
                    sem_post(sem);                          //执行信号量 V 操作
                    break;
                }
                strncpy((addr+i)->name, buff, strlen(buff)-1); /*键盘缓冲区输入信息复制到结构体成
员变量 name*/
                (addr+i)->score=++ score;                   //对结构体成员变量 score 赋值
                addr->score ++;                             //记录数增 1
                i++;
                sem_post(sem);                              //执行信号量 V 操作
                sleep(1);
            }while(strncmp(buff,"quit",4)!=0);              //未输入"quit"继续循环输入信息到共享内存
```

```c
        if(shmdt(addr)==-1)                    /*将共享内存与当前进程断开*/
            printf("shmdt is fail\n");
        sem_close(sem);                        //关闭有名信号量
        sem_unlink(sem_name);                  //删除有名信号量
    }
```

读进程执行程序 shmmutexread.c：

```c
#include <semaphore.h>
#include <stdio.h>
#include <stdlib.h>
#include <sys/types.h>
#include <sys/ipc.h>
#include <sys/sem.h>
#include <sys/shm.h>
#include <sys/stat.h>
#include <fcntl.h>
#include <string.h>
#define sem_name "mysem"                       //有名信号量的名称
int main()
{
    int shmid;                                 //共享内存标识符
    sem_t*sem;                                 //信号量
    int i=1;                                   //循环读写控制变量 i
    key_t shmkey;                              //共享内存 IPC 键值
    shmkey=ftok("shmmutexread.c",0);           //将文件名 shmmutexread.c 和 0 转变为 IPC 键值
    struct Stu
    {
        char name[10];
        int score;
    };                                         //欲读写的结构体数据
    sem=sem_open(sem_name,0,0644,0);           /*打开有名信号量"mysem"，其值初始化为 0*/
    if(sem==SEM_FAILED)
    {
        printf("unable to open semaphore!");
        sem_close(sem);                        //关闭有名信号量
        exit(-1);
    }
    shmid=shmget(shmkey,0,0666);               /*获得 IPC 键值为 shmkey 的共享内存，允许读写*/
    if(shmid==-1)
    {
```

```
            printf("creat shm is fail\n");
            exit(0);
     }
     struct Stu* addr;
     addr=(struct Stu*)shmat(shmid,0,0);        /*将共享内存映射到当前进程的地址中*/
     if(addr==(struct Stu*)-1)
     {
            printf("shm shmat is fail\n");
            exit(0);
     }
     printf("读进程映射的共享内存地址=%p\n",addr);
     do
     {/*从共享内存读出数据*/
            sem_wait(sem);                              //执行信号量 P 操作
            if(addr->score>0)
            {
                   printf("\n 读进程:绑定到共享内存 %p:姓名 %d    %s，分值%d \n", addr, i, (addr+i)->name, (addr+i)-> score);
                   addr->score--;                       //记录数减 1
                   if (strncmp((addr+i)->name, "quit", 4) == 0)   break;       /*读取到"quit"则结束共享内存读循环*/
                   i++;
            }
            sem_post(sem);                              //执行信号量 V 操作
     } while(1);
     sem_close(sem);                                    //关闭有名信号量
     if(shmdt(addr)==-1)    printf("shmdt is fail\n");          /*将共享内存与当前进程断开*/
     if(shmctl(shmid,IPC_RMID,NULL)==-1)     printf("shmctl delete error\n");//删除共享内存
}
```

两个程序中用到了有名信号量的操作函数 sem_open、sem_close 和 sem_unlink。各函数语法及功能信息如下：

- sem_open 函数

头文件：#include <semaphore.h>

函数原型：sem_t *sem_open(const char *name,int oflag,mode_t mode,unsigned int value);

功能：创建并初始化有名信号量 name。

参数说明：

① name：信号灯的外部名字。

② oflag：创建或打开一个现有的信号灯。oflag 参数可以是 0、O_CREAT(创建一个信号量)或 O_CREAT|O_EXCL(如果没有指定的信号量就创建)。

③ mode:权限位。
④ value 信号灯初始值,指定共享资源的数量。

返回值:成功时返回指向 sem_t 信号量的指针,该结构中记录着当前共享资源的数目。出错时为 SEM_FAILED。

- sem_close 函数

头文件:#include <semaphore.h>
函数原型:int sem_close(sem_t *sem);
功能:关闭有名信号灯 sem。
返回值:若成功则返回 0,否则返回 -1。

- sem_unlink 函数

头文件:#include <semaphore.h>
函数原型:int sem_unlink(count char *name);
功能:从系统中删除外部名字为 name 的信号灯。
返回值:若成功则返回 0,否则返回 -1。

程序分析:写程序 shmmutexwrite.c 创建共享内存和信号量,然后将共享内存绑定到本进程地址空间。用户循环输入字符串回车。输入"quit"则循环结束,写进程解除共享内存绑定,关闭信号量。读程序 shmmutexread.c 获得写程序创建的共享内存和信号量标识符,然后将共享内存绑定到本进程地址空间。读进程循环读取共享内存中的输入信息并显示,接收到"quit"则循环结束,读进程解除共享内存绑定,删除共享内存,关闭信号量,然后删除信号量。写程序和读程序编译链接过程如下:

```
sfs@ubuntu:~/c$ gcc shmmutexwrite.c -o shmmutexwrite -lpthread    #编译链接写程序
sfs@ubuntu:~/c$ gcc shmmutexread.c -o shmmutexread -lpthread      #编译链接读程序
```

在第 1 个命令行窗口中运行写程序:

```
sfs@ubuntu:~/c$ ./shmmutexwrite        #运行写程序
```

再打开第 2 个命令行窗口运行读程序:

```
sfs@ubuntu:~/c$ ./shmmutexread         #运行读程序
```

在写程序窗口中根据提示信息输入一些字符回车,观察读窗口输出。写窗口交互信息如下:

写进程映射的共享内存地址=0xb77bc000
写进程:输入一些姓名(不超过 10 个字符)到共享内存(输入'quit' 退出):
st1
写进程:输入一些姓名(不超过 10 个字符)到共享内存(输入'quit' 退出):
stu2
写进程:输入一些姓名(不超过 10 个字符)到共享内存(输入'quit' 退出):
stu3
写进程:输入一些姓名(不超过 10 个字符)到共享内存(输入'quit' 退出):
quit
输入"quit",写程序结束。

读窗口中的输出信息如下:

　　　　读进程映射的共享内存地址=0xb76e7000

　　　　读进程:绑定到共享内存 0xb76e7000:姓名 1　　st1，分值81

　　　　读进程:绑定到共享内存 0xb76e7000:姓名 2　　stu2，分值82

　　　　读进程:绑定到共享内存 0xb76e7000:姓名 3　　stu3，分值83

　　　　读进程:绑定到共享内存 0xb76e7000:姓名 4　　quit，分值84

每次在写窗口中输入信息回车后，读窗口都会输出相应信息进行回应。
注意：应先运行写程序，再运行读程序。否则出错。
共享内存通信如图 9-2 所示。

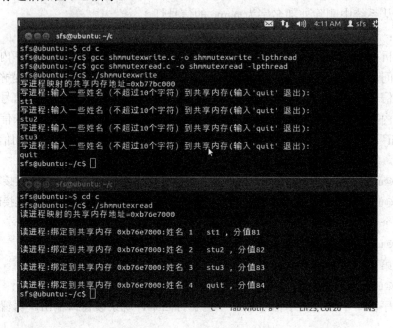

图 9-2　共享内存通信

9.3.3　消息传递通信

　　消息传递通信机制是借助于信箱、并且封装了同步细节的消息收发原语实现的一种通信形式。程序员使用它们进行程序设计时无需考虑同步操作。
　　Linux 消息队列通信机制属于消息传递通信机制。消息队列是内核地址空间中的内部链表，每个消息队列具有唯一的标识符。消息可以顺序地发送到队列中，并以几种不同的方式从队列中获取。对消息队列有写权限的进程可以按照一定的规则添加新消息。对消息队列有读权限的进程可以从消息队列中读出消息。
　　消息的发送方式是：发送方不必等待接收方检查它所收到的消息就可继续工作下去，而接收方如果没有收到消息也不需等待。

新的消息总是放在队列的末尾，接收的时候并不总是从头接收，可以从中间接收。消息队列随内核存在并和进程相关，即使进程退出，消息队列仍然存在。只有在内核重起或者显式删除一个消息队列时，该消息队列才会真正被删除。因此系统中记录消息队列的数据结构位于内核中，系统中的所有消息队列都可以在结构 msg_ids 中找到访问入口。

Linux 消息队列通信过程如下：

(1) 通信双方的任何一方创建消息队列，本方及另一方获得该消息队列标识符；

(2) 发送进程向消息队列发送消息，接收进程从消息队列接收消息；

(3) 通信结束后，任意一方删除消息队列。

Linux 消息队列的主要操作函数有：

1) 消息队列创建及获得函数 msgget

头文件：

    #include <sys/types.h>

    #include <sys/ipc.h>

    #include <sys/msg.h>

函数原型：int msgget(key_t key, int msgflg);

功能：获得消息队列标识符或创建一个消息队列对象并返回消息队列标识符。

参数说明：

① key：key 等于 0(IPC_PRIVATE)，则建立新的消息队列；key 设为大于 0 的 32 位整数，则根据参数 msgflg 确定操作。此值通常来源于 ftok 返回的 IPC 键值。

② msgflg：等于 0，则取出息队列标识符，若不存在则报错。取 IPC_CREAT，则当 msgflg&IPC_CREAT 为真时，如果内核中不存在键值与 key 相等的消息队列，则新建一个消息队列；如果存在这样的消息队列，则返回此消息队列的标识符。取 IPC_CREAT|IPC_EXCL，则如果内核中不存在键值与 key 相等的消息队列，则新建一个消息队列；如果存在这样的消息队列则报错。

函数返回值：成功时返回消息队列的标识符；出错则返回–1，错误原因存于 error 中。

2) 消息队列写函数 msgsnd

头文件：

    #include <sys/types.h>

    #include <sys/ipc.h>

    #include <sys/msg.h>

函数原型：int msgsnd(int msqid, const void *msgp, size_t msgsz, int msgflg);

功能：将 msgp 消息写入到标识符为 msqid 的消息队列中。

参数说明：

① msqid：消息队列标识符。

② msgp：发送给队列的消息。msgp 可以是任何类型的结构体，但第一个字段必须为 long 类型，表明消息类型，msgrcv 据此接收消息。msgp 定义的参照格式如下：

    struct s_msg{   /*msgp 定义的参照格式*/

        long type;   /*消息类型，必须大于 0 */

         char mtext[256];   /*消息正文,可以是其他任何类型*/
     } msgp;

③ msgsz：要发送消息的大小，不含消息类型占用的 4 个字节，即 mtext 的长度。

④ msgflg：取 0，则当消息队列满时，msgsnd 将会阻塞，直到消息能写进消息队列。取 IPC_NOWAIT，则当消息队列满的时候，msgsnd 函数不等待立即返回。取 IPC_NOERROR，若发送的消息大于 size 字节，则将该消息截断，截断部分被丢弃，且不通知发送进程。

函数返回值：成功则返回 0；出错则返回-1，错误原因存于 error 中。

3) 消息队列读函数 msgrcv

头文件：

  #include <sys/types.h>

  #include <sys/ipc.h>

  #include <sys/msg.h>

函数原型：ssize_t msgrcv(int msqid, void *msgp, size_t msgsz, long msgtyp, int msgflg);

功能：从标识符为 msqid 的消息队列中读取消息并存于 msgp 中，读取后将此消息从消息队列中删除。

参数说明：

① msqid：消息队列标识符。

② msgp：存放消息的结构体，结构体类型要与 msgsnd 函数发送的类型相同。

③ msgsz：欲接收消息的大小，不含消息类型占用的 4 个字节。

④ msgtyp：取 0，则接收第一个消息。取值>0，则接收类型等于 msgtyp 的第一个消息。取值<0，则接收类型等于或者小于 msgtyp 绝对值的第一个消息。

⑤ msgflg：取 0，则阻塞式接收消息，若没有该类型的消息则 msgrcv 函数一直阻塞等待。取 IPC_NOWAIT，则如果没有符合条件的消息则调用立即返回，此时错误码为 ENOMSG。取 IPC_EXCEPT，则与 msgtype 配合使用返回队列中第一个类型不为 msgtype 的消息。取 IPC_NOERROR，则如果队列中满足条件的消息内容大于所请求的 size 字节，则把该消息截断，截断部分将被丢弃。

函数返回值：成功则返回实际读取到的消息数据长度；出错则返回-1，错误原因存于 error 中。

4) 获取和设置消息队列的属性函数 msgctl

头文件：

  #include <sys/types.h>

  #include <sys/ipc.h>

  #include <sys/msg.h>

函数原型：int msgctl(int msqid, int cmd, struct msqid_ds *buf);

功能：获取和设置消息队列的属性。

参数说明：

① msqid：消息队列标识符。

② cmd：取 IPC_STAT，则获得 msgid 消息队列头数据到 buf 中；取 IPC_SET，则设置消息队列的属性，要设置的属性需先存储在 buf 中。

③ buf：消息队列管理结构体。

函数返回值：成功则返回 0；出错则返回–1，错误原因存于 error 中。

【例 9.9】 消息队列通信实例。创建两个进程，一个写进程和一个读进程，分别向消息队列写入数据和读出数据。写进程执行程序 msgwrite.c：

```c
#include <sys/types.h>
#include <sys/ipc.h>
#include <sys/msg.h>
#include <stdio.h>
#include <stdlib.h>
typedef struct _msg_buf
{//消息结构体
    long type;                          //消息类型
    char buf[100];                      //消息内容
} msg_buf;
int main()
{
    int key, qid;                       //消息队列键值和标识符
    int wc=1;                           //消息队列写计数器
    msg_buf buf;                        //消息缓冲区
    key = ftok(".", 10);                //将当前目录和10转换为消息队列IPC键值
    qid = msgget(key, IPC_CREAT|0666);  //创建或获得消息队列标识符
    printf("key: %d\nqid: %d\n", key, qid);  //输出消息队列键值和标识符
    buf.type = 10;
    system( "ipcs -q" );                /*查看系统IPC的状态*/
    printf("请输入一些消息，每条消息以回车结束。如果输入quit，则程序结束\n");
    while (1)
    {//循环输入消息到队列
        printf("输入第%d 条消息：",wc++);
        fgets(buf.buf, 100, stdin);     //从键盘输入不超过100个字符的消息到消息缓冲区
        if(strncmp(buf.buf,"quit",4)==0)
        {//如果输入"quit"，则删除消息队列并结束程序
            if((msgctl(qid, IPC_RMID, NULL)) < 0)   /*删除指定的消息队列*/
            {
                exit (1 );
            }
            else
            {
```

```c
                    system( "ipcs -q");                    /*查看系统 IPC 的状态*/
                    printf("successfully removed %d queue/n", qid);  /* 删除队列成功  */
                    exit( 0 );
            }
            if (msgsnd(qid, (void *)&buf, 100, 0) < 0)
            {//发送消息缓冲区中的信息到消息队列
                    perror("msgsnd");
                    exit(-1);
            }
        }
        return 0;
    }
```

读进程执行程序 msgread.c：

```c
    #include <sys/types.h>
    #include <sys/ipc.h>
    #include <sys/msg.h>
    #include <stdio.h>
    #include <stdlib.h>
    typedef struct _msg_buf
    {//消息结构体
        long type;                              //消息类型
        char buf[100];                          //消息内容
    } msg_buf;
    int main()
    {
        int key, qid;                           //消息队列键值和标识符
        msg_buf buf;                            //消息缓冲区
        key = ftok(".", 10);                    //将当前目录和 10 转换为消息队列 IPC 键值
        qid = msgget(key, IPC_CREAT|0666);      //创建或获得消息队列标识符
        printf("key: %d\nqid: %d\n", key, qid); //输出消息队列键值和标识符
        while (1)
        {
            if (msgrcv(qid, (void *)&buf, 100, 0, 0) < 0)
            {//循环读取队列中消息到缓冲区
                perror("msgrcv");
                exit(-1);
            }
            printf("type:%ld\nget:%s\n", buf.type, buf.buf);    //输出所读信息
```

             }
                    return 0;
       }
   程序功能分析：写程序 msgwrite.c 和读程序 msgread.c 针对相同的目录和整数创建相同的消息队列键值，任何一方都可创建消息队列，另一方获得消息队列标识符。写程序循环输入消息到队列，输入"quit"则循环结束，删除消息队列，结束程序。读程序循环读取消息队列，输出所读消息。接收到"quit"，则读程序结束。读进程和写进程运行顺序不受限制。
   程序编译链接方法如下：
       sfs@ubuntu:~/c$ gcc msgwrite.c -o msgwrite   #编译链接写程序 msgwrite.c
       sfs@ubuntu:~/c$ gcc msgread.c -o msgread   #编译链接读程序 msgread.c
   在第 1 个命令行终端窗口运行写程序 msgwrite：
       sfs@ubuntu:~/c$ ./msgwrite   #运行写程序 msgwrite
   再打开第 2 个命令行终端窗口运行读程序 msgread：
       sfs@ubuntu:~/c$ ./msgread   #运行读程序 msgread
   在写窗口根据提示输入字符串，回车后观察读窗口输出。写窗口交互信息如下：
       key: 167838020

       qid: 32768

       ------ Message Queues --------
       key   msqid   owner   perms   used-bytes   messages
       0x0a010144 32768   sfs   666   0   0

       请输入一些消息，每条消息以回车结束。如果输入 quit，则程序结束
       输入第 1 条消息：s1
       输入第 2 条消息：s2
       输入第 3 条消息：s3
       输入第 4 条消息：quit

       ------ Message Queues --------
       key   msqid   owner   perms   used-bytes   messages

       successfully removed 32768 queue
   读窗口输出信息如下：
       key: 167838020
       qid: 32768
       type:10
       get:s1

       type:10

get:s2

type:10
get:s3

msgrcv: Identifier removed

消息队列通信情况如图 9-3 所示。

图 9-3　消息队列通信

9.3.4　套接字通信

套接字(Socket)通信允许互联的位于不同计算机上的进程之间实现通信功能。套接字(Socket)用于标识和定位特定计算机上特定进程的地址，以便数据准确传输给目标进程。套接字(Socket)包含三个参数：通信的目的 IP 地址、使用的传输层协议(TCP 或 UDP)和端口号。IP 地址用于标识目标计算机，端口号用于标识目标计算机上的特定进程。

Socket 是连接应用程序和网络驱动程序的桥梁。Socket 在应用程序中创建，通过绑定与网络驱动建立关系。应用程序向 Socket 发送的数据被提交给网络驱动程序，向网络上发送出去。计算机从网络上收到与该 Socket 绑定 IP 地址和端口号相关的数据后，由网络驱动程序交给接收方 Socket，应用程序便可从该 Socket 中提取接收到的数据。

通过套接字通信的一对进程分为客户端进程和服务器端进程。套接字之间的连接过程分为三个步骤：服务器监听、客户端请求、连接确认。

服务器监听是指服务端套接字并不定位具体的客户端套接字，而是处于等待连接的状态，实时监控网络状态。

客户端请求是由客户端的套接字提出连接请求，要连接的目标是服务器端套接字。为此，客户端的套接字必须首先描述它要连接的服务器的套接字，指出服务器套接字的地址和端口号,然后再向服务器端套接字提出连接请求。

连接确认是当服务器端套接字监听到客户端套接字的连接请求时,响应客户端套接字的请求,建立一个新的线程,把服务器端套接字的信息发送给客户端,客户端确认后连接即可建立。而服务器端继续处于监听状态,继续接收其他客户端的连接请求。

套接字通信有两种基本模式:同步和异步。同步模式的特点是客户机和服务器在接收到对方响应前会处于阻塞状态,一直等到收到对方请求才继续执行下面的语句。异步模式的特点是客户机或服务器进程在调用发送或接收的方法后直接返回,不会处于阻塞状态,因而可继续执行下面的程序。

Linux 套接字通信函数主要有:

1) 创建套接字 socket

头文件:

    #include <sys/types.h>

    #include <sys/socket.h>

函数原型:int socket(int domain, int type, int protocol);

功能:创建套接字。

参数说明:

① domain:协议域,又称协议族(family)。常用的协议族有 AF_INET、AF_INET6、AF_LOCAL(或称 AF_UNIX,Unix 域 Socket)、AF_ROUTE 等。协议族决定了 Socket 的地址类型,在通信中必须采用对应的地址。如 AF_INET 决定了要用 ipv4 地址(32 位)与端口号(16 位)的组合;AF_UNIX 决定了要用一个绝对路径名作为地址。

② type:Socket 类型,主要有 SOCK_STREAM、SOCK_DGRAM、SOCK_RAW、SOCK_PACKET、SOCK_SEQPACKET 等。流式 Socket(SOCK_STREAM)是面向连接的 Socket,支持面向连接的 TCP 服务应用。数据报式 Socket(SOCK_DGRAM)是无连接的 Socket,支持无连接的 UDP 服务应用。

③ protocol:协议,主要有 IPPROTO_TCP、IPPROTO_UDP、IPPROTO_STCP、IPPROTO_TIPC 等,分别对应 TCP 传输协议、UDP 传输协议、STCP 传输协议、TIPC 传输协议。type 与 protocol 的组合不是任意的,如 SOCK_STREAM 不可以跟 IPPROTO_UDP 组合。当 protocol 为 0 时,自动选择 type 对应的默认协议。

返回值:成功则返回新创建套接字的描述符,失败则返回–1。

2) 命名(绑定)套接字 bind

头文件:#include <sys/socket.h>

函数原型:int bind(int socket, const struct sockaddr* address, socklen_t address_len);

功能:对 socket 调用创建的套接字命名。对于 AF_UNIX,调用该函数后套接字关联到一个文件系统路径名。对于 AF_INET,关联到一个 IP 端口号。

参数说明:

① socket:套接字描述符。

② address:sockaddr 结构指针,包含要结合的地址和端口号。

③ address_len:确定 address 缓冲区的长度。

返回值：成功时返回 0，失败时返回 –1。

3) 服务器创建套接字队列(监听)listen

头文件：#include<sys/socket.h>

原型：int listen(int sockfd, int backlog);

功能：监听来自客户端的 tcp socket 连接请求。listen()函数不会阻塞，其主要做的事情为，将套接字和套接字对应的连接队列长度告诉 Linux 内核，然后，listen()函数结束。之后的客户连接数不能超过 backlog 规定的连接数。

参数说明：

① sockfd：要监听的 socket 描述字。

② backlog：监听 socket 可以排队的最大连接个数。

返回值：成功时返回 0，失败时返回 –1。

4) 客户端请求连接 connect

头文件：

    #include <sys/types.h>

    #include <sys/socket.h>

原型：int connect(int sockfd, struct sockaddr *serv_addr, socklen_t addrlen);

功能：客户端调用 connect()向服务器发出连接请求，因调用 listen 处于监听状态的服务器端接收客户端调用 connect 发出的连接请求。客户端调用 connect 建立与 TCP 服务器的连接。

参数说明：

① sockfd：客户端 socket 描述字。

② serv_addr：服务器端 socket 地址，包含主机地址和端口号。

③ addrlen：serv_addr 缓冲区长度。

返回值：成功时返回 0，失败时返回 –1。

5) 服务器端接收连接请求 accept

头文件：

    #include <sys/types.h>

    #include <sys/socket.h>

原型：int accept(int sockfd,struct sockaddr *addr,socklen_t *addrlen);

功能：从服务器监听套接字等待连接队列中取出第一个连接请求，创建一个新的套接字与连接请求客户通信，并返回指向该套接字的文件描述符。如果套接字队列中没有未处理的连接，accept 阻塞，直到有客户发出连接请求为止。TCP 服务器端依次调用 socket()、bind()、listen()之后，开始监听指定 socket 地址。TCP 客户端依次调用 socket()、connect()之后向 TCP 服务器发送了一个连接请求，多个客户端发出的连接请求形成队列。TCP 服务器监听到客户端连接请求后，调用 accept()函数接收请求，连接建立。之后开始网络 I/O 操作，如同普通文件的读写操作。通信完毕后，再接收下一个客户端连接请求。

参数说明：

① sockfd：服务器 socket 描述字，由服务器调用 socket()函数生成，称为监听 socket 描述字。一个服务器通常只创建一个监听 socket 描述字，该描述字在服务器生命周期内一

直存在。内核为每个由服务器进程接受的客户连接创建一个已连接 socket 描述字，服务器完成对某个客户的服务后，相应的已连接 socket 描述字就被关闭。

② addr：用于返回客户端的协议地址。

③ addrlen：协议地址长度。

返回值：如果 accpet 成功，则返回由内核自动生成的一个全新的描述字，代表与返回客户的 TCP 连接。出错时，返回 –1。

6) 关闭 socket 函数 close

头文件：#include <unistd.h>

原型：int close(int fd);

功能：关闭套接字描述符 fd 所表示的连接。socket 描述字的引用计数减 1；当引用计数为 0 的时候，触发 TCP 客户端向服务器发送终止连接请求。

套接字的读写函数与文件读写函数相同，都可使用 read、write 等函数完成读写操作。

【例 9.10】 使用流式 socket 通信实例。该实例由服务器程序 sockserver.c 和客户端程序 sockclient.c 组成。服务器程序 sockserver.c 首先创建套接字，接着绑定一个端口监听套接字，然后一直循环检查是否有客户连接到服务器，如果有，则创建一个线程来处理请求。服务器程序利用 read 系统调用读取客户端发来的消息，利用 write 系统调用向客户端发送消息。

客户程序 sockclient.c 同样先创建套接字，然后连接到指定 IP 端口服务器。如果连接成功，就用 write 发送消息给服务器，再用 read 获取服务器处理后的消息并输出。

服务器程序 sockserver.c 如下：

```
#include <unistd.h>
#include <sys/types.h>
#include <sys/socket.h>
#include <netinet/in.h>
#include <signal.h>
#include <stdio.h>
#include <stdlib.h>
#include <string.h>
#include <pthread.h>
#include <semaphore.h>
#define LinkNum 5                    //连接数
int client_sockfd[LinkNum];          /*分别记录服务器端的套接字与连接的多个客户端的套接字*/
int server_sockfd = -1;              //命名套接字
int curLink=0;                       //当前连接数
sem_t mutex;                         //表示连接数的资源信号量
char stopmsg[100];                   //服务器端发送消息缓冲区
void quit()
{//客户服务通信结束处理函数
    int i;
    char*msg="服务器将要关闭了!";
```

```c
        while(1)
        {
            if(strcmp(stopmsg,"quit")==0)
            {//如果服务器端发送消息为"quit",则提示服务器将关闭
                printf("服务器关闭!\n");
                for(i=0;i<LinkNum;i++)
                    if(client_sockfd[i]!=-1)
                write(client_sockfd[i], msg, sizeof(msg));
                    /*依次向继续保持连接的客户端发出"服务器将关闭"的通知消息*/
                close(server_sockfd);            //关闭服务器监听套接字
                sem_destroy(&mutex);             //销毁连接数资源信号量 mutex
                exit(0);
            }
        }
}
void rcv_snd(int n)
{//服务器与客户端的收发通信函数,n 为连接数组序号
    int i=0;
    int retval;
    char recv_buf[1024];              //接收消息缓冲区
    char send_buf[1024];              //发送消息缓冲区
    int client_len = 0;
    int rcv_num;                      //从客户端接收到的消息长度
    pthread_t tid;                    //线程 id
    tid = pthread_self();             //获取当前线程 id
     printf("-----------服务器线程 id=%u 使用套接字%d,n=%d 与客户机对话开始...\n",tid, client_sockfd[n],n);
        /*输出当前与客户端通信的服务器线程 ID、连接套接字*/
    do
    {//服务器与客户端循环发送接收消息
        memset(recv_buf, 0, 1024);          //接收消息缓冲区清零
        printf(" 服 务 器 线 程  id=%u, 套 接 字 %d,n=%d  等 待 客 户 端 回 应 ...\n",tid,client_sockfd[n],n);
        rcv_num = read(client_sockfd[n], recv_buf,sizeof(recv_buf));
            /*从序号为 n 的连接套接字中读取客户端发来的消息*/
        printf("服务器线程  id=%u,套接字%d,n=%d 从客户端接受的消息长度=%d\n",tid, client_sockfd[n],n,strlen(recv_buf));
        printf("3.服务器线程  id=%u,套接字%d,n=%d<---客户端,服务器从客户端接受的消息是:(%d) :%s\n",tid,client_sockfd[n],n,rcv_num, recv_buf);    //输出从客户端接收到的消息
```

```c
            if(rcv_num==0)   break;              //若消息长度为0,则结束循环,并终止通信
            sleep(1);
            if(strncmp(recv_buf,"!q",2)==0)  break;      //若接收到"!q",则结束循环,通信结束
            printf("4.服务器线程 id=%u,套接字%d,n=%d--->客户端,请输入服务器要发送给客户机的消息: ",tid,client_sockfd[n],n);
            memset(send_buf, 0, 1024);              //发送消息缓冲区清零
            scanf("%s",send_buf);          /*服务器端键盘输入字符串消息,输入"!q"或"quit",则通信结束*/
            strcpy(stopmsg,send_buf);
            write(client_sockfd[n], send_buf, sizeof(send_buf));//将服务器端消息发送到连接套接字
            if(strncmp(send_buf,"!q",2)==0) break;   //若服务器端发送"!q",则结束循环,通信结束
            if(strncmp(send_buf,"quit",4)==0) break; //若服务器端发送"quit",则结束循环,通信结束
        }while(strncmp(recv_buf,"!q",2)!=0);//循环直到从客户端接收到"!q",则结束循环,通信结束
        printf("----------服务器线程 id=%u,套接字%d,n=%d 与客户机对话结束---------\n",tid,client_sockfd[n],n);
        close(client_sockfd[n]);              //关闭连接套接字
        client_sockfd[n]=-1;                  //被关闭连接套接字数组项置为空闲
        curLink--;                            //当前连接数减1
        printf("当前连接数为: %d(<=%d)\n",curLink,LinkNum);//输出当前连接数和最大连接数
        sem_post(&mutex);                     //释放可用连接数资源信号量 mutex
        pthread_exit(&retval);                //当前服务器线程结束
}
int main(void)
{
        char recv_buf[1024];                  //接收消息缓冲区
        char send_buf[1024];                  //发送消息缓冲区
        int client_len = 0;
        struct sockaddr_in server_addr;       //服务器端协议地址
        struct sockaddr_in client_addr;       //客户端协议地址
        int i=0;                              //连接套接字数组循环变量
        server_sockfd = socket(AF_INET, SOCK_STREAM, 0); //创建流套接字
        //设置服务器接收的连接地址和监听的端口
        server_addr.sin_family = AF_INET;     //指定网络套接字
        server_addr.sin_addr.s_addr = htonl(INADDR_ANY);   //接受所有IP地址的连接
        server_addr.sin_port = htons(9736);            //绑定到9736端口
        bind(server_sockfd, (struct sockaddr*)&server_addr, sizeof(server_addr));   /*协议套接字命名为 server_sockfd*/
        printf("1、服务器开始 listen...\n");
        listen(server_sockfd, LinkNum);       /*创建连接数最大为 LinkNum 的套接字队列,监听
```

命名套接字，listen 不会阻塞，它向内核报告套接字和最大连接数*/
```
        signal(SIGCHLD, SIG_IGN);                    //忽略子进程停止或退出信号
        printf("输入!q，服务结束.\n");                  //输入!q，服务结束
        pthread_create(&thread,NULL,(void*)(&quit),NULL);  //创建线程，执行函数 quit
        for(i=0;i<LinkNum;i++)   client_sockfd[i]=-1;      //初始化连接队列
        sem_init(&mutex,0,LinkNum);                  //信号量 mutex 初始化为连接数
        while(1)
        {
            for(i=0;i<LinkNum;i++)                   //搜寻空闲连接
                if(client_sockfd[i]==-1) break;      //连接数未达最大值则中断循环
            if(i==LinkNum)
            {//如果达到最大连接数，则客户等待
                printf("已经达到最大连接数%d,请等待其他客户释放连接...\n",LinkNum);
                sem_wait(&mutex);                    //阻塞等待空闲连接
                continue;                            //被唤醒后继续监测是否有空闲连接
            }
            client_len = sizeof(client_addr);
            //接受连接，创建新的套接字
            printf("2、服务器开始 accept...i=%d\n",i);
            client_sockfd[i] = accept(server_sockfd, (struct sockaddr*)&client_addr, &client_len);
            /*接收连接队列中的第 1 个连接请求，该请求的连接套接字保存在 client_sockfd 数组
中，如果没有连接，则 accept 阻塞，直到连接出现*/
            curLink++;                               //当前连接数增 1
            sem_wait(&mutex);                        //可用连接数信号量 mutex 减 1
            printf("当前连接数为：%d(<=%d)\n",curLink,LinkNum);  /*输出当前连接数和最
大连接数*/
            printf("连接来自:连接套接字号=%d,IP 地址=%s,端口号=%d\n",client_sockfd[i],inet_
ntoa(client_addr.sin_addr),ntohs(client_addr.sin_port));    /*输出客户端地址信息*/
            pthread_create(malloc(sizeof(pthread_t)),NULL,(void*)(&rcv_snd),(void*)i);
            /*创建线程执行函数 rcv_snd 负责与该连接客户通信，i 为连接数组序号*/
        }
    }
```
客户端程序 sockclient.c 如下：
```
#include <unistd.h>
#include <sys/types.h>
#include <sys/socket.h>
#include <netinet/in.h>
#include <arpa/inet.h>
#include <stdio.h>
```

```c
#include <stdlib.h>
#include <sys/stat.h>
#include <errno.h>
#include <fcntl.h>
#include <string.h>
int main(void)
{
    int sockfd;                                         //客户端套接字描述符
    int len = 0;
    struct sockaddr_in address;                         //套接字协议地址
    char snd_buf[1024];                                 //发送消息缓冲区
    char rcv_buf[1024];                                 //接收消息缓冲区
    int result;                                         //连接结果
    int rcv_num;                                        //接收消息长度
    pid_t cpid;                                         //客户进程标识符
    sockfd = socket(AF_INET, SOCK_STREAM, 0);           //创建客户端流套接字
    if(sockfd < 0){
        perror("客户端创建套接字失败！\n");
        return 1;
    }
    //设置要连接的服务器的信息
    address.sin_family = AF_INET;                       //使用网络套接字
    address.sin_addr.s_addr = inet_addr("127.0.0.1");   //服务器地址
    address.sin_port = htons(9736);                     //服务器所监听的端口
    if(inet_aton("127.0.0.1",&address.sin_addr)<0){
        printf("inet_aton error.\n");
        return -1;
    }
    len = sizeof(address);
    cpid=getpid();                                      //获取客户进程标识符
    printf("1. 客户机%ld 开始 connect 服务器...\n",cpid); //输出客户进程标识符
    result = connect(sockfd, (struct sockaddr*)&address, len);//客户端进程套接字连接服务器进程地址
    if(result == -1)
    {
        perror("客户机 connect 服务器失败!\n");
        exit(1);
    }
    printf("-----------客户机%ld 与服务器线程对话开始...\n",cpid);
```

```
        do
        {//客户机与服务器循环发送接收消息
            printf("2.客户机%ld--->服务器:sockfd=%d,请输入客户机要发送给服务器的消息：
",cpid,sockfd);
            memset(snd_buf, 0, 1024);                    //发送缓冲区清零
            scanf("%s",snd_buf);                          //键盘输入欲发送给服务器的消息字符串
            write(sockfd, snd_buf, sizeof(snd_buf));      //将消息发送到套接字
            if(strncmp(snd_buf,"!q",2)==0) break;         //若发送"!q"，则结束循环，通信结束
            memset(rcv_buf, 0, 1024);                    //接收缓冲区清零
            printf("客户机%ld,sockfd=%d 等待服务器回应...\n",cpid,sockfd);
            rcv_num = read(sockfd, rcv_buf, sizeof(rcv_buf)); //读取套接字中服务器端发来的消息
            printf("客户机%ld,sockfd=%d 从服务器接收的消息长度=%d\n",cpid,sockfd,
strlen(rcv_buf));
            printf("3.客户机%ld<---服务器:sockfd=%d,客户机从服务器接收到的消息是：
(%d):%s\n", cpid,sockfd,rcv_num, rcv_buf);   //输出客户机从服务器接收的消息
            sleep(1);
            if(strncmp(rcv_buf,"quit",4)==0) break;  //如果收到"quit"，则结束循环，通信结束
        }while(strncmp(rcv_buf,"!q",2)!=0);           //如果收到"!q"，则结束循环，通信结束
        printf("----------客户机%ld,sockfd=%d 与服务器线程对话结束---------\n",cpid,sockfd);
        close(sockfd);          //关闭客户机套接字
    }
```

程序分析：服务器程序 sockserver.c 创建监听套接字(socket)、命名套接字(bind)、监听套接字(listen)，等待客户连接(accept)。可以有多个客户发出连接请求。针对每个客户连接请求，服务器分别创建一个线程与该客户进行交互。交互线程(rcv_snd)的工作过程是先从客户端接收消息并输出，然后再向客户端发送消息，两者交替进行。如果服务器发送"!q"或接收到"!q"，则该线程服务的客户端结束与服务器的通信。如果服务器发送"quit"，则服务器关闭，所有客户机也随之结束。

服务器也会创建一个捕捉结束通信消息"quit"的线程(quit),该线程一旦捕捉到服务线程发出"服务器关闭"的通知，则关闭服务器，客户机也随之关闭。

客户端程序 sockclient.c 创建客户端套接字、连接服务器地址。连接成功后，客户机首先向服务器发送消息，然后再从服务器接收消息，两者交替进行。如果客户机发送"!q"，或者从服务器接收到"!q"或者"quit"，则通信结束，客户机运行结束。

程序编译链接方法如下：
    sfs@ubuntu:~/c$ gcc tcpthreadserver.c -o tcpthreadserver -lpthread　　#编译链接服务器程序
    sfs@ubuntu:~/c$ gcc tcpclient.c -o tcpclient　　　　　　　　　　#编译链接客户机程序 tcpclient.c

程序运行方法如下。首先在第 1 个命令行终端窗口运行服务器程序 tcpthreadserver：
    sfs@ubuntu:~/c$ ./tcpthreadserver　　　　　　#运行服务器程序 tcpthreadserver

然后再打开第 2 个命令行终端窗口运行客户机程序 tcpclient：
    sfs@ubuntu:~/c$ ./tcpclient　　　　　　　　　#运行客户机程序 tcpclient

服务器程序与客户机程序运行顺序不能颠倒。必须首先运行服务器程序，然后再运行客户机程序，否则出错。

客户机与服务器的交互是双向的，即双方都向对方发送消息和接收消息，而且发送和接收是交替进行的。服务器首先等待客户机发送消息，输出从客户机接收到的消息，然后向客户机发送消息。客户机首先向服务器发送消息，然后再等待服务器发来的消息，输出从服务器接收到的消息。这个过程持续交替进行，直到客户机向服务器发送了"!q"消息，则客户机结束，连接数减1。客户机窗口的交互信息如下：

1. 客户机 3536 开始 connect 服务器...

-----------客户机 3536 与服务器线程对话开始.....

2. 客户机 3536--->服务器:sockfd=3,请输入客户机要发送给服务器的消息：k1

客户机 3536,sockfd=3 等待服务器回应...

客户机 3536,sockfd=3 从服务器接收的消息长度=2

3. 客户机 3536<---服务器:sockfd=3,客户机从服务器接收到的消息是： (1024) :f1

2. 客户机 3536--->服务器:sockfd=3,请输入客户机要发送给服务器的消息：k2

客户机 3536,sockfd=3 等待服务器回应...

客户机 3536,sockfd=3 从服务器接收的消息长度=2

3. 客户机 3536<---服务器:sockfd=3,客户机从服务器接收到的消息是： (1024) :f2

2. 客户机 3536--->服务器:sockfd=3,请输入客户机要发送给服务器的消息：!q

-----------客户机 3536,sockfd=3 与服务器线程对话结束---------

服务器窗口的交互信息如下：

1. 服务器开始 listen...

输入!q，服务结束.

2. 服务器开始 accept...i=0

当前连接数为：1(<=5)

连接来自:连接套接字号=4,IP 地址=127.0.0.1,端口号=49313

2. 服务器开始 accept...i=1

-----------服务器线程 id=3067087680 使用套接字 4,n=0 与客户机对话开始...

服务器线程 id=3067087680,套接字 4,n=0 等待客户端回应...

服务器线程 id=3067087680,套接字 4,n=0 从客户端接受的消息长度=2

3. 服务器线程 id=3067087680,套接字 4,n=0<--- 客户端,服务器从客户端接受的消息是:(1024) :k1

4. 服务器线程 id=3067087680,套接字 4,n=0--->客户端,请输入服务器要发送给客户机的消息：f1

服务器线程 id=3067087680,套接字 4,n=0 等待客户端回应...

服务器线程 id=3067087680,套接字 4,n=0 从客户端接受的消息长度=2

3. 服务器线程 id=3067087680,套接字 4,n=0<--- 客户端,服务器从客户端接受的消息是:(1024) :k2

4. 服务器线程 id=3067087680,套接字 4,n=0--->客户端,请输入服务器要发送给客户机的消息：f2

服务器线程 id=3067087680,套接字 4,n=0 等待客户端回应...

服务器线程 id=3067087680,套接字 4,n=0 从客户端接受的消息长度=2

3. 服务器线程id=3067087680,套接字4,n=0<---客户端,服务器从客户端接受的消息是:(1024) :!q
----------服务器线程id=3067087680,套接字4,n=0 与客户机对话结束---------
当前连接数为：0(<=5)

一个客户机连接服务器通信的执行情况如图9-4所示。

图9-4 套接字通信(只有一个客户机连接)

也可以同时运行多个客户机，服务器逐个与各个客户机通信。例如，启动两个客户机，分别向服务器发送一条消息，也从服务器接收一条消息。之后，服务器发送"quit"消息，关闭服务器，接收到该消息的客户机结束运行。正等待用户输入消息发送给服务器的客户机则未接收到服务器关闭消息，未结束运行。该运行情况如图9-5所示。

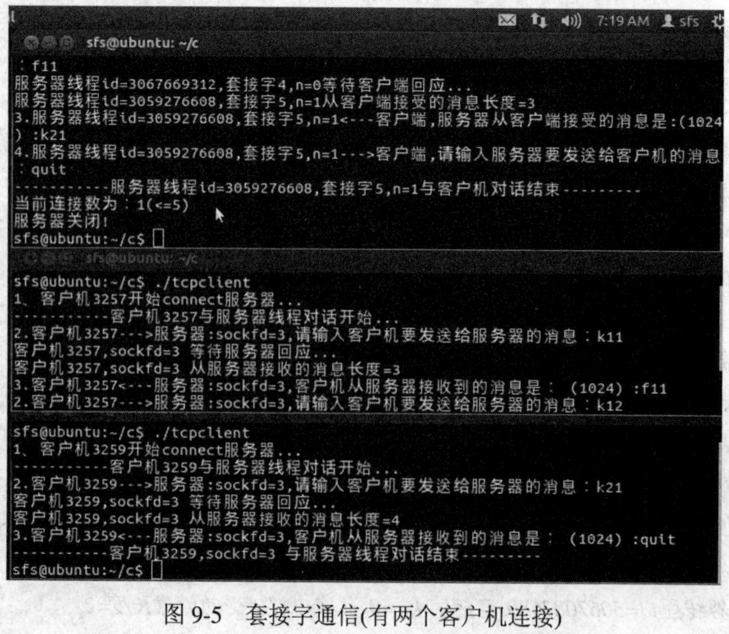

图9-5 套接字通信(有两个客户机连接)

上 机 操 作 9

1. C 语言程序设计与编译和运行

(1) 编写一个 C 语言程序，运用到设备输入、设备输出、运算以及内存分配与回收功能，然后编译和运行。

(2) 编写一个 C 语言程序，创建子进程，输出当前进程及子进程信息。

(3) 编写一个 C 语言程序，完成文件的创建、打开、读、写、关闭等功能。

2. 并发进程/线程异步性

(1) 编写一个 C 语言程序，创建子进程，并实现父子进程通信。

(2) 编写一个多线程共享变量的 C 语言程序，观察并发运行时出现的错误。

(3) 编写一个多线程共享变量的 C 语言程序，为共享变量加上锁操作，观察并发运行时结果是否正确。

3. 线程同步与互斥

(1) 运用 Linux 信号量和 PV 操作函数实现读者-写者问题。

(2) 运用 Linux 信号量和 PV 操作函数实现睡眠理发师问题。

(3) 运用 Linux 信号量和 PV 操作函数实现哲学家进餐问题。

4. 进程通信

(1) 编写一个匿名管道通信程序，实现生产者-消费者问题。

(2) 编写一个有名管道通信程序，实现生产者-消费者问题。

(3) 编写一个共享内存通信程序，实现生产者-消费者问题。

(4) 编写一个消息传递通信程序，实现生产者-消费者问题。

(5) 编写一个套接字通信程序，实现生产者-消费者问题。

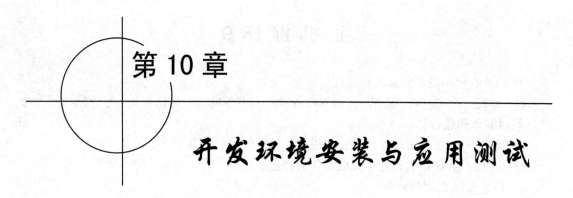

第 10 章 开发环境安装与应用测试

Linux 包含的程序语言编译、链接程序能够满足部分应用程序的开发需求，符合部分开发人员的环境要求和习惯。但是另外一些应用可能依赖于其他工具包。开发人员也可能希望选择其他更合适的开发环境。这就涉及开发包的安装，以及集成开发环境的安装。Java 开发包 jdk、Java 语言集成开发环境 Eclipse、图形用户界面工具包 GTK、数据库管理系统 MySQL 是常用的应用软件开发工具，掌握它们在 Linux 系统下的安装与应用方法将为用户解决实际业务问题奠定良好的基础。

10.1　jdk 安装与应用测试

jdk 即 Java 语言软件开发工具包，是 Java 程序及 JSP 网络应用开发的基础。

10.1.1　安装

jdk 的安装过程如下：
(1) 检测 jdk 是否已经安装。
在安装 jdk 之前，检测一下该工具包是否已经安装。如果已经安装，则无需重复安装。检测命令及结果如下：

　　　　sfs@ubuntu:~$ java -version　　　#查看 java 版本号(注：java -version 为查看 java 版本号的命令)
　　　　The program 'java' can be found in the following packages:
　　　　 * gcj-4.4-jre-headless
　　　　 * gcj-4.5-jre-headless
　　　　 * openjdk-6-jre-headless
　　　　Try: sudo apt-get install <selected package>

结果表明，jdk 尚未安装。可以下载安装。
(2) 下载 jdk。
用户可输入"jdk"在百度等搜索引擎中查询其下载地址。该地址为 Oracle 公司网站地址。点击"Java SE",下载页面类似图 10-1 所示。

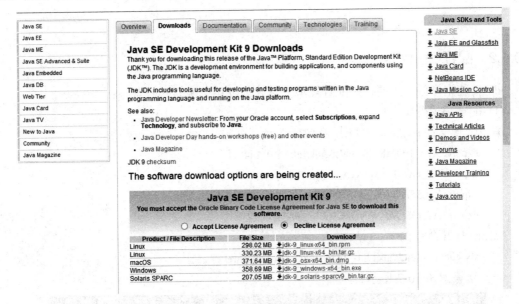

图 10-1　jdk 下载页面

下载"jdk-8u144-linux-i586.tar.gz"(或者根据本机操作系统位数(32 位或 64 位)及 CPU 类型下载其他版本)。

(3) 建立源安装目录。

建立源安装目录 jdk,准备将 jdk 安装包 jdk-8u144-linux-i586.tar.gz 拷贝到该目录下。建立目录 jdk,并进入该目录。相关命令及结果为

  sfs@ubuntu:~$ mkdir jdk　　　　　　#建立目录 jdk

  sfs@ubuntu:~$ cd jdk　　　　　　　#进入 jdk 目录

  sfs@ubuntu:~/jdk$

(4) 将 jdk 安装包拷贝到源安装目录 jdk 下。

如果 Linux 被安装到虚拟机 Vmware 上,jdk 安装包 jdk-8u144-linux-i586.tar.gz 使用 Windows 下载,则可直接将安装包拷贝到 Vmware 上运行的 Linux 目录 jdk 中。执行命令 ls 可查看安装包是否复制到 jdk 目录下。相关命令及结果为

  sfs@ubuntu:~/jdk$ ls　　　　　　#查看安装包是否已拷贝到 jdk 目录下

  jdk-8u144-linux-i586.tar.gz

(5) 解压缩安装包。

解压缩 jdk 安装包,并进入解压缩目录。相关命令及结果为

  sfs@ubuntu:~/jdk$ sudo tar xvf jdk-8u144-linux-i586.tar.gz

  sfs@ubuntu:~/jdk$ ls　　　　　　#查看解压缩目录

  jdk1.8.0_144　jdk-8u144-linux-i586.tar.gz

  sfs@ubuntu:~/jdk$ cd jdk1.8.0_144　　　　#进入解压缩目录

  sfs@ubuntu:~/jdk/jdk1.8.0_144$ ls　　　　#查看解压缩目录下的文件及目录

  bin　　　　javafx-src.zip　　man　　　　THIRDPARTYLICENSEREADME-JAVAFX.txt

COPYRIGHT   jre   README.html   THIRDPARTYLICENSEREADME.txt
db   lib   release
include   LICENSE   src.zip

10.1.2 配置

jdk 安装完毕后，还要正确配置环境变量才能使用。配置过程如下：

(1) 配置环境变量。

编辑配置文件 bashrc，在末尾添加如下几行语句：

  export JAVA_HOME=/home/sfs/jdk/jdk1.8.0_144

  export JRE_HOME=${JAVA_HOME}/jre

  export CLASSPATH=.:${JAVA_HOME}/lib:${JRE_HOME}/lib

  export PATH=${JAVA_HOME}/bin:$PATH

bashrc 打开命令如下：

  sfs@ubuntu:~/jdk/jdk1.8.0_144$ sudo gedit ~/.bashrc

编辑结果如图 10-2 所示。

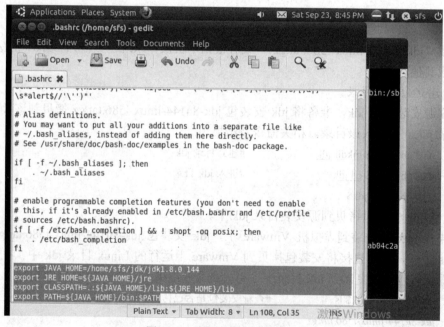

图 10-2　编辑配置文件 bashrc

保存 bashrc 文件。

(2) 运行配置文件，使配置生效。

运行配置文件 bashrc 的相关命令及结果为

  sfs@ubuntu:~/jdk/jdk1.8.0_144$ source ~/.bashrc

  sfs@ubuntu:~/jdk/jdk1.8.0_144$ env #查看配置是否生效，jdk 相关路径是否设置

  …

  JRE_HOME=/home/sfs/jdk/jdk1.8.0_144/jre

...

PATH=/home/sfs/jdk/jdk1.8.0_144/bin:/jdk/jdk1.8.0_144/bin:/usr/local/sbin:/usr/local/bin:/usr/sbin:/usr/bin:/sbin:/bin:/usr/games

PWD=/home/sfs/jdk/jdk1.8.0_144

JAVA_HOME=/home/sfs/jdk/jdk1.8.0_144

...

CLASSPATH=.:/home/sfs/jdk/jdk1.8.0_144/lib:/home/sfs/jdk/jdk1.8.0_144/jre/lib

(3) 检测 jdk 是否安装成功。

查看 java 版本号，检测 jdk 是否安装成功的命令及结果为

  sfs@ubuntu:~/jdk/jdk1.8.0_144$ java -version

  java version "1.8.0_144"

  Java(TM) SE Runtime Environment (build 1.8.0_144-b01)

  Java HotSpot(TM) Client VM (build 25.144-b01, mixed mode)

运行结果表明 jdk 安装成功。

10.1.3 应用测试

jdk 安装成功后，可以开发 Java 应用程序。一些 Java 程序是字符界面的，一些 Java 程序是图形用户界面的。

(1) 字符界面编程。

编写几个 Java 程序文件，编译并运行。

【例 10.1】 运行 gedit，创建程序文件 jv1.java。相关命令及结果为

  sfs@ubuntu:~$ gedit

输入下面程序：

```java
public class jv1 {
    public static void main(String[] args){
        System.out.println("第 1 个 Java 测试程序！ ");
    }
}
```

编译程序 jv1.java 的命令如下：

  sfs@ubuntu:~$ javac jv1.java

运行程序 jv1.class 的命令及结果如下：

  sfs@ubuntu:~$ java jv1

  第 1 个 Java 测试程序！

【例 10.2】 在同一目录下创建两个程序文件 A.java 和 B.java，A.java 内容如下：

```java
public class A {
    public static void test() {
        System.out.println("A:test()");
    }
}
```

B.java 内容如下：

```java
public class B {
    public static void main(String[] argc) {
        A a = new A();
        a.test();
    }
}
```

编译方法一：

```
sfs@ubuntu:~/jv2dir$ javac -d . A.java B.java    #同时编译程序文件 A.java 和 B.java
sfs@ubuntu:~/jv2dir$ java B                      #运行程序 B，B 调用程序文件 A 中的 test 方法
A:test()
```

编译方法二：

```
sfs@ubuntu:~/jv2dir$ javac A.java                #编译程序文件 A.java
sfs@ubuntu:~/jv2dir$ javac B.java                #编译程序文件 B.java
sfs@ubuntu:~/jv2dir$ java B                      #运行程序 B
A:test()
```

【例 10.3】 在同一目录下创建两个程序文件 ScoreCount.java 和 MyCount.java。ScoreCount.java 的内容如下：

```java
public class ScoreCount {
    int Net;
    int Java;
    int PHP;
    public int CountScore(){                    //总和
        int Count = Net + Java +PHP;
        return Count;
    }
    public void ShowCountScore(){               //显示总分
        System.out.print("总分"+this.CountScore()+"\n");
    }
    public int CountScoreAvg(){                 //平均值
        int avg =(this.Net+this.Java+this.PHP) /3;
        return avg;
    }
    public void ShowCountScoreAvg(){            //显示平均值
        System.out.print("平均值"+this.CountScoreAvg()+"\n");
    }
}
```

MyCount.java 的内容如下：

```java
import java.util.*;
```

```java
public class MyCount {
    public static void main(String[] args) {
        ScoreCount sc = new ScoreCount();              //实例化类
        Scanner input = new Scanner(System.in);        //获得用户输入
        System.out.print(".Net 成绩:");
        sc.Net = input.nextInt();
        System.out.print("Java 成绩:");
        sc.Java = input.nextInt();
        System.out.print("PHP 成绩:");
        sc.PHP = input.nextInt();
        sc.ShowCountScore();
        sc.ShowCountScoreAvg();
    }
}
```

编译命令及结果如下：

```
sfs@ubuntu:~/jv3dir$ javac ScoreCount.java MyCount.java
sfs@ubuntu:~/jv3dir$ ls                         #查看编译结果文件
MyCount.class   MyCount.java   ScoreCount.class   ScoreCount.java
```

运行命令及结果如下：

```
sfs@ubuntu:~/jv3dir$ java MyCount               #运行
.Net 成绩:82
Java 成绩:90
PHP 成绩:96
总分268
平均值89
```

【例 10.4】在 jv4dir 目录下创建两个程序文件 A.java 和 B.java。A.java 文件的内容如下：

```java
package jv4dir;
public class A {
    public static void test() {
        System.out.println("A:test()");
    }
}
```

B.java 的内容如下：

```java
package jv4dir;
public class B {
    public static void main(String[] argc) {
        A a = new A();
        a.test();
    }
```

编译及运行过程如下：

```
sfs@ubuntu:~/jv4dir$ ls            #查看 jv4dir 子目录下是否存在程序文件 A.java 和 B.java
A.java   B.java
sfs@ubuntu:~/jv4dir$ cd            #返回用户主目录
sfs@ubuntu:~$ javac jv4dir/A.java  #编译子目录 jv4dir 下的 A.java
sfs@ubuntu:~$ javac jv4dir/B.java  #编译子目录 jv4dir 下的 B.java
sfs@ubuntu:~$ java jv4dir.B        #运行子目录 jv4dir 下的程序 B
A:test()
```

(2) 图形用户界面编程。

以上四例均为字符界面的 Java 程序，可以尝试创建一个图形界面的 Java 程序。

【例 10.5】 创建程序文件 jv2.java，其内容如下：

```java
import javax.swing.*;
import javax.swing.event.*;
import java.awt.*;
import java.awt.event.*;
public class jv2 extends JFrame{
    private JLabel jLabel;
    private JTextField jTextField;
    private JButton jButton;
    public jv2()
    {
        super();
        this.setSize(300, 200);
        this.getContentPane().setLayout(null);
        this.add(getJLabel(), null);
        this.add(getJTextField(), null);
        this.add(getJButton(), null);
        this.setTitle("HelloWorld");
    }
    private javax.swing.JLabel getJLabel() {
        if(jLabel == null) {
            jLabel = new javax.swing.JLabel();
            jLabel.setBounds(34, 49, 53, 18);
            jLabel.setText("Name:");
        }
        return jLabel;
    }
    private javax.swing.JTextField getJTextField() {
```

```
        if(jTextField == null) {
            jTextField = new javax.swing.JTextField();
            jTextField.setBounds(96, 49, 160, 20);
        }
        return jTextField;
    }
    private javax.swing.JButton getJButton() {
        if(jButton == null) {
            jButton = new javax.swing.JButton();
            jButton.setBounds(103, 110, 71, 27);
            jButton.setText("OK");
        }
        return jButton;
    }
    public static void main(String[] args)
    {
        jv2 w = new jv2();
        w.setVisible(true);
    }
}
```

编译及运行过程如下：

    sfs@ubuntu:~$ <u>javac jv2.java</u>   #编译

    sfs@ubuntu:~$ <u>java jv2</u>   #运行

运行结果如图 10-3 所示。

图 10-3　运行 Java 图形用户界面程序

10.2 GTK 安装与应用测试

GTK 是一套跨平台的图形工具包,是 Linux 下开发图形界面程序的主流开发工具之一。当然 GTK 并不要求必须安装在 Linux 上,事实上,也可以安装在 windows 上。GTK 是用 C 语言编写的,但是可以支持其他语言,因为 GTK 已经绑定到几乎所有的流行语言上,如:C++、Guile、Perl、Python、TOM、Ada95、Objective C、Free Pascal、Eiffel 等。

10.2.1 安装

(1) 安装 gcc/g++/gdb/make 等基本编程工具。

安装命令如下:

  sfs@ubuntu:~$ sudo apt-get install build-essential

  #在 ubuntu 12.04 及更高版本上安装,低版本安装可能失败

安装成功后,可以查看 g++版本。相关命令及结果为

  sfs@ubuntu:~$ g++ --version

  g++ (Ubuntu/Linaro 4.6.3-1ubuntu5) 4.6.3

  Copyright (C) 2011 Free Software Foundation, Inc.

【例 10.6】 用 g++编译器尝试编译一个 C++程序 f1.cpp。f1.cpp 内容如下:

```
#include <iostream>
using namespace std;
int main()
{
    cout<<"Hello, Linux!"<<endl;
    return 0;
}
```

编译及运行结果如下:

  sfs@ubuntu:~$ g++ f1.cpp -o f1   #编译 f1.cpp

  sfs@ubuntu:~$ ./f1   #运行程序 f1

  Hello, Linux!

(2) 安装 libgtk2.0-dev libglib2.0-dev 等开发相关的库文件。

安装命令如下:

  sfs@ubuntu:~$ sudo apt-get install gnome-core-devel

(3) 安装编译 GTK 程序时自动找出头文件及库文件位置的配置包。

安装命令如下:

  sfs@ubuntu:~$ sudo apt-get install pkg-config

(4) 安装 devhelp GTK 文档查看程序。

安装命令如下:

  sfs@ubuntu:~$ sudo apt-get install devhelp

(5) 安装 gtk/glib 的 API 参考手册及其他帮助文档。

安装命令如下：

    sfs@ubuntu:~$ sudo apt-get install libglib2.0-doc libgtk2.0-doc

(6) 安装基于 GTK 的界面。

GTK 是开发 Gnome 窗口的 C/C++语言图形库。其安装命令如下：

    sfs@ubuntu:~$ sudo apt-get install glade libglade2-dev

(7) 安装 gtk2.0 或 gtk+2.0 所需的文件。

安装命令如下：

    sfs@ubuntu:~$ sudo apt-get install libgtk2.0-dev

10.2.2 查看 GTK 库版本

安装完毕 GTK，可以查看软件包中软件版本号，确认是否安装成功。

(1) 查看 gtk 2.x 版本。

查看命令及结果如下：

    sfs@ubuntu:~$ pkg-config --modversion gtk+-2.0

    2.24.10

(2) 查看 pkg-config 的版本。

查看命令及结果如下：

    sfs@ubuntu:~$ pkg-config --version

    0.26

(3) 查看是否安装了 gtk。

相关命令及结果如下：

    sfs@ubuntu:~$ pkg-config --list-all | grep gtk

gtk-doc	gtk-doc - API documentation generator
gtk+-x11-3.0	GTK+ - GTK+ Graphical UI Library
gtksourceview-3.0	gtksourceview - GTK+ 3.0 Source Editing Widget
libgtkhtml-4.0	libgtkhtml - libgtkhtml
gdu-gtk	gdu-gtk - GTK+ library for libgdu
gtk+-unix-print-2.0	GTK+ - GTK+ Unix print support
gtkmm-3.0	gtkmm - C++ binding for the GTK+ toolkit
libpeas-gtk-1.0	libpeas-gtk - libpeas-gtk, a GObject plugins library (Gtk widgets)
gtk+-unix-print-3.0	GTK+ - GTK+ Unix print support
clutter-gtk-1.0	clutter-gtk - GTK+ integration for Clutter
gtk+-2.0	GTK+ - GTK+ Graphical UI Library (x11 target)
gtk+-3.0	GTK+ - GTK+ Graphical UI Library
gtk+-x11-2.0	GTK+ - GTK+ Graphical UI Library (x11 target)

10.2.3 应用测试

尝试使用 GTK 开发一个图形用户界面程序，捕捉鼠标左右键单击、双击事件以及鼠标位置，将事件信息显示在命令行终端窗口和应用程序窗口控件中，领会基于命令行接口的人机交互和基于图形用户接口的人机交互。

【例 10.7】 使用 gedit 编辑器建立程序文件 t2.c，其内容如下：

```c
#include <gtk/gtk.h>                                    //头文件
#include <stdio.h>
GtkWidget *labeltitle,*lablecontent;                    //标签变量
//鼠标点击事件处理函数
gboolean deal_mouse_press(GtkWidget *widget, GdkEventButton *event, gpointer data)
{
    gchar str[100];
    switch(event->button){                              //判断鼠标点击的类型
        case 1:
            printf("鼠标左键单击!!\n");                  //在字符终端上输出
            sprintf(str, "鼠标左键单击");               //将格式化的数据写入字符串
            break;
        case 2:
            printf("鼠标中键单击!!\n");
            sprintf(str, "鼠标中键单击");
            break;
        case 3:
            printf("鼠标右键单击!!\n");
            sprintf(str, "鼠标右键单击");
            break;
        default:
            printf("鼠标未知按键单击!!\n");
            sprintf(str, "鼠标未知按键单击");
    }
    if(event->type == GDK_2BUTTON_PRESS){
        printf("鼠标双击\n");
        sprintf(str, "鼠标双击");
    }
    //获得点击的坐标值，距离窗口左顶点
    gint i = event->x;
    gint j = event->y;
    printf("鼠标位置：(%d,%d)\n", i, j);
    sprintf(str, "鼠标位置：(%d,%d)",i,j);              //将格式化的数据写入字符串
    gtk_label_set_text( GTK_LABEL(lablecontent), str);  //将字符串显示在标签控件上
    return TRUE;
}
```

```c
//鼠标移动事件(点击鼠标任何键)的处理函数
gboolean deal_motion_notify_event(GtkWidget *widget, GdkEventMotion *event, gpointer data)
{
    gchar str[100];
    //获得移动鼠标的坐标值，距离窗口左顶点
    gint i = event->x;
    gint j = event->y;
    printf("鼠标移动位置：(%d,%d)\n", i, j);
    sprintf(str, "鼠标移动位置：(%d,%d)", i,j);           //将格式化的数据写入字符串
    gtk_label_set_text( GTK_LABEL(lablecontent), str);
    return TRUE;
}
int main( int argc,char *argv[] )
{
    gtk_init(&argc, &argv);                              //初始化
    GtkWidget *button;                                   //按钮变量
    //创建顶层窗口
    GtkWidget *window = gtk_window_new(GTK_WINDOW_TOPLEVEL);
    GtkWidget *vbox = gtk_vbox_new(TRUE, 3);             //创建纵向盒状容器
    labeltitle = gtk_label_new("操作信息");               //创建标签控件
    lablecontent = gtk_label_new("动作及位置");
    gtk_box_pack_start (GTK_BOX (vbox), labeltitle, FALSE, FALSE, 0);    /*将标签控件加入容器*/
    gtk_box_pack_start (GTK_BOX (vbox), lablecontent, FALSE, FALSE, 0);
    button = gtk_button_new_with_label("关闭");//创建按钮控件
    gtk_box_pack_start (GTK_BOX (vbox), button, FALSE, FALSE,0);
    //设置窗口标题
    gtk_window_set_title(GTK_WINDOW(window), "GTK 图形用户界面编程入门");
    //设置窗口在显示器中的位置为居中
    gtk_window_set_position(GTK_WINDOW(window), GTK_WIN_POS_CENTER);
    gtk_widget_set_size_request(window, 400, 300);       //设置窗口的最小尺寸
    //设置窗口销毁事件处理函数
    g_signal_connect(window, "destroy", G_CALLBACK(gtk_main_quit), NULL);
    //设置按钮点击事件处理函数
    g_signal_connect(GTK_OBJECT(button),"clicked",G_CALLBACK(gtk_main_quit),NULL);
    //添加窗口接收鼠标事件
    //GDK_BUTTON_PRESS_MASK：鼠标点击事件
    //GDK_BUTTON_MOTION_MASK：按住鼠标移动事件
    gtk_widget_add_events(window,
```

GDK_BUTTON_PRESS_MASK|GDK_BUTTON_MOTION_MASK);
    //设置"button-press-event"鼠标按键事件由 deal_mouse_event 处理
    g_signal_connect(window, "button-press-event", G_CALLBACK(deal_mouse_press), NULL);
    //设置"motion-notify-event"按住鼠标移动事件由 deal_motion_notify_event 处理
    g_signal_connect(window, "motion-notify-event", G_CALLBACK(deal_motion_notify_event), NULL);
    gtk_container_add(GTK_CONTAINER(window), vbox); //将纵向盒状容器加入窗口
    gtk_widget_show_all(window);   //显示窗口全部控件
    gtk_main();   //主事件循环
    return 0;
}
```

编译命令如下：

sfs@ubuntu:~$ gcc -o t2 t2.c `pkg-config --cflags --libs gtk+-2.0`

运行命令如下：

sfs@ubuntu:~$ ./t2

运行结果如图 10-4 所示。在窗口上点击鼠标左右键、双击左键、按下鼠标移动时，在命令行终端窗口和应用程序窗口上会显示操作类型及鼠标位置。点击"关闭"按钮，则窗口关闭，程序结束。

图 10-4  GTK 图形用户界面程序

## 10.3  Eclipse 安装与应用测试

Eclipse 是一种流行的 Java 程序集成开发环境。
```

10.3.1 安装

Eclipse 对 GTK 和 jdk 有依赖关系，安装 Eclipse 前需要安装好 GTK 和 jdk。搜索 Eclipse 网站，下载适合 Linux 的合适版本，例如下载 eclipse-java-oxygen-R-linux-gtk.tar.gz。

Eclipse 的安装过程如下：

(1) 创建一个安装包源目录。

相关命令如下：

  sfs@ubuntu:~$ <u>mkdir eclipsejv</u>   #创建安装包源目录 eclipsejv

  sfs@ubuntu:~$ <u>cd eclipsejv</u>   #进入安装包源目录 eclipsejv

将 Eclipse 安装包 eclipse-java-oxygen-R-linux-gtk.tar.gz 复制到安装包源目录 eclipsejv。

(2) 解压缩 Eclipse 安装包。

相关命令及结果如下：

  sfs@ubuntu:~/eclipsejv$ <u>sudo tar zxvf eclipse-java-oxygen-R-linux-gtk.tar.gz</u>

  sfs@ubuntu:~/eclipsejv$ <u>ls</u>   #查看解压结果

  eclipse eclipse-java-oxygen-R-linux-gtk.tar.gz

  sfs@ubuntu:~/eclipsejv$ <u>cd eclipse</u> #进入 eclipse 目录

  sfs@ubuntu:~/eclipsejv/eclipse$ <u>ls</u> #查看 eclipse 目录下的解压缩文件

  artifacts.xml dropins eclipse.ini icon.xpm plugins

  configuration eclipse features p2 readme

(3) 试运行 Eclipse。

相关命令如下：

  sfs@ubuntu:~/eclipsejv/eclipse$ <u>./eclipse</u>

Eclipse 启动时出现启动封面(如图 10-5 所示)、工作空间设置界面(如图 10-6 所示)、Eclipse 集成开发界面(如图 10-7 所示)等若干界面。

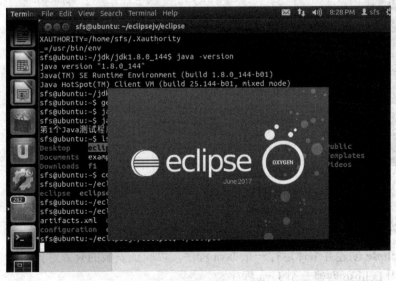

图 10-5 Eclipse 启动界面

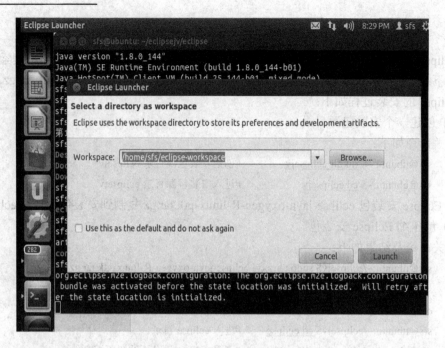

图 10-6　Eclipse 工作空间设置界面

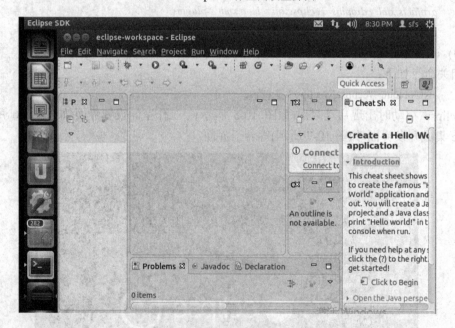

图 10-7　Eclipse 集成开发界面

10.3.2　应用测试

使用 Eclipse 创建并编译运行一个 Java 程序，以验证安装的有效性。

(1) 使用 Eclipse 创建一个 Java 程序。

Eclipse 启动成功后，尝试创建一个 Java 程序。

【例 10.8】 点击菜单"New/Java Project",创建一个 Java 程序项目,操作界面如图 10-8 所示。

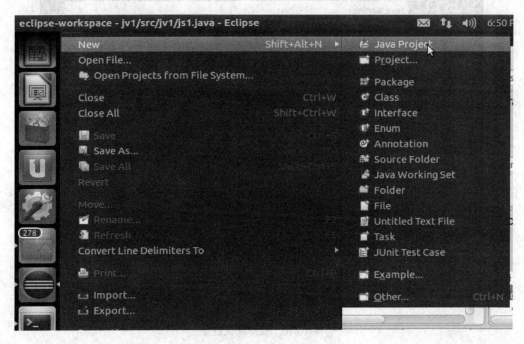

图 10-8 创建一个 Java 程序项目

如图 10-9 所示,填写项目名称。

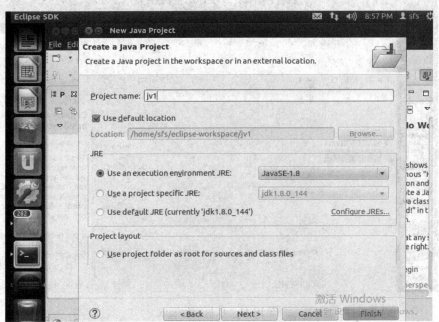

图 10-9 填写项目名称

点击"Next",出现如图 10-10 所示的 Java 设置界面。

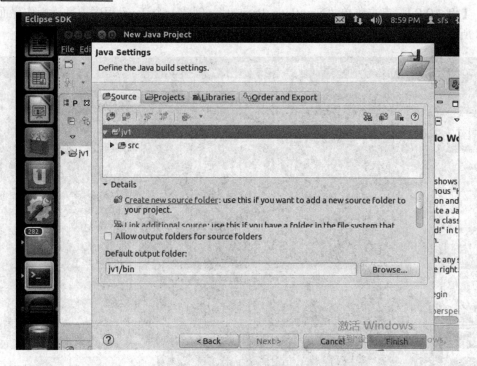

图 10-10 保持默认设置

在图 10-10 中，保持默认设置，点击"Finish"按钮，出现如图 10-11 所示界面。

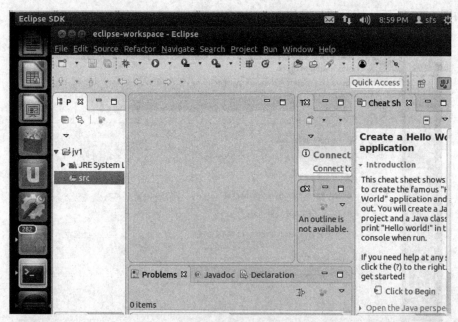

图 10-11 项目创建完成

至此，创建了一个空项目，其中未包含程序文件。后续开发需要逐步加入程序文件。右键点击项目名称"jv1"，在弹出的菜单上点击"New/Class"选项，操作界面如图 10-12 所示。

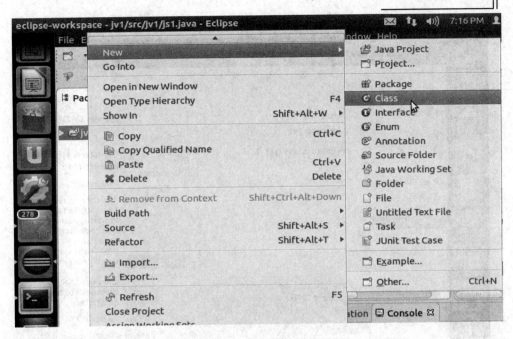

图 10-12　向项目中加入新类

在图 10-13 所示 "New Java Class" 窗口中输入类名 js1，点击 "Finish" 按钮。

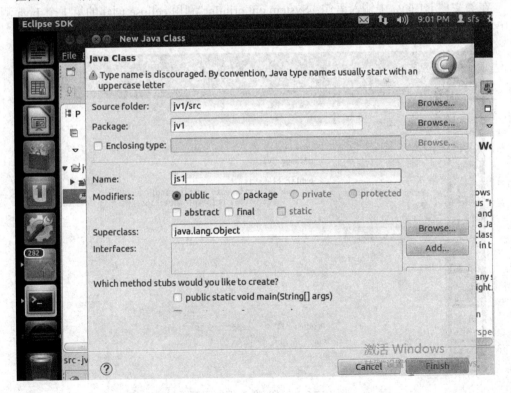

图 10-13　输入类名

接下来，生成一个空白类文件 js1，如图 10-14 所示。

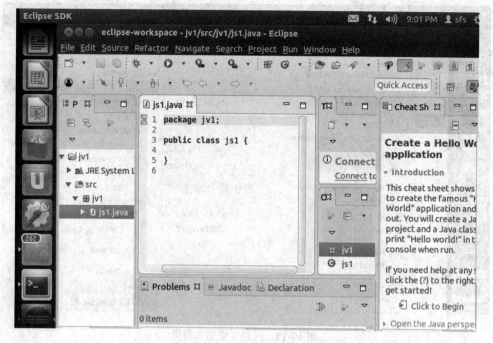

图 10-14　生成空白类文件

在类文件 js1.java 中输入语句：System.out.println("利用 eclipse 创建的第 1 个 Java 测试程序！");，保存。程序文件如图 10-15 所示。

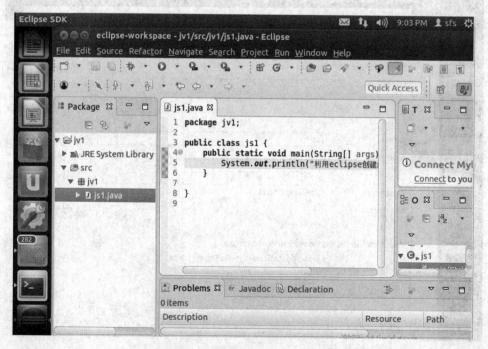

图 10-15　在类文件中编写程序语句

在图 10-16 中，点击"Run/Run"菜单选项运行程序。

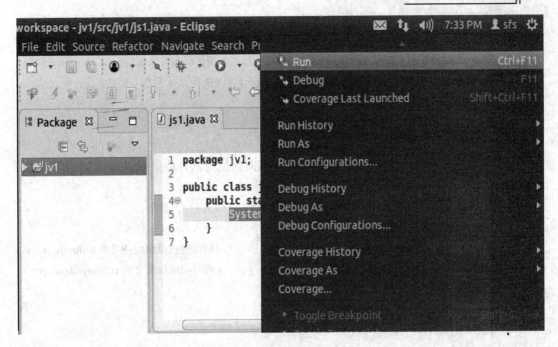

图 10-16　运行程序

在如图 10-17 所示开发环境下方的"Console"标签栏中可以看到输出结果,"利用 eclipse 创建的第 1 个 Java 测试程序!"。

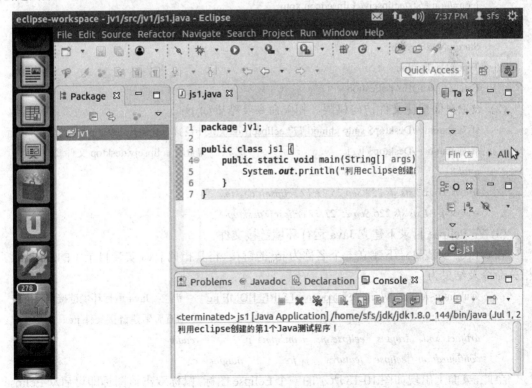

图 10-17　运行结果

在命令行终端上，进入项目所在目录/eclipse-workspace/jv1/bin，在命令行上也可执行该 Java 程序。操作步骤如下：

  sfs@ubuntu:~$ cd eclipse-workspace/jv1/bin #进入项目所在目录/eclipse-workspace/jv1/bin
  sfs@ubuntu:~/eclipse-workspace/jv1/bin$ java jv1.js1 #执行 Java 程序 jv1.js1
  利用 eclipse 创建的第 1 个 Java 测试程序！

10.3.3 为 Eclipse 创建桌面快捷方式

除了在命令行启动 Eclipse 外，也可以创建桌面快捷方式，从桌面以鼠标双击的形式启动 Eclipse。创建 Eclipse 桌面快捷方式的过程如下：

(1) 在 Desktop 目录下创建并编辑桌面快捷文件。相关命令如下：

  sfs@ubuntu:~$ cd Desktop #进入 Desktop 目录
  sfs@ubuntu:~/Desktop$ touch eclipsejv.desktop #创建空白桌面快捷文件 eclipsejv.desktop
  sfs@ubuntu:~/Desktop$ gedit eclipsejv.desktop #编辑桌面快捷文件 eclipsejv.desktop

在 eclipsejv.desktop 中输入以下内容保存：

  [Desktop Entry]
  Encoding=UTF-8
  Name=Eclipse
  Comment=Eclipse
  Exec=/home/sfs/eclipsejv/eclipse/eclipse
  Icon=/home/sfs/eclipsejv/eclipse/icon.xpm
  Terminal=false
  StartupNotify=true
  Type=Application
  Categories=IDE;Application;

(2) 设置桌面快捷文件访问权限。相关命令及结果如下：

  sfs@ubuntu:~/Desktop$ sudo chmod 777 eclipsejv.desktop #设置 eclipsejv.desktop 可读写、可执行
  sfs@ubuntu:~/Desktop$ ls -l #查看 eclipsejv.desktop 文件属性
  total 8
  -rwxrwxrwx 1 sfs sfs 222 Sep 25 21:17 eclipsejv.desktop
  -rw-rw-r-- 1 sfs sfs 226 Sep 25 21:17 eclipsejv.desktop~

(3) 在 Eclipse 目录下建立 Java 运行环境链接文件。

在 eclipse 安装目录下建立一个名称为 jre 的链接，将其指向 java 安装目录下的 jre 目录。相关命令及结果为

  @ubuntu:~/eclipsejv/eclipse$ sudo ln -sf $JRE_HOME jre #建立 Java 运行环境链接文件 jre
  sfs@ubuntu:~/eclipsejv/eclipse$ ls #查看新建链接文件 jre
  artifacts.xml dropins eclipse.ini icon.xpm p2 readme
  configuration eclipse features jre plugins

至此，桌面上出现如图 10-18 所示的一个 Eclipse 图标，鼠标双击该图标即可启动 Eclipse 集成开发环境。

图 10-18　Eclipse 桌面快捷方式

10.4　MySQL 安装与应用测试

MySQL 是一种流行的关系型数据库管理系统，由瑞典 MySQL AB 公司开发，目前属于 Oracle 旗下产品。在 Linux 中，MySQL 可以直接在线安装。

10.4.1　安装

MySQL 的安装步骤如下：

(1) 首先检查系统中是否已经安装了 MySQL。

方法一：执行命令 sudo netstat -tap | grep mysql，查看 MySQL 网络相关信息。

  sfs@ubuntu:~$ <u>sudo netstat -tap | grep mysql</u>

未显示表示未安装。

方法二：执行命令 mysql -u root -p，尝试登陆 MySQL 数据库。

  sfs@ubuntu:~$ <u>mysql -u root -p</u>　　　　　#连接数据库服务器的命令，要求输入连接数据库的
  　　　　　　　　　　　　　　　　　　　　#用户名和密码

  The program 'mysql' is currently not installed.　You can install it by typing:
  sudo apt-get install mysql-client-core-5.5

命令执行结果表示系统中不存在 MySQL，可以安装。

(2) 安装 MySQL 服务器。

安装命令如下：

  sfs@ubuntu:~$ <u>sudo apt-get install mysql-server</u>

系统将读取安装包列表，分析依赖树，报告将安装或更新的包文件。然后下载和安装

一系列包文件。在安装过程中，会出现如图 10-19 所示界面，要求设置 root 用户口令。

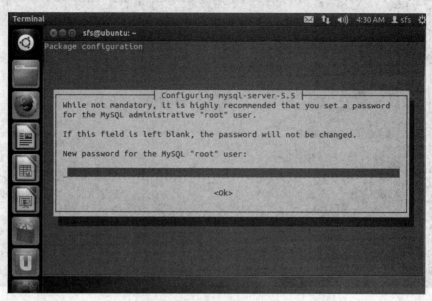

图 10-19　设置 MySQL 用户口令

可以将 root 用户口令设为 root。

(3) 检查是否安装成功。

相关命令及结果如下：

　　　sfs@ubuntu:~$ <u>sudo netstat -tap | grep mysql</u>　　　#查看 MySQL 网络监听信息

　　　tcp　　0　　0　　localhost:mysql　　*:*　　LISTEN　　10396/mysqld

结果表明安装成功。

(4) 安装 MySQL 客户端。

安装命令如下：

　　　sfs@ubuntu:~$ <u>sudo apt-get install libmysqlclient-dev</u>

10.4.2　数据库命令应用测试

(1) 登录 mysql 数据库。

相关命令及结果如下：

　　　sfs@ubuntu:~$ <u>mysql -uroot -p</u>　　　#输入 root 口令

　　　Enter password:

　　　Welcome to the MySQL monitor.　Commands end with ; or \g.

　　　Your MySQL connection id is 43

　　　Server version: 5.5.54-0ubuntu0.12.04.1 (Ubuntu)

　　　Copyright (c) 2000, 2016, Oracle and/or its affiliates. All rights reserved.

　　　Oracle is a registered trademark of Oracle Corporation and/or its

　　　affiliates. Other names may be trademarks of their respective

　　　owners.

Type 'help;' or '\h' for help. Type '\c' to clear the current input statement.

或者

  sfs@ubuntu:~$ <u>mysql -uroot -proot</u>   #在命令行上给出用户名和口令
  mysql>   #MySQL 工作环境提示符

(2) 查看当前数据库。

执行命令 show databases 及运行结果如下：

```
mysql>show databases;
+--------------------+
| Database           |
+--------------------+
| information_schema |
| mysql              |
| performance_schema |
+--------------------+
3 rows in set (0.03 sec)
```

(3) 选择 mysql 数据库。

执行命令 use mysql 及运行结果如下：

```
mysql>use mysql
Reading table information for completion of table and column names
You can turn off this feature to get a quicker startup with -A

Database changed
```

(4) 显示当前数据库的表单。

执行命令 show tables 及运行结果如下：

```
mysql>show tables;
+---------------------------+
| Tables_in_mysql           |
+---------------------------+
| columns_priv              |
| db                        |
| event                     |
| func                      |
| general_log               |
| help_category             |
| help_keyword              |
| help_relation             |
| help_topic                |
| host                      |
| ndb_binlog_index          |
| plugin                    |
```

```
| proc                       |
| procs_priv                 |
| proxies_priv               |
| servers                    |
| slow_log                   |
| tables_priv                |
| time_zone                  |
| time_zone_leap_second      |
| time_zone_name             |
| time_zone_transition       |
| time_zone_transition_type  |
| user                       |
+----------------------------+
24 rows in set (0.21 sec)
```

(5) 创建数据库。

【例 10.9】 创建数据库 sfsdb，相关命令及结果为

mysql>create database sfsdb;

Query OK, 1 row affected (0.16 sec)

mysql>show databases;   #查看数据库 sfsdb 是否创建成功

```
+--------------------+
| Database           |
+--------------------+
| information_schema |
| mysql              |
| performance_schema |
| sfsdb              |
+--------------------+
```

4 rows in set (0.11 sec)

(6) 创建数据库用户。

如果一直以管理员身份进行操作会有诸多不便，因此可以对数据库创建专用用户。

【例 10.10】 为数据库 sfsdb 创建用户名 sfs，密码为 123，并赋予所有权限。相关命令及结果为

mysql>use sfsdb;   #选中数据库 sfsdb

Database changed

mysql>CREATE USER 'sfs'@'localhost' IDENTIFIED BY '123';   #创建用户名为 sfs，密码为 123

Query OK, 0 rows affected (0.21 sec)

(7) 查看 MySQL 用户。

查看命令及结果为

mysql>SELECT User, Host, Password FROM mysql.user;

```
+-------------------+-----------+-------------------------------------------+
| User              | Host      | Password                                  |
+-------------------+-----------+-------------------------------------------+
| root              | localhost | *81F5E21E35407D884A6CD4A731AEBFB6AF209E1B |
| root              | ubuntu    | *81F5E21E35407D884A6CD4A731AEBFB6AF209E1B |
| root              | 127.0.0.1 | *81F5E21E35407D884A6CD4A731AEBFB6AF209E1B |
| root              | ::1       | *81F5E21E35407D884A6CD4A731AEBFB6AF209E1B |
| debian-sys-maint  | localhost | *197006E82EC36388CD19761FE15F96479E282C04 |
| sfs               | localhost | *23AE809DDACAF96AF0FD78ED04B6A265E05AA257 |
+-------------------+-----------+-------------------------------------------+
```

6 rows in set (0.00 sec)

(8) 创建表。

① 如果未登录，则先登录。相关命令为

　　sfs@ubuntu:~$ mysql -uroot -proot　　　　　　　　#登录 MySQL 命令

② 选中欲在其中创建表的数据库。例如选中 sfsdb 的命令为

　　mysql>use sfsdb;

③ 在当前数据库中创建表。

【例 10.11】 创建 teacher 表的命令及结果为

```
mysql>CREATE TABLE teacher
    ->(id INT auto_increment not null,
    ->num INT NOT NULL,
    ->name VARCHAR(20) NOT NULL,
    ->sex VARCHAR(4) NOT NULL,
    ->birthday DATETIME,
    ->address VARCHAR(50),
    ->UNIQUE (num),
    ->PRIMARY KEY (id)
    ->);
```

Query OK, 0 rows affected (0.09 sec)

顺便查看一下新建的表是否存在，相关命令及结果如下：

```
mysql>show tables;
+------------------+
| Tables_in_sfsdb  |
+------------------+
| Persons          |
| Persons2         |
| np_pk            |
| t1               |
| t2               |
```

| t5 |
| t6 |
| teacher |
| tutorials_tbl |
+---------------+

9 rows in set (0.02 sec)

(9) 向表中插入记录。

【例 10.12】 向表 teacher 中先后插入 4 个记录的命令及结果为

mysql>INSERT INTO teacher VALUES(1,1001,'教师 1','男','1984-11-08','北京大学');

Query OK, 1 row affected, 3 warnings (0.03 sec)

mysql>INSERT INTO teacher VALUES

->(2,1002,'教师 2','女','1970-01-21','西安交大'),

->(3,1003,'教师 3','男','1976-10-30','浙江大学'),

->(4,1004,'教师 4','男','1980-06-05','复旦大学');

Query OK, 3 rows affected, 9 warnings (0.00 sec)

Records: 3　Duplicates: 0　Warnings: 9

(10) 更新表中数据。

【例 10.13】 更新 teacher 表中相关记录字段信息的命令及结果为

mysql>UPDATE teacher SET birthday='1982-11-08' WHERE id=1;

#更新 id 为 1 的记录的 birthday 字段值

Query OK, 1 row affected (0.13 sec)

Rows matched: 1　Changed: 1　Warnings: 0

mysql>UPDATE teacher SET address='清华大学' WHERE num=1001;

#更新 num 为 1001 的记录的 address 字段值

Query OK, 0 rows affected, 1 warning (0.02 sec)

Rows matched: 1　Changed: 0　Warnings: 1

(11) 删除表中数据。

【例 10.14】 删除 teacher 表中 num 为 1003 的记录的命令及结果为

mysql>DELETE FROM teacher WHERE num=1003;

Query OK, 1 row affected (0.02 sec)

删除 teacher 表中全部记录：

mysql>delete from teacher;

Query OK, 3 rows affected (0.03 sec)

(12) 查询表中的数据。

【例 10.15】 查询 teacher 表中全部数据的命令及结果为

mysql>select * from teacher;

+----+------+------+-----+---------------------+---------+
| id | num | name | sex | birthday | address |
+----+------+------+-----+---------------------+---------+

```
| 1 | 1001 | ??1 | ? | 1982-11-08 00:00:00 | ???? |
| 2 | 1002 | ??2 | ? | 1970-01-21 00:00:00 | ???? |
| 4 | 1004 | ??4 | ? | 1980-06-05 00:00:00 | ???? |
+----+------+------+-----+---------------------+---------+
```
3 rows in set (0.00 sec)

查看表 teacher 中前 2 行数据的命令为

  mysql>select * from teacher order by id limit 0,2;

或者

  mysql>select * from teacher limit 0,2;

(13) 乱码问题解决方案。

上例记录中字段出现乱码。乱码问题有以下两种常见解决方案：

方案 1：创建数据库的时候，指定字符集为 utf8。

【例 10.16】 创建数据库 sbcdb，指定字符集为 utf8 的命令及结果为

  mysql>CREATE DATABASE `sbcdb`
    ->CHARACTER SET 'utf8'
    ->COLLATE 'utf8_general_ci';
  Query OK, 1 row affected (0.04 sec)

方案 2：创建表的时候，指定字符集为 utf8。

【例 10.17】 在数据库 sbcdb 中创建表 teacher，并指定字符集为 utf8 的命令及结果为

  mysql>use sbcdb;   #选中要创建表的数据库 sbcdb

  Database changed

  mysql>CREATE TABLE teacher
    ->(id INT auto_increment not null,
    ->num INT NOT NULL,
    ->name VARCHAR(20) NOT NULL,
    ->sex VARCHAR(4) NOT NULL,
    ->birthday DATETIME,
    ->address VARCHAR(50),
    ->UNIQUE (num),
    ->PRIMARY KEY (id)
    ->)ENGINE=InnoDB DEFAULT CHARSET=utf8;
  Query OK, 0 rows affected (0.06 sec)

向表 teacher 中插入记录，相关命令及结果为

  mysql>INSERT INTO teacher VALUES(1,1001,'教师 1','男','1984-11-08','北京大学');
  Query OK, 1 row affected (0.02 sec)

查询表 teacher，相关命令及结果为

  mysql>select * from teacher;

```
+----+------+---------+-----+----------------------+--------------+
| id | num  | name    | sex | birthday             | address      |
```

```
+----+------+---------+-----+---------------------+--------------+
|  1 | 1001 | 教师1   | 男  | 1984-11-08 00:00:00 | 北京大学     |
+----+------+---------+-----+---------------------+--------------+
```
1 row in set (0.00 sec)

插入更多的记录到 teacher 表中，相关命令及结果为

mysql>INSERT INTO teacher VALUES
　　->(2,1002,'教师 2','女','1970-01-21','西安交大'),
　　->(3,1003,'教师 3','男','1976-10-30','浙江大学'),
　　->(4,1004,'教师 4','男','1980-06-05','复旦大学');

Query OK, 3 rows affected (0.02 sec)
Records: 3　Duplicates: 0　Warnings: 0

查询表 teacher，相关命令及结果为

mysql>select * from teacher;
```
+----+------+---------+-----+---------------------+--------------+
| id | num  | name    | sex | birthday            | address      |
+----+------+---------+-----+---------------------+--------------+
|  1 | 1001 | 教师1   | 男  | 1984-11-08 00:00:00 | 北京大学     |
|  2 | 1002 | 教师2   | 女  | 1970-01-21 00:00:00 | 西安交大     |
|  3 | 1003 | 教师3   | 男  | 1976-10-30 00:00:00 | 浙江大学     |
|  4 | 1004 | 教师4   | 男  | 1980-06-05 00:00:00 | 复旦大学     |
+----+------+---------+-----+---------------------+--------------+
```
4 rows in set (0.00 sec)

(14) 查看当前使用的数据库。

相关命令及结果为

mysql>select database();
```
+------------+
| database() |
+------------+
| sfsdb      |
+------------+
```
1 row in set (0.00 sec)

(15) 获取表结构。

【例 10.18】 获取 teacher 表结构的命令及结果为

mysql>desc teacher;
```
+----------+---------+------+-----+---------+----------------+
| Field    | Type    | Null | Key | Default | Extra          |
+----------+---------+------+-----+---------+----------------+
| id       | int(11) | NO   | PRI | NULL    | auto_increment |
| num      | int(11) | NO   | UNI | NULL    |                |
```

name	varchar(20)	NO		NULL	
sex	varchar(4)	NO		NULL	
birthday	datetime	YES		NULL	
address	varchar(50)	YES		NULL	
+---------+-------------+-----+-----+------+-+

6 rows in set (0.04 sec)

(16) 授权操作。

首先选中数据库，例如选中数据库 sfsdb，相关命令及结果为

    mysql>use sfsdb;

    Database changed

其次才能授权。例如，授予普通 DBA 管理数据库 sfsdb 的权限，相关命令及结果为

    mysql>grant all on sfsdb to sfs@'localhost';

    Query OK, 0 rows affected (0.03 sec)

(17) 退出 MySQL。

退出命令为

    mysql>exit;

    Bye

10.4.3 编写 C、C++ 程序访问数据库

除了利用 MySQL 命令访问数据库外，也可以编写程序，例如编写 C、C++程序访问 MySQL 数据库。下面示例在 Linux 环境下编写 MySQL 数据库访问的 C、C++程序及编译和运行的方法。

(1) MySQL 数据库访问 C 程序示例。

① 编写一个访问该数据库的 C 程序 msql1.c，实现 show tables 功能。msql1.c 内容如下：

```
#include <mysql/mysql.h>
#include <stdio.h>
#include <stdlib.h>
int main()
{
    MYSQL *conn;
    MYSQL_RES *res;
    MYSQL_ROW row;
    char server[] = "localhost";
    char user[] = "root";
    char password[] = "root";
    char database[] = "mysql";

    conn = mysql_init(NULL);
    if (!mysql_real_connect(conn, server,user, password, database, 0, NULL, 0)) #连接数据库mysql
```

```c
        {
            fprintf(stderr, "%s\n", mysql_error(conn));
            exit(1);
        }
        if (mysql_query(conn, "show tables"))              #执行命令 show tables
        {
            fprintf(stderr, "%s\n", mysql_error(conn));
            exit(1);
        }
        res = mysql_use_result(conn);                       #取得结果集
        printf("MySQL Tables in mysql database:\n");
        while ((row = mysql_fetch_row(res)) != NULL)        #取得结果集的每一行输出
        {
            printf("%s \n", row[0]);
        }
        mysql_free_result(res);
        mysql_close(conn);                                  #关闭数据库连接
        printf("finish! \n");
        return 0;
    }
```

② 编译和运行 C 程序。

相关命令及结果为

```
sfs@ubuntu:~/c$ gcc msql1.c -o msql1 -lmysqlclient    #编译 C 程序 msql1.c
sfs@ubuntu:~/c$ ./msql1                                #运行程序 msql1
MySQL Tables in mysql database:
columns_priv
db
event
func
general_log
help_category
help_keyword
help_relation
……
time_zone
time_zone_leap_second
time_zone_name
time_zone_transition
time_zone_transition_type
```

user

finish!

(2) MySQL 数据库访问 C++程序示例。

① 编写 C++程序 msql2.cpp。

将 msql1.c 另存为 msql2.cpp。

② 编译和运行 C++程序。

相关命令为

  sfs@ubuntu:~/c$ g++ -Wall msql2.cpp -o msql2 -lmysqlclient

  sfs@ubuntu:~/c$ ./msql2

结果同上。

(3) 一个实现数据库增加、删除、修改、查询功能的综合实例。

① 在数据库 sbcdb 中建表 student。

相关命令为

  mysql>CREATE TABLE student (

    ->student_no varchar(12) NOT NULL,

    ->student_name varchar(12) NOT NULL,

    ->PRIMARY KEY (student_no)

    ->)ENGINE=InnoDB DEFAULT CHARSET=utf8;

  Query OK, 0 rows affected (0.24 sec)

② 编写如下程序 stu.c，实现对表 student 的增加、删除、修改、查询操作。

stu.c 内容如下：

```c
#include <stdio.h>
#include <stdlib.h>
#include <string.h>
#include <mysql/mysql.h>
#include </usr/include/mysql/mysqld_error.h>
MYSQL conn;
MYSQL_RES *res_ptr;
MYSQL_ROW sqlrow;
void connection(const char* host, const char* user, const char* password, const char* database)
{//数据库连接函数
    printf("------------数据库连接------------\n");
    mysql_init(&conn);
    if (mysql_real_connect(&conn, host, user, password, database, 0, NULL, 0)) {
        printf("数据库连接成功!\n");
    } else {
        fprintf(stderr, "数据库连接失败!\n");
        if (mysql_errno(&conn)) {
            fprintf(stderr, "连接错误 %d: %s\n", mysql_errno(&conn), mysql_error(&conn));
```

```c
        }
        exit(EXIT_FAILURE);
    }
}
void deleteall() {//清空表
    int res = mysql_query(&conn, "DELETE from student");
    printf("------------清空表------------\n");
    if (!res) {
        printf("删除 %lu 行\n", (unsigned long)mysql_affected_rows(&conn));
    } else {
        fprintf(stderr, "删除错误 %d: %s\n", mysql_errno(&conn), mysql_error(&conn));
    }
}
void display_header() {//显示表头字段名
    MYSQL_FIELD *field_ptr;
    while ((field_ptr = mysql_fetch_field(res_ptr)) != NULL)
        printf("%s\t", field_ptr->name);      //显示表头字段名
    printf("\n");
}
void display_row() {//显示记录行
    unsigned int field_count = mysql_field_count(&conn);
    int i = 0;
    while (i < field_count) {
        if (sqlrow[i]) printf("%s\t\t", sqlrow[i]);
        else printf("NULL");
        i++;
    }
    printf("\n");
}
void insert() {//插入记录
    int res = mysql_query(&conn, "INSERT INTO student(student_no,student_name) VALUES('2018001', '学生1'), ('2018002', '学生2'), ('2018003', '学生3');");
    printf("------------插入记录------------\n");
    if (!res) {
        printf("插入%lu 行\n", (unsigned long)mysql_affected_rows(&conn));
    } else {
        fprintf(stderr, "插入错误 %d: %s\n", mysql_errno(&conn), mysql_error(&conn));
    }
}
```

```c
void mselect() {//查询表 student
    int res = mysql_query(&conn, "SELECT * FROM student");
    printf("------------查询记录------------\n");
    if (res) {
        fprintf(stderr, "插入错误: %s\n", mysql_error(&conn));
    } else {
        res_ptr = mysql_use_result(&conn);
        if (res_ptr) {
            int first = 1;
            while ((sqlrow = mysql_fetch_row(res_ptr))) {
                if (first) {
                    display_header();       //显示表头
                    first = 0;
                }
                display_row();              //显示记录字段
            }
            if (mysql_errno(&conn)) {
                fprintf(stderr, "检索错误: %s\n", mysql_error(&conn));
            }
            mysql_free_result(res_ptr);
        }
    }
}
void update() {//更新记录
    int res = mysql_query(&conn, "UPDATE student SET student_name='大河' WHERE student_no='2018003'");
    printf("------------更新记录------------\n");
    if (!res) {
        printf("更新%lu 行：更新学号为 2018003 的学生姓名为\"大河\"\n", (unsigned long)mysql_affected_rows(&conn));
        printf("显示更新后的表中记录…\n");
        mselect();
    } else {
        fprintf(stderr, "更新错误%d: %s\n", mysql_errno(&conn), mysql_error(&conn));
    }
}
void delete() {//删除记录
    int res = mysql_query(&conn, "DELETE from student WHERE student_no='2018002'");
    printf("------------删除记录------------\n");
```

```c
        if (!res) {
            printf("删除 %lu 行：删除学号为 2018002 的记录\n", (unsigned long)mysql_affected_rows(&conn));
            printf("显示删除后的表中记录...\n");
            mselect();
        } else {
            fprintf(stderr, "删除错误 %d: %s\n", mysql_errno(&conn), mysql_error(&conn));
        }
    }
    int main (int argc, char *argv[]) {
        connection("localhost", "root", "root", "sbcdb");   //连接数据库
        deleteall();                                         //清空表
        insert();                                            //插入记录
        mselect();                                           //查询记录
        update();                                            //更新记录
        delete();                                            //删除记录
        mysql_close(&conn);                                  //关闭数据库
        exit(EXIT_SUCCESS);
    }
```

编译和运行的命令及结果如下：

```
sfs@ubuntu:~/c$ gcc stud.c -o stud -lmysqlclient    #编译
sfs@ubuntu:~/c$ ./stud                              #运行
------------数据库连接------------
数据库连接成功!
------------清空表------------
删除 2 行
------------插入记录------------
插入 3 行
------------查询记录------------
student_no  student_name
2018001     学生 1
2018002     学生 2
2018003     学生 3
------------更新记录------------
更新 1 行：更新学号为 2018003 的学生姓名为"大河"
显示更新后的表中记录...
------------查询记录------------
student_no  student_name
2018001     学生 1
```

2018002   学生2
2018003   大河
------------删除记录------------
删除 1 行：删除学号为 2018002 的记录
显示删除后的表中记录...
------------查询记录------------
student_no student_name
2018001   学生1
2018003   大河

上 机 操 作 10

1. JDK 的安装与使用

(1) 安装 JDK，并编写一个 Java 控制台程序和图形用户界面程序，完成用户输入、计算和输出功能。

(2) 尝试 Java 程序与 Linux 操作系统之间的通信。

2. GTK 的安装与使用

(1) 安装 GTK，并使用 GTK 编写一个图形用户界面程序，完成用户输入、计算和输出功能。

(2) 使用 GTK 编写一个图形用户界面程序，实现生产者-消费者问题。

3. Eclipse 的安装与使用

(1) 安装 Eclipse，并使用 Eclipse 编写一个 Java 控制台程序，完成用户输入、计算和输出功能。

(2) 使用 Eclipse 编写一个图形用户界面程序，完成用户输入、计算和输出功能。

4. MySQL 安装与使用

(1) 安装 MySQL，并编写一个 C 语言程序，实现 MySQL 数据库的增加、删除、修改、查询功能。

(2) 编写一个 Java 语言程序，实现 MySQL 数据库的增加、删除、修改、查询功能。

参 考 文 献

[1] Richard Blum. Linux 命令行和 shell 脚本编程宝典. 苏丽，张妍婧，侯晓敏，译. 北京：人民邮电出版社，2009.
[2] Andrew S. Tanenbaum. 现代操作系统. 4 版. 陈向群，马洪兵，等译. 北京：机械工业出版社，2017.
[3] Bruce Molay. Unix/Linux 编程实践教程. 杨宗源，黄海涛，译. 北京：清华大学出版社，2004.
[4] 申丰山. 操作系统原理与 Linux 实践教程. 北京：电子工业出版社，2016.
[5] 伍之昂. Linux Shell 编程从初学到精通. 北京：电子工业出版社，2011.
[6] 张勤，鲜学丰. Linux 从初学到精通. 北京：电子工业出版社，2011.
[7] 童永清. Linux C 编程实战. 北京：人民邮电出版社，2008.